Wolfgang Francke
Harald Friemann

**Schub und Torsion
in geraden Stäben**

Aus dem Programm Bauwesen

Mathcad in der Tragswerkplanung
von H. Werkle (Hrsg.) und R. Avak (Hrsg.)

Finite Elemente in der Baustatik
von H. Werkle

Formeln und Tabellen Stahlbau
von E. Piechatzek und E.-M. Kaufmann

Schub und Torsion in geraden Stäben
von W. Francke und H. Friemann

Massivbau
von P. Bindseil

Dynamik der Baukonstruktionen
von Chr. Petersen

Statik und Stabilität der Baukonstruktionen
von Chr. Petersen

Holzbau
von F. Colling

Holzbau Beispiele
von F. Colling

vieweg

Wolfgang Francke
Harald Friemann

Schub und Torsion in geraden Stäben

Grundlagen – Berechnungsbeispiele

3., vollständig neubearbeitete Auflage

Bibliografische Information Der Deutschen Bibliothek
Die Deutsche Bibliothek verzeichnet diese Publikation in der Deutschen Nationalbibliografie;
detaillierte bibliografische Daten sind im Internet über <http://dnb.ddb.de> abrufbar.

Die 1. und die 2. Auflage dieses Werkes erschien unter dem selben Titel im Werner Verlag
bearbeitet von Harald Friemann.

3., vollständig neubearbeitete Auflage April 2005

Lektorat: Günter Schulz / Karina Danulat

Alle Rechte vorbehalten
© Friedr. Vieweg & Sohn Verlag/GWV Fachverlage GmbH, Wiesbaden 2005

Der Vieweg Verlag ist ein Unternehmen von Springer Science+Business Media.
www.vieweg.de

Das Werk einschließlich aller seiner Teile ist urheberrechtlich geschützt.
Jede Verwertung außerhalb der engen Grenzen des Urheberrechtsgesetzes
ist ohne Zustimmung des Verlags unzulässig und strafbar. Das gilt insbesondere für Vervielfältigungen, Übersetzungen, Mikroverfilmungen und
die Einspeicherung und Verarbeitung in elektronischen Systemen.

Technische Redaktion: Annette Prenzer
Umschlaggestaltung: Ulrike Weigel, www.CorporateDesignGroup.de

Gedruckt auf säurefreiem und chlorfrei gebleichtem Papier.

ISBN-13:978-3-528-03990-5   e-ISBN-13:978-3-322-83027-2
DOI: 10.1007/978-3-322-83027-2

Vorwort

Aus dem Vorwort zur zweiten Auflage

(August 1993)

Querkraftschub und Torsion sind zwei Teilgebiete der Elastizitätstheorie, mit denen der Bauingenieur während des Studiums und auch in der späteren Berufspraxis meist möglichst wenig zu tun haben will. Nachweise auf Querkraftschub oder Torsion sind selten erforderlich, so dass sich die Routine bei der Lösung dieser Probleme nur schwer einstellt. Hinzu kommt, dass sie von der Anschauung her schwer zu fassen sind und einen tieferen mechanischen Hintergrund erfordern, um zu einer klaren Lösung zu kommen.

Hier will dieses Buch einspringen und dem Ingenieur die zwei genannten Teilgebiete von der Theorie her und über zahlreiche Beispiele näher bringen. Durch die Beschränkung auf diese zwei Teilgebiete der Elastizitätstheorie kann die Darstellung in der notwendigen Ausführlichkeit erfolgen. Dabei wird das Hauptgewicht darauf gelegt, von den allgemeinen voraussetzbaren Grundkenntnissen aus das Gebäude „Schub und Torsion" in systematischen und überschaubaren Schritten aufzubauen mit dem Ziel, allen üblichen Schub- und Torsionsproblemen sicher bearbeiten zu können.

Vorwort zur dritten Auflage

Bei der Neubearbeitung des Buches wurde die Idee verfolgt, Bewährtes zu erhalten, aber dem Leser durch Ergänzungen weitere hilfreiche Informationen für die Anwendung in der Praxis zu bieten. Beispiele hierfür sind die Themen Gabellager und Wölbfeder. Die Umstellung der Normen auf das Teilsicherheitskonzept stellt einen weiteren Schwerpunkt dar.

Vollständig neu ist das Kapitel mit alternativen Lösungswegen von Torsionsaufgaben. Hier wird der Versuch unternommen, dem Leser mit Hilfe von Analogien mehr Verständnis für die Torsionsaufgaben zu ermöglichen und – Dank der heutigen IT-Produkte – in der täglichen Arbeit wirtschaftlich arbeiten zu können.

Das Buch richtet sich an praktisch tätige Ingenieure und Studierende, sowohl an Fachhochschulen als auch an Technischen Hochschulen und Universitäten. Es hat zum Ziel, zu einem vertieften Verständnis von Schub und Torsion in geraden Stäben beizutragen und Hilfen für den Alltag zu geben.

Dieses Buch beruht auf einem früheren Vorlesungsskript „Schub und Torsion" der Technischen Universität Darmstadt (TUD) und meinem Skriptum zur Vorlesung Stahlbau an der Fachhochschule Konstanz. Dank der hervorragenden und verständnisvollen Zusammenarbeit mit dem Vieweg Verlag konnte das Buch meinen Vorstellungen entsprechend verwirklicht werden.

Besonderen Dank schulde ich meinem Doktorvater und Kollegen Herrn Prof. Dr.-Ing. *Harald Friemann*. Er stimmte meinem Wunsch, diese dritte Auflage herauszugeben, gerne zu. Bei der Bearbeitung erhielt ich von Ihm zahlreiche wertvolle Anregungen, gleichzeitig stellte er sich als „Lektor" zur Verfügung.

Dank auch meinem Kollegen Herrn Prof. *Franz A. Zahn*, PhD, für die zahlreichen Diskussionen und für die Durchsicht der Kapitel mit dem Werkstoff Stahlbeton.

Herrn Dipl.-Ing. *Georg Geldmacher* vom Institut für Stahlbau und Werkstoffmechanik an der TUD bin ich dankbar für die intensiven Gespräche und hilfreichen Anmerkungen zum Kapitel „Alternativen zur Lösung von ...".

Für die tatkräftige Unterstützung bei den Zeichenarbeiten danke ich Frau *Angelika Appelt*. Mein Dank für die unermüdliche und verständnisvolle Unterstützung gilt meiner lieben Familie.

Angesichts der Vielzahl an Gleichungen, Beispielen etc. sind Fehler trotz aller Sorgfalt nicht auszuschließen. Ich bitte hierfür um Nachsicht und bin für jeden Hinweis sehr dankbar.

Konstanz, im Januar 2005 *Wolfgang Francke*

Inhaltsverzeichnis

Vorwort V

1 Grundlagen 1

   1.1 Einführung 1

   1.2 Definition der Spannungen 1

   1.3 Gleichgewichtsbedingungen für ein Volumenelement 3
       1.3.1 Kräftegleichgewicht 4
       1.3.2 Momentengleichgewicht 5

   1.4 Werkstoffgesetz 7
       1.4.1 Lineares Spannungs-Dehnungs-Gesetz (*Hooke*) 8
       1.4.2 Gleitungen infolge Schub 9
       1.4.3 Gleitmodul G für einen isotropen Werkstoff 10

   1.5 Geometrische Beziehungen am Volumenelement 12

   1.6 Schnittgrößen der technischen Elastizitätstheorie für ein Stabelement 14

   1.7 Anmerkungen zum Sicherheitskonzept 17

2 Querkraftschubspannungen in dünnwandigen, offenen Profilen   19

   2.1 Allgemeiner Verlauf der Schubspannungen 19
       2.1.1 Konstante Schubspannungsverteilung über die Profildicke t
           – Schubfluss T 19
       2.1.2 Gleichheit der Schubflüsse in Längs- und Querschnitten 25
       2.1.3 Summe der Schubflüsse an Querschnittsknoten 26

   2.2 Ableitung der Dübelformel 28

   2.3 Statische Momente S 31

   2.4 Beispiele einfach- oder doppeltsymmetrischer Profile 34
       2.4.1 Schmaler Rechteckquerschnitt 34
       2.4.2 Doppeltsymmetrischer I-Querschnitt 35
       2.4.3 Offenes Quadratrohr 39

   2.5 Dübelformel, bezogen auf die Hauptachsen 41

2.6 Einheitsschubflüsse 43
    2.6.1 Definition 43
    2.6.2 Kontrollen der Schubflüsse 45

2.7 Weitere Aussagen zum allgemeinen Schubflussverlauf 46

2.8 Beispiele zum Schubflussverlauf in beliebigen Profilen 47
    2.8.1 C-Profil 47
    2.8.2 Ungleichschenkliges Winkelprofil – L-Profil 49
    2.8.3 Beispiel für eine praktische Anwendung 56
    2.8.4 Anmerkung zu den Zahlenbeispielen 59

3 Schubmittelpunkt M 61

3.1 Definition 61

3.2 Berechnung der Schubmittelpunktskoordinaten 61

3.3 Beispiele zur Berechnung des Schubmittelpunktes 65
    3.3.1 C-Profil 65
    3.3.2 Z-Profil 66
    3.3.3 Längsgeschlitztes Quadratrohr 68
    3.3.4 Unsymmetrischer T-Querschnitt 70
    3.3.5 Längsgeschlitztes Kreisrohr 76

3.4 Übersicht über die Lage des Schubmittelpunktes bei
offenen Querschnitten 77

4 Querkraftschubspannungen in dünnwandigen, geschlossenen Profilen 81

4.1 Axialverschiebungen u 81

4.2 Kreisschubfluss T^1 beim einzelligen Hohlprofil 83
    4.2.1 Schubfluss T_z in einem einzelligen Kastenträger 84
    4.2.2 Doppeltsymmetrischer Kastenträger 85

4.3 Gemischt offene/geschlossene Profile 86

4.4 Mehrzellige geschlossene Profile 87
    4.4.1 Allgemeiner Lösungsweg 87
    4.4.2 Beispiel 89

4.5 Schubmittelpunkt bei geschlossenen, dünnwandigen Profilen 92

4.6 Schubfluss in einem geschlossenen Verbundquerschnitt 93

5 Querkraftschubspannungen in dickwandigen und massiven Querschnitten 99

5.1 Genauer Verlauf der Querkraftschubspannungen in Rechteckquerschnitten 99

5.2 Querkraftschub in massiven Stahlbetonquerschnitten 101

5.3 Querkraftschub im Flansch von Plattenbalken 105

6 Torsion 109

6.1 Einführung 109

6.2 Voraussetzungen 109

6.3 Grundlegende Beziehungen 110

7 St. Venant'sche Torsion für Vollquerschnitte 115

7.1 Ableitung der Differentialgleichung 115

7.2 Randbedingung für die Spannungsfunktion ψ 117

7.3 Torsionswiderstand I_T und elastostatische Grundgleichung der St. Venant'schen Torsion 118

7.4 Beispiele für Vollquerschnitte 121

7.5 Verwölbungen 123

7.6 Lagerungsbedingungen bei der St. Venant'schen Torsion 126

7.7 St. Venant'sche Torsion bei rechteckigen Stahlbetonquerschnitten 130

8 St. Venant'sche Torsion dünnwandiger, offener Profile 133

8.1 Das schmale Rechteckprofil 133

8.2 Beliebige dünnwandige, offene Querschnitte 135

8.3 Beispiel 137

8.4 Verwölbungen dünnwandiger, offener Querschnitte 138

8.4.1 Grund- und Hauptverwölbungen 138
8.4.2 Umrechnung der Verwölbungen für verschiedene Drehachsen 141
8.4.3 Bestimmung der Integrationskonstanten ω_0 und der Schubmittelpunktskoordinaten y_M und z_M 141

8.5 Beispiele ... 145
- 8.5.1 Wölbflächen eines I-Querschnitts ... 145
- 8.5.2 Wölbfläche eines C-Profils ... 147
- 8.5.3 Wölbfläche eines Z-Profils für $D = M = S$ ... 147
- 8.5.4 Schubmittelpunkt eines längsgeschlitzten Rechteckrohres ... 148
- 8.5.5 Schubmittelpunkt bei einem Kammquerschnitt ... 150

8.6 Verbundquerschnitt ... 153

9 St. Venant'sche Torsion dünnwandiger, geschlossener Profile ... 155

9.1 Einzelliger Hohlquerschnitt ... 155

9.2 Mehrzellige Hohlquerschnitte ... 158

9.3 Verwölbungen von Hohlquerschnitten ... 159

9.4 Beispiele einzelliger Hohlquerschnitte ... 161
- 9.4.1 Rechteckkasten mit unterschiedlichen Wanddicken ... 161
- 9.4.2 Unsymmetrischer gemischt offen/geschlossener Kasten ... 164

9.5 Verbundquerschnitt ... 167

9.6 Torsionsnachweis von Stahlbeton-Hohlprofilen ... 168

10 Wölbkrafttorsion für dünnwandige, offene Profile ... 179

10.1 Ableitung der Differentialgleichung ... 179
- 10.1.1 Einführung ... 179
- 10.1.2 Wölbnormalspannungen σ_w, und Wölbschubfluss T_w ... 180
- 10.1.3 Gesamttorsionsmoment ... 182

10.2 Wölbmoment M_w ... 184

10.3 Lösung der Differentialgleichung und Randbedingungen ... 186
- 10.3.1 Allgemeine Hinweise ... 186
- 10.3.2 Lösung der Differentialgleichung ... 186
- 10.3.3 Randbedingungen ... 187
- 10.3.4 Symmetrie- und Antimetriebedingungen ... 188
- 10.3.5 Anfangswerte-Lösung ... 189

10.4 Beispiele ... 192
- 10.4.1 Kragträger mit einem Einzeltorsionsmoment am freien Ende ... 192
- 10.4.2 Kragträger mit konstanter Torsionsbelastung ... 197
- 10.4.3 Längswandriegel einer Industriehalle ... 203
- 10.4.4 Gabelgelagerter Träger mit Kragarm ... 210

10.5 Wölbfeder 215
    10.5.1 Kopfplatte oder Steife 216
    10.5.2 Trägerüberstand (*Petersen*, 1990) 217
    10.5.3 Hohlsteife 217
    10.5.4 Aufgeschweißte Bindebleche 218

11 Analogien für die Lösung von Aufgaben zur Torsion 229

11.1 Einführung 229

11.2 Membrananalogie 229

11.3 Zugstabanalogie 234
    11.3.1 Einleitung 234
    11.3.2 Analogie 234
    11.3.3 Gegenüberstellung der Formeln 236
    11.3.4 Zeitgemäße Anwendung der Zugstabanalogie 239

11.4 Beispiele 242
    11.4.1 Kragträger mit konstanter Torsionsbelastung 243
    11.4.2 Stütze eines Hinweisschildes 249

Zusammenstellung der wichtigsten Bezeichnungen 263

Literaturverzeichnis 265

Sachwortverzeichnis 271

1 Grundlagen

1.1 Einführung

Lehrbücher zu den Grundlagen der Statik und Festigkeitslehre gibt es in größerer Zahl. Wenn hier dennoch eine weitere Arbeit hinzugefügt wird, so sollte dafür eine kurze Begründung gegeben werden.

In dieser Arbeit werden nur die zwei Teilgebiete der Festigkeitslehre herausgegriffen, die mit Schubbeanspruchungen eines Stabtragwerkes gekoppelt sind:

– Querkraftschub und

– Torsion.

Erfahrungsgemäß bereitet die Lösung dieser Aufgaben weitaus größere Schwierigkeiten als z. B. die Berechnung von Biegebeanspruchungen, da der theoretische Aufwand zur Beherrschung von Schubproblemen ungleich größer ist. Hinzu kommt, dass die Lösungen oft wenig anschaulich sind, so dass man auf abstrakte und schematische Rechenverfahren angewiesen ist, in die man sich jedes Mal wieder neu hineinarbeiten muss.

Die Beschränkung auf die genannten zwei Teilgebiete bietet hier die Möglichkeit, sie sehr viel ausführlicher zu behandeln, als dies im Rahmen eines Lehrbuches zur gesamten Elastizitätstheorie möglich ist. Eine solche Ausführlichkeit ist zum wirklichen Verständnis der Schubprobleme unerlässlich. Dabei wird angestrebt, aus der sicheren Kenntnis der Grundlagen heraus zu konkreten und verständlichen Lösungsverfahren für praktische Aufgaben zu gelangen, wobei die theoretischen Ableitungen auf ein Mindestmaß beschränkt werden. Besonderes Gewicht wird darauf gelegt, die Schubprobleme auch von der Anschauung her durchschaubar zu machen, soweit dies überhaupt möglich erscheint.

Die Beschränkung auf die Schubprobleme erfolgte nicht mit dem Ziel, auf diese Weise Raum für die Lösung komplizierter Sonderfälle zu gewinnen, die über die üblichen Anforderungen der Praxis hinausgehen. Zu allen schwierigeren Problemen wird der Leser auf die Literatur verwiesen. Diese Arbeit soll eine gutverständliche Hilfestellung zur Bewältigung aller normalen Schub und Torsionsaufgaben bieten.

1.2 Definition der Spannungen

Die Beanspruchung eines Volumenelementes, das Teil eines beliebig belasteten Körpers ist, wird durch innere Kräfte ausgedrückt, die zwischen dem betrachteten Element und seinen Nachbarelementen auftreten. Denkt man sich das Element aus dem Körper herausgeschnitten, so können diese Kräfte als Schnittkräfte in den Elementflächen (Schnittflächen) sichtbar gemacht werden.

Ein solches Volumenelement mit den Kantenlängen dx, dy, dz, siehe Bild 1-1, wird als infinitesimal klein vorausgesetzt. Die Lage jeder Schnittfläche wird durch die Richtung der Flächennormalen $\vec{n}$ bestimmt, die jeweils parallel zu einer der Achsen x, y, z eines rechtsdrehenden Koordinatensystems verläuft. Außerdem werden die jeweils gegenüberliegenden Flächen des unendlich kleinen Würfels durch ihr Vorzeichen unterschieden:

Ist die Pfeilrichtung von $\vec{n}$ identisch mit der zugehörigen Koordinatenrichtung, so wird die betreffende Fläche als positiv bezeichnet, im anderen Fall als negativ (DIN 1080).

Die in jeder Fläche des Elementes wirkende Schnittkraft wird durch drei Komponenten ausgedrückt, die – bezogen auf die jeweilige Schnittfläche – die drei Spannungskomponenten einer jeden Elementfläche ergeben, siehe Bild 1-1:

$$\begin{aligned}\sigma_{ii} &= \sigma_i \\ \sigma_{ij} &= \tau_{ij} \\ \sigma_{ik} &= \tau_{ik}\end{aligned} \qquad (1.1)$$

Der erste Index i gibt an, in welcher Koordinatenrichtung (x, y oder z) die Flächennormale verläuft. Der zweite Index i, j oder k kennzeichnet die Wirkungsrichtung der Spannung. Die Normalspannung σ_{ii} (meist nur vereinfachend als σ_i geschrieben) steht rechtwinklig zur Schnittfläche und wird als Zugspannung positiv definiert. In der Schnittfläche liegen die zwei Schubspannungen σ_{ij} und σ_{ik} und erhalten hier die gebräuchlicheren Bezeichnungen τ_{ij} und τ_{ik}. Die positiven Schubspannungen in der positiven Schnittfläche eines Elementes, siehe Bild 1-1, wirken in Richtung der Koordinatenachsen j oder k, die der zweite Index angibt. In den negativen Schnittflächen wirken die Schubspannungen den Koordinatenrichtungen entgegen.

Die Vorzeichen der Spannungen haben eine sehr unterschiedliche Bedeutung im Hinblick auf die Beanspruchung des Werkstoffes. Das Vorzeichen der Normalspannungen σ ist unabhängig von der Definition positiver Koordinatenrichtungen. Dagegen kann es für die Widerstandsfähigkeit eines Werkstoffes sehr erheblich sein, ob er auf Druck oder Zug beansprucht wird.

Dagegen hängt das Vorzeichen der Schubspannungen von der Definition der positiven Koordinatenrichtungen ab, es ist jedoch für die Beanspruchung eines isotropen Werkstoffes unerheblich. Eine Vorzeichenumkehr in den Schubbeanspruchungen eines Elementes hat nur Einfluss darauf, in welchen allgemeinen Schnittflächen die Hauptspannungen (maximale Druck- und Zugspannungen) auftreten, ohne aber deren absolute Größe zu verändern.

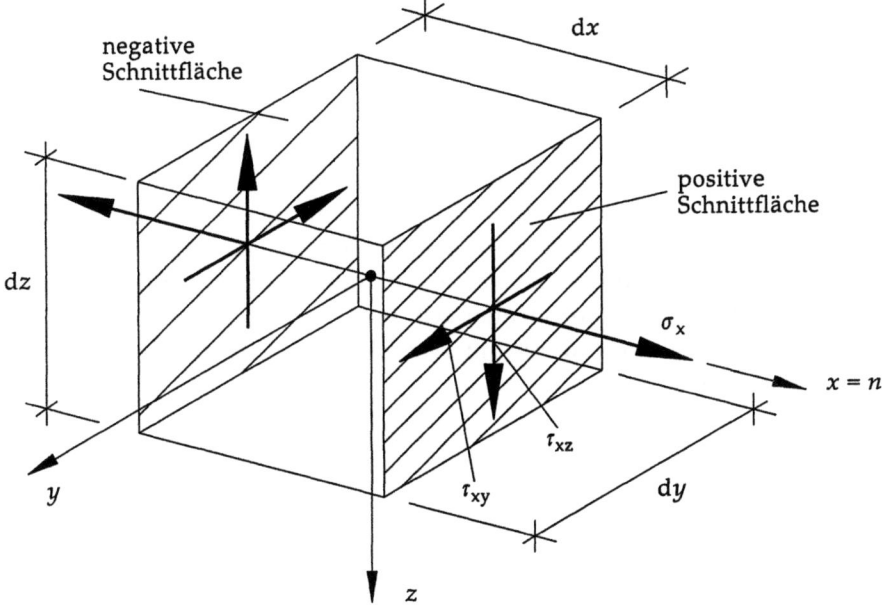

Bild 1-1 Volumenelement mit den Spannungskomponenten der Schnittfläche $\vec{n}$

1.3 Gleichgewichtsbedingungen für ein Volumenelement

Die nachfolgenden Kapitel bringen in einer Kurzfassung die Grundlagen der linearen mathematischen Elastizitätstheorie; zum vertieften Studium dieser Grundlagen, insbesondere im geometrisch und werkstofflich nichtlinearen Bereich, sei auf die umfangreiche Literatur verwiesen (z. B. *Timoshenko/Goodier* 1951).

Diese Grundlagen werden hier zum Teil benötigt, um die späteren Differentialgleichungen, insbesondere für die Torsion, herleiten zu können. Darüber hinaus sollen sie einige grundlegende Erkenntnisse über Größe und Richtung aller Schubspannungen in einem Volumenelement vermitteln, so dass die spätere Ermittlung von Schubspannungsdiagrammen in einem Trägerquerschnitt infolge Querkraft oder Torsinn leichter verständlich wird.

Die Gleichgewichtsbedingungen der mathematischen Elastizitätstheorie werden am Volumenelement formuliert. In der linearen Elastizitätstheorie wird dabei vorausgesetzt, dass die Verzerrungen (siehe Kap. 1.4) des Elementes infolge seiner Beanspruchung so klein bleiben, dass sie keinen Einfluss auf die Gleichgewichtsaussagen haben, d. h., dass die Gleichgewichtsbedingungen am ursprünglichen unverformten Volumenelement aufgestellt werden können.

Volumenkräfte im Innern des Elementes, z. B. infolge einer Beschleunigung des Körpers, bleiben hier außer Betracht.

1.3.1 Kräftegleichgewicht

Alle in einer negativen Schnittfläche des Elementes wirkenden Spannungen ändern sich mit dem Übergang zur zugehörigen positiven Schnittfläche um differentielle Beträge, siehe Bild 1-2. Es ist hier ausreichend, das Kräftegleichgewicht in x-Richtung zu formulieren. Alle in x Richtung wirkenden Spannungen wurden in Bild 1-2 durch Einrahmungen hervorgehoben. Die Spannungen selbst heben sich heraus, in der Gleichgewichtsaussage verbleiben nur die differentiellen Zuwächse der drei in x Richtung wirkenden Spannungen.

$$\underbrace{d\sigma_x}_{\text{Spannungs-zuwachs}} \cdot \overbrace{dy \cdot dz}^{\text{Schnitt-fläche}} + \underbrace{d\tau_{zx}}_{\text{Spannungs-zuwachs}} \cdot \overbrace{dx \cdot dy}^{\text{Schnitt-fläche}} + \underbrace{d\tau_{yx}}_{\text{Spannungs-zuwachs}} \cdot \overbrace{dx \cdot dz}^{\text{Schnitt-fläche}} = 0 \tag{1.2}$$

Die Division durch das Produkt $dx \cdot dy \cdot dz$ führt unmittelbar auf die partielle Differentialgleichung für die Spannungszuwächse, wobei man die übrigen zwei Gleichungen durch zyklische Vertauschung der Indizes $x \to y \to z \to x$ erhält.

$$\frac{\partial \sigma_x}{\partial x} + \frac{\partial \tau_{yx}}{\partial y} + \frac{\partial \tau_{zx}}{\partial z} = 0 \tag{1.3}$$

$$\frac{\partial \tau_{xy}}{\partial x} + \frac{\partial \sigma_x}{\partial y} + \frac{\partial \tau_{zy}}{\partial z} = 0 \tag{1.4}$$

$$\frac{\partial \tau_{xz}}{\partial x} + \frac{\partial \tau_{yz}}{\partial y} + \frac{\partial \sigma_z}{\partial z} = 0 \tag{1.5}$$

1.3 Gleichgewichtsbedingungen für ein Volumenelement

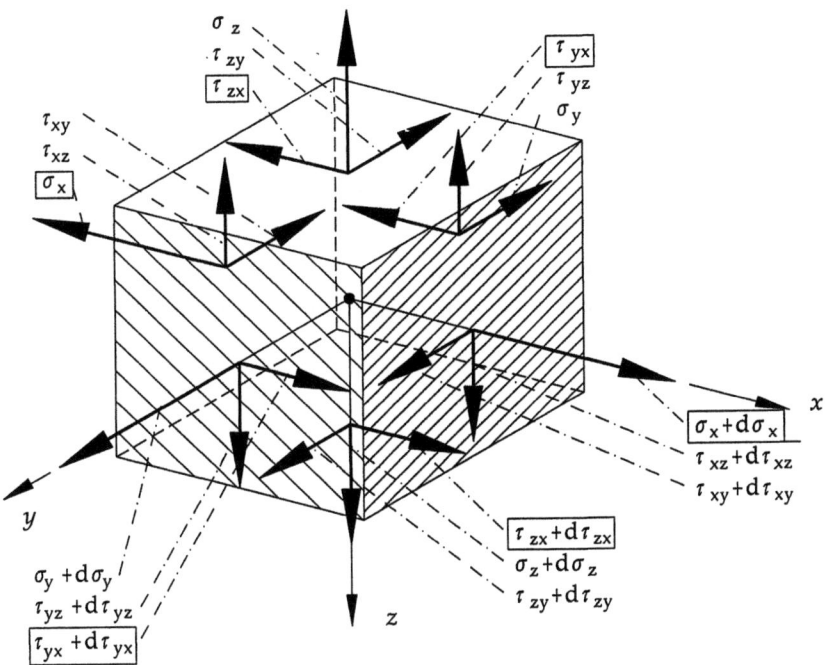

Bild 1-2 Spannungen und Spannungszuwächse am Volumenelement

1.3.2 Momentengleichgewicht

Neben dem Kräftegleichgewicht muss auch das Momentengleichgewicht um alle drei Koordinatenachsen erfüllt sein. In diese Gleichgewichtsaussagen gehen nur die in den Schnittflächen liegenden Kräfte (Schubspannungen) ein, die rechtwinklig dazu wirkenden Kräfte (Normalspannungen) gehen durch den Koordinatenursprung und haben daher keinen Hebelarm bezüglich der drei Achsen.

$$\sum M_x = 0$$
$$= \left[\tau_{zy} + \left(\tau_{zy} + d\tau_{zy}\right)\right] \cdot dx \cdot dy \cdot \frac{dz}{2} - \left[\tau_{yz} + \left(\tau_{yz} + d\tau_{yz}\right)\right] \cdot dx \cdot dz \cdot \frac{dy}{2} = 0 \quad (1.6)$$

In dieser Gleichung können die Spannungszuwächse gegenüber den Schubspannungen selbst vernachlässigt werden, da sie um eine Größenordnung kleiner sind. Die drei Momentengleichungen liefern die Gleichheit der Schubspannungen mit gleichen, aber in vertauschter Reihenfolge stehenden Indizes:

$$\tau_{zy} = \tau_{yz}$$
$$\tau_{zx} = \tau_{xz} \quad (1.7)$$
$$\tau_{yx} = \tau_{xy}$$

Beachtet man die Definition der Indizes nach Bild 1-1, so lassen sich folgende anschauliche Deutungen der Gleichgewichtsaussagen nach Gleichung 1.7 geben, die für das Verständnis der späteren Herleitungen äußerst wichtig sind.

1. Die jeweils vier gleichen Schubspannungen $\tau_{ij} = \tau_{ji}$ verlaufen in der Ebene, die durch die Achsen ij aufgespannt wird, und bilden einen so genannten „Schubspannungsring", siehe Bild 1-3.

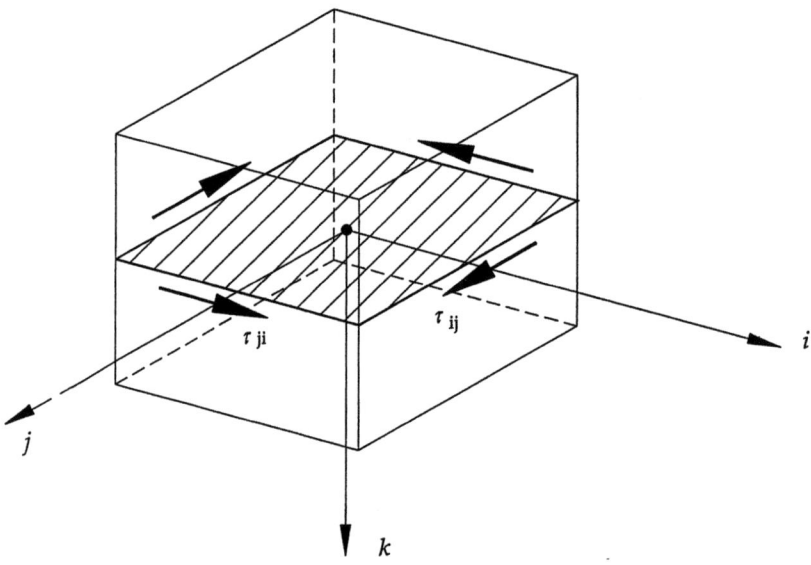

Bild 1-3 Schubspannungsring $\tau_{ij} = \tau_{ji}$

2. In benachbarten Flächen des Elementes laufen die Schubspannungen des Ringes entweder beide auf die gemeinsame Kante zu oder von dieser Kante fort.

3. In einem allgemein beanspruchten Element ergeben sich drei unabhängige Schubspannungsringe, die jeweils rechtwinklig zueinander verlaufen, siehe Bild 1-4.

1.4 Werkstoffgesetz

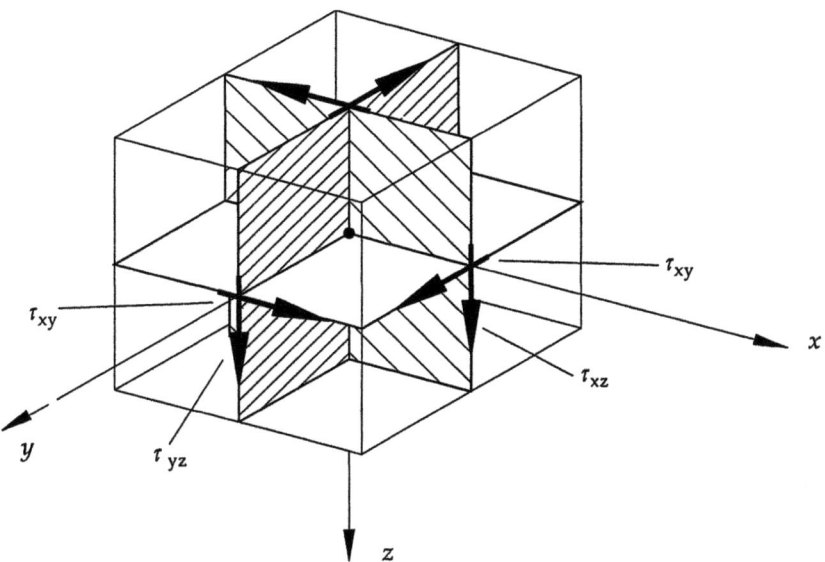

Bild 1-4 Schubspannungsringe eines Volumenelementes

4. Aus Gleichgewichtsgründen muss ein Schubspannungsring immer vollständig sein! Ist eine der vier Schubspannungen nach Bild 1-3 nicht vorhanden, z. B. aufgrund äußerer Randbedingungen, so muss der gesamte Ring Null sein!

1.4 Werkstoffgesetz

Das Werkstoffgesetz gibt an, wie sich das Volumenelement unter den vorgegebenen Spannungen verformt. Dabei wird zwischen solchen Verformungen, bei denen sich die Kantenlängen des Volumenelementes verändern, der rechte Winkel zwischen den Schnittflächen aber erhalten bleibt, und zwischen reinen Winkeländerungen des Elementes unterschieden. Erstere werden als Dehnungen ε bezeichnet und sind positiv im Falle einer Verlängerung, negativ im Falle einer Stauchung der Kanten definiert. Die reine Winkeländerung der ursprünglich rechtwinklig zueinander stehenden Elementflächen wird als Gleitung γ definiert. Alle Elementverformungen werden unter dem Oberbegriff Verzerrungen zusammengefasst.

Hier wird ein unbeschränkt linear elastischer Werkstoff vorausgesetzt, der als *Hooke'scher* Werkstoff definiert ist.

1.4.1 Lineares Spannungs-Dehnungs-Gesetz (*Hooke*)

Nach dem *Hooke*'schen Gesetz gilt folgender Zusammenhang zwischen den Dehnungen ε und der Normalspannung σ_x, siehe Bild 1-5:

$$\sigma_x = \varepsilon_x \cdot E \Leftrightarrow \varepsilon_x = \frac{1}{E} \cdot \sigma_x$$

$$\varepsilon_y = \varepsilon_z = -\mu \cdot \varepsilon_x = -\frac{\mu}{E} \cdot \sigma_x$$

(1.8)

Darin sind E und μ werkstoffabhängige Größen:

E Elastizitätsmodul

μ Querdehnungszahl

Für Stahl gilt: E = 21 000 kN/cm²

μ = 0,3 für Stahl

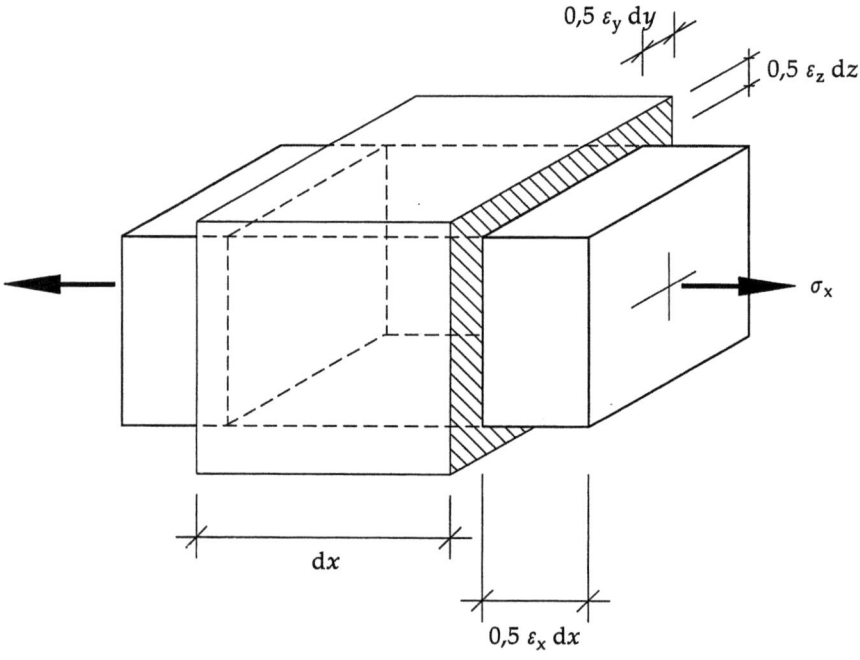

Bild 1-5 Dehnungen und Stauchungen eines Volumenelementes unter einachsigem Zug

Durch zyklische Vertauschung der Indizes und bei anschließender Überlagerung der Beanspruchungen erhält man die vollständigen *Hooke*'schen Gleichungen:

1.4 Werkstoffgesetz

$$\varepsilon_x = \frac{1}{E} \cdot \left[\sigma_x - \mu \cdot (\sigma_y + \sigma_z) \right]$$

$$\varepsilon_y = \frac{1}{E} \cdot \left[\sigma_y - \mu \cdot (\sigma_z + \sigma_x) \right] \quad (1.9)$$

$$\varepsilon_z = \frac{1}{E} \cdot \left[\sigma_z - \mu \cdot (\sigma_x + \sigma_y) \right]$$

Für reale Werkstoffe ist die Gültigkeit dieses Gesetzes sehr unterschiedlich. Beim Stahl ist der Elastizitätsmodul E bis zum Beginn des Plastizierens nahezu konstant. Beim Beton ändert der Elastizitätsmodul E_c[1] sich jedoch mit zunehmender Beanspruchung. Man kann trotzdem näherungsweise mit diesem Gesetz arbeiten, indem man den nichtlinearen Verlauf durch einen Polygonzug ersetzt und den veränderlichen Elastizitätsmodul abschnittsweise konstant setzt.

1.4.2 Gleitungen infolge Schub

Unter einem Schubspannungsring gemäß Bild 1-3 wird das rechtwinklige Volumenelement in ein schiefwinkliges Parallelogramm verzerrt, die Gleitung γ gibt die Größe dieser Winkeländerung an, siehe Bild 1-6, und hängt über den Gleitmodul G von der Schubspannung ab:

$$\gamma_{xy} = \frac{1}{G} \cdot \tau_{xy}$$

$$\gamma_{yz} = \frac{1}{G} \cdot \tau_{yz} \quad (1.10)$$

$$\gamma_{zx} = \frac{1}{G} \cdot \tau_{zx}$$

---

[1] Der Index c steht für Beton (concrete)

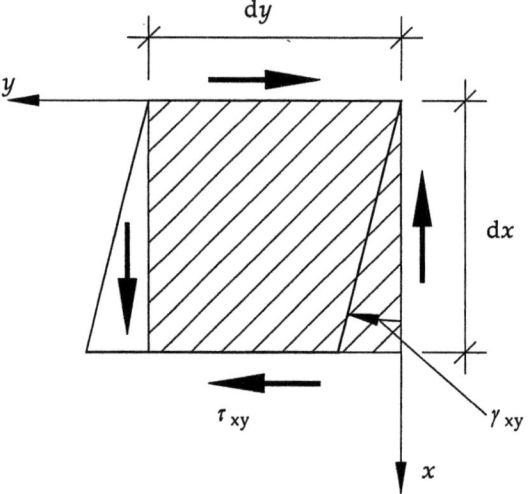

Bild 1-6 Gleitungen γ infolge Schubspannung τ_{ij}

Wird ein Element nur von einem Schubspannungsring $\tau_{ij} = \tau_{ji}$ beansprucht, so tritt die einzige Winkeländerung γ_{ij} zwischen den Schnittflächen auf, die durch die Flächennormalen i und j bestimmt sind.

Die Winkeländerung γ ist eine absolute Größe, durch die die Lage des verzerrten Elementes im Koordinatensystem noch nicht festgelegt ist. Im x, y-Koordinatensystem kann der Winkel γ_{xy} allgemein durch zwei Teilwinkel γ_1 und γ_2 ausgedrückt werden, die von den Verschiebungen u, v abhängen, siehe Bild 1-9.

1.4.3 Gleitmodul G für einen isotropen Werkstoff

Vom *Mohr*'schen Kreis her ist bekannt, dass ein reiner Schubspannungszustand nach Bild 1-6 durch eine Drehung der Schnittflächen des Elementes um 45° gegen die x, y-Achsen in einen Hauptspannungszustand mit

$$\sigma_1 = -\sigma_2 = |\tau_{xy}| \tag{1.11}$$

übergeht, siehe Bild 1-7. Aus den Dehnungen der Hauptachsen 1 und 2 kann man sich die Gleitung γ_{xy} rein geometrisch ermitteln. Der Gleitmodul G kann daher keine unabhängige Werkstoffgröße sein, er lässt sich für einen isotropen Werkstoff aus den zwei Größen E und μ berechnen.

Das in Bild 1-7 schraffierte Dreieck OAB wird zum Dreieck $OA'B'$ verzerrt, der neue Winkel α enthält die gesuchte Gleitung $\gamma = \gamma_{xy}$. Da diese als sehr klein vorausgesetzt wird, kann man die Geometrie linearisieren

1.4 Werkstoffgesetz

$$\tan(\gamma) = \gamma \qquad (1.12)$$

und mit Hilfe der Summenformel erhält man:

$$\tan(\alpha) = \tan\left(45° + \frac{\gamma}{2}\right) = \frac{1 + \tan\left(\frac{\gamma}{2}\right)}{1 - \tan\left(\frac{\gamma}{2}\right)} \cong \frac{1 + \frac{\gamma}{2}}{1 - \frac{\gamma}{2}} \qquad (1.13)$$

Außerdem kann man den Winkel α über die Verlängerung ε_1 der Diagonalen OA und über die Verkürzung ε_2 der Diagonalen OB ermitteln:

$$\tan(\alpha) = \frac{1 + \varepsilon_1}{1 + \varepsilon_2} \qquad (1.14)$$

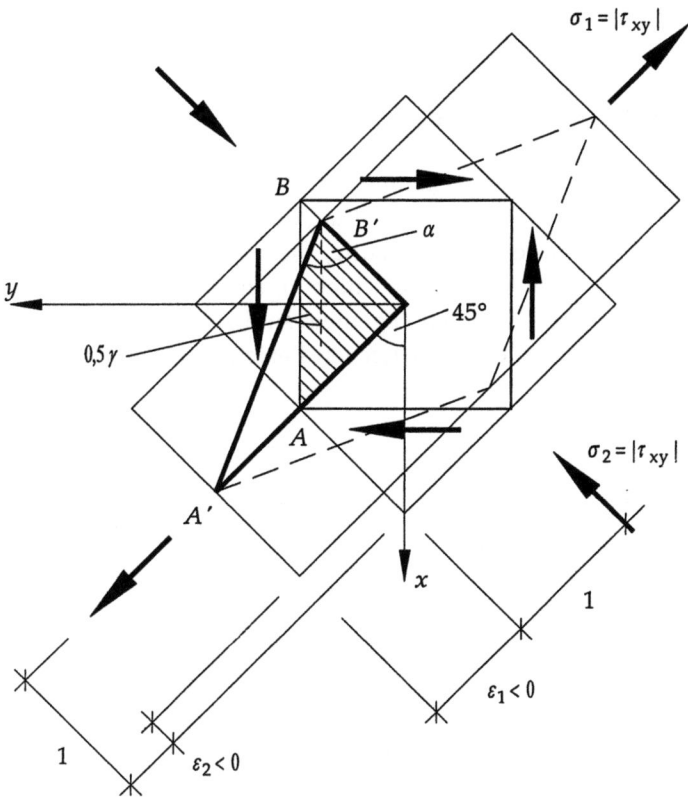

Bild 1-7 Zusammenhang zwischen Dehnungen und Gleitung eines Volumenelementes

Setzt man die rechten Seiten beider Ausdrücke (Gln. (1.13), (1.14)) gleich und vernachlässigt bei der Ausmultiplikation die Produkte $\varepsilon \cdot \gamma$ als sehr kleine Größen, so erhält man für die Gleitung:

$$\gamma = \gamma_{xy} = \varepsilon_1 - \varepsilon_2 \tag{1.15}$$

Mit den Hauptdehnungen

$$\begin{aligned}\varepsilon_1 &= \frac{1}{E} \cdot (\sigma_1 - \mu \cdot \sigma_2) = +\frac{1}{E} \cdot \tau_{xy} \cdot (1+\mu) \\ \varepsilon_2 &= \frac{1}{E} \cdot (\sigma_2 - \mu \cdot \sigma_1) = -\frac{1}{E} \cdot \tau_{xy} \cdot (1+\mu)\end{aligned} \tag{1.16}$$

erhält man für den Schubmodul:

$$G = \frac{E}{2 \cdot (1+\mu)} \tag{1.17}$$

1.5 Geometrische Beziehungen am Volumenelement

Als geometrische Beziehungen werden die Zusammenhänge zwischen den Verzerrungen ε und γ und den Verschiebungen u, v, w in Richtung der Koordinatenachsen x, y, z bezeichnet. Die in Kap. 1.3 genannte Voraussetzung, dass die Verzerrungen als kleine Größen aufzufassen sind, ist auch auf die Verschiebungen zu übertragen. Alle Produkte oder Quadrate von Verformungsgrößen allgemein sind als vernachlässigbare Ausdrücke anzusehen, so dass sich alle geometrischen Beziehungen linearisieren lassen.

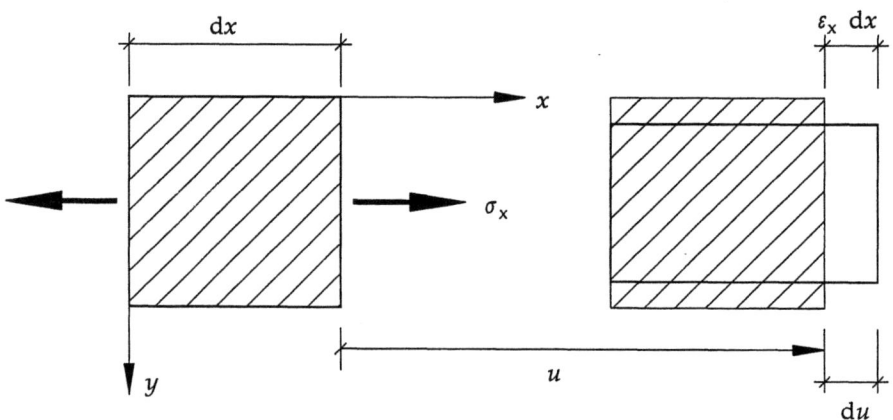

Bild 1-8 Zusammenhang zwischen Dehnung und Verschiebung eines Volumenelementes

1.5 Geometrische Beziehungen am Volumenelement

Infolge der Normlspannung σ_x verlängert sich ein Volumenelement um $\varepsilon \cdot dx$, siehe Bild 1-5. Wird das ganze Element um die Strecke u in positiver x-Richtung verschoben, so wirkt sich die gleichzeitig auftretende Verlängerung so aus, dass die positive Schnittfläche in Bild 1-8 insgesamt um $u + du$ verschoben wird. Die Verlängerung ist identisch mit dem Zuwachs der Verschiebung:

$$du = \varepsilon_x \cdot dx \tag{1.18}$$

Die Dehnung ε_x kann somit über die partielle Ableitung von der Verschiebung u ausgedrückt werden. Für die Dehnungen in Richtung der zwei anderen Koordinatenachsen erhält man die entsprechenden Ausdrücke:

$$\begin{aligned} \varepsilon_x &= \frac{\partial u}{\partial x} \\ \varepsilon_y &= \frac{\partial v}{\partial y} \\ \varepsilon_z &= \frac{\partial w}{\partial z} \end{aligned} \tag{1.19}$$

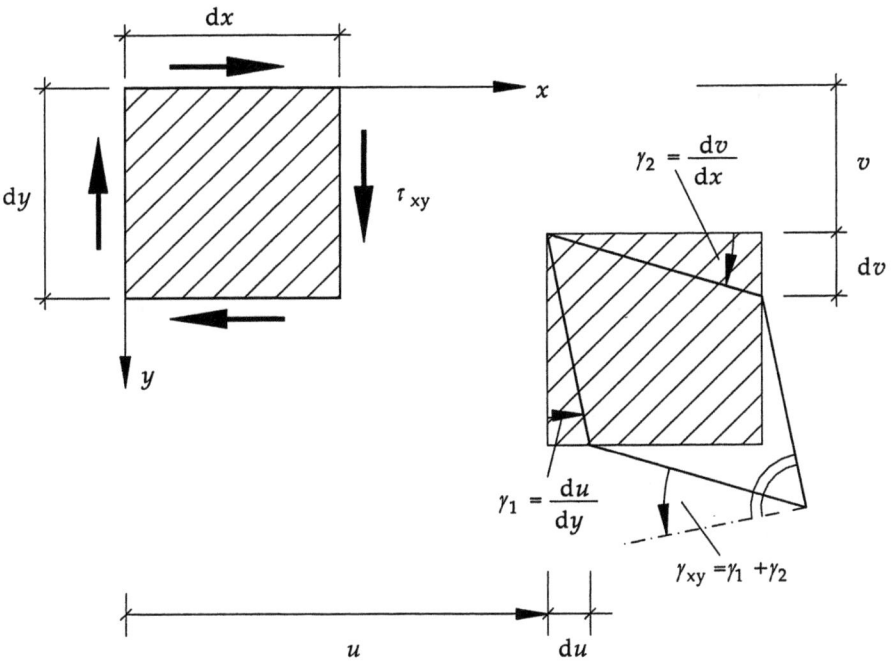

Bild 1-9 Zusammenhang zwischen Gleitung und Verschiebung eines Volumenelementes

Die Verschiebung u (und entsprechend auch die Verschiebungen v und w) ist im Allgemeinen eine Funktion aller drei Koordinaten:

$$u = u(x, y, z) \tag{1.20}$$

Bei einem Volumenelement ändert sich die Verschiebung u daher nicht nur in x-Richtung, sondern auch von der negativen zur positiven Schnittfläche in y-Richtung (bzw. z-Richtung) um du. Dadurch verändert sich der rechte Winkel des Elementes um Gleitung γ_1, siehe Bild 1-9. Entsprechend kann sich die Verschiebung v mit zunehmendem x ändern und eine zweite Winkeländerung γ_2 des Elementes hervorrufen. Beide Winkeländerungen zusammen ergeben die Gleitung γ_{xy} des Elementes in der x,y-Ebene; die Gleitungen in den zwei anderen Koordinatenebenen erhält man entsprechend:

$$\begin{aligned}\gamma_{xy} &= \frac{\partial u}{\partial y} + \frac{\partial v}{\partial x} \\ \gamma_{yz} &= \frac{\partial v}{\partial z} + \frac{\partial w}{\partial y} \\ \gamma_{zx} &= \frac{\partial w}{\partial x} + \frac{\partial u}{\partial z}\end{aligned} \tag{1.21}$$

1.6 Schnittgrößen der technischen Elastizitätstheorie für ein Stabelement

Legt man einen vollständigen Schnitt durch einen belasteten Körper, so erhält man aus den Einzelspannungen aller geschnittenen Volumenelemente die Normal- und Schubspannungsdiagramme in der gesamten Schnittfläche. Der im Allgemeinen beliebige Verlauf dieser Spannungsdiagramme hängt von vielen Parametern ab (Art und Größe der Einwirkung, Eigenspannungen, Werkstoffgesetz u. a.) und ist mit den Mitteln der Elastizitäts- oder Plastizitätstheorie zu berechnen.

Für einen Stab als Tragelement können über den Verlauf dieser Spannungsdiagramme einige Annahmen getroffen werden, die den Rechenablauf wesentlich vereinfachen, ohne dass die Ergebnisse nennenswert von der Wirklichkeit abweichen.

Unter den Voraussetzungen, dass

1. die Abmessungen des Stabes in Höhe und Breite relativ klein im Verhältnis zu seiner Länge sind, dass
2. der Querschnitt des Stabes im belasteten Zustand seine Form nicht verändert und dass
3. ein linear elastisches Werkstoffgesetz vorherrscht,

können folgende Annahmen getroffen werden:

1.6 Schnittgrößen der technischen Elastizitätstheorie für ein Stabelement

1. Die Schubspannungen im Stab bleiben so klein, dass die damit verbundenen Gleitungen nach Kap. 1.4.2 vernachlässigt werden können. Eine Ausnahme bilden nur die Gleitungen aus den Torsionsschubspannungen, siehe Kap. 7.
2. Ein Querschnitt durch den Stab bleibt auch im belasteten und verformten Zustand eine ebene Schnittfläche.

Unter diesen Voraussetzungen und Annahmen wird die Form aller Spannungsdiagramme in einem Stabquerschnitt zu einer querschnittsabhängigen Systemgröße, lediglich die absolute Größe der Spannungen wird durch die Größe der Einwirkung und durch das statische System der Konstruktion bestimmt. Dadurch wird es möglich, jedes Spannungsdiagramm in einem Stab zu einer resultierenden Schnittgröße (Längskraft, Biegemoment, Torsionsmoment, Querkraft) zusammenzufassen und Berechnungsverfahren für Stabtragwerke zu entwickeln, die allein auf der Ermittlung dieser Schnittgrößen beruhen. Denn es ist jederzeit möglich, umgekehrt für eine ermittelte Schnittgröße über die so genannten Querschnittsgrößen (Fläche, Trägheitsmoment[2], Widerstandsmoment, statisches Moment[3] u. a.) auf die zugehörigen Spannungsdiagramme zurück zu schließen. Alle Berechnungsverfahren dieser Art zählen zur Technischen Elastizitätstheorie (Technische Biegelehre; Stabstatik).

Bei anderen Tragelementen, die z. B. von ihren Abmessungsverhältnissen her nicht als Stab anzusprechen sind (Beispiel: eine Scheibe als ein ebenes Flächentragwerk), lassen sich zwar auch die Spannungsdiagramme zu Resultierenden aufintegrieren; aber der umgekehrte Vorgang, die unmittelbare Herleitung des Spannungsdiagrammes aus einer berechneten Schnittgröße, ist nicht mehr möglich. Tragwerke dieser Art werden mit den Mitteln der Mathematischen Elastizitätstheorie berechnet.

In einem Stab können sechs Schnittgrößen auftreten, die nach Vorzeichen und Wirkungsrichtung in Bild 1-10 definiert sind. Dabei ist zu beachten, dass die Schnittkräfte in verschiedenen Querschnittspunkten angreifen: die Längskraft N im Schwerpunkt S, die zwei Querkräfte V im Schubmittelpunkt M, siehe Kap. 3.

---

[2] Nach DIN 1080, Teil 1 lautet die korrekte Bezeichnung Flächenmoment 2. Grades
[3] Nach DIN 1080, Teil 1 lautet die korrekte Bezeichnung Flächenmoment 1. Grades

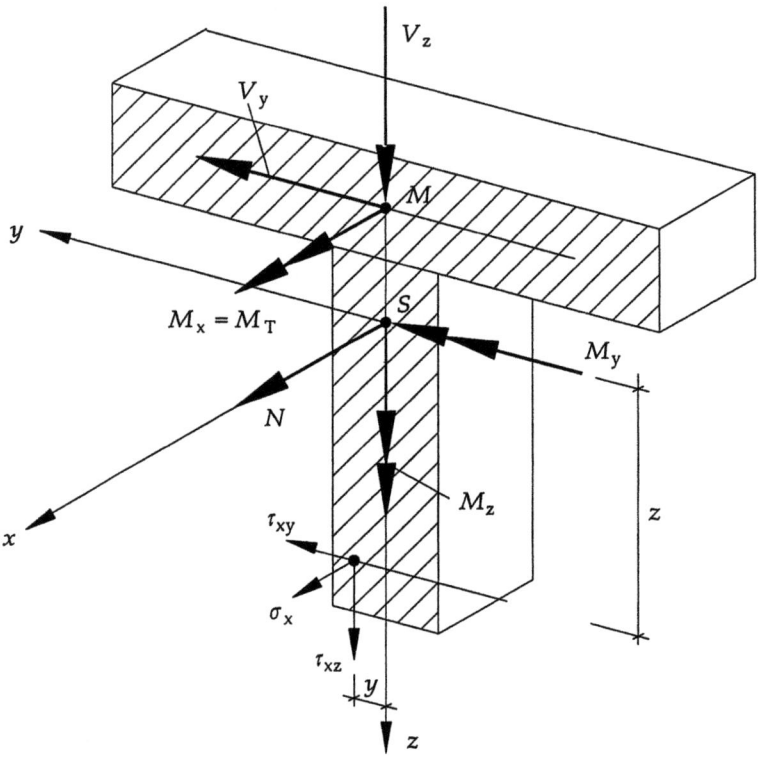

Bild 1-10 Definition positiver Schnittgrößen eines Stabquerschnittes

Die Schnittgrößen erhält man durch die Summierung der entsprechenden Spannungen:

$$M_x = M_T = \int_A (\tau_{xz} \cdot y - \tau_{xy} \cdot z) \cdot dA$$

$$M_y = \int_A \sigma_x \cdot z \cdot dA$$

$$M_z = \int_A \sigma_x \cdot y \cdot dA$$

$$N = \int_A \sigma_x \cdot dA$$

(1.22 a)

$$V_y = \int_A \tau_{xy} \cdot dA$$

$$V_z = \int_A \tau_{xz} \cdot dA$$

(1.22 b)

Das eigentliche Ziel dieser Arbeit besteht darin, für die Rückrechnung der Spannungsdiagramme aus den Schnittgrößen eines Stabes alle erforderlichen Kenntnisse und Fertigkeiten zu vermitteln. Dabei wird vorausgesetzt, dass die Berechnung der Schnittgrößen selbst bereits abgeschlossen wurde, statische Berechnungen größerer Tragwerke werden hier nicht gebracht. Nur in die Theorie der Wölbkrafttorsion werden auch Beispiele zur Berechnung von Schnittgrößen einbezogen, da die zugehörigen Berechnungsverfahren nicht als allgemein bekannt anzusehen sind.

Eine weitere Einschränkung dieser Arbeit bezieht sich auf die Art der Schnittgrößen: Längskräfte und Biegemomente einschließlich ihrer zugehörigen Spannungsdiagramme werden nicht behandelt und als bekannt vorausgesetzt. Das Schwergewicht liegt somit auf den Schnittgrößen Querkraft und Torsionsmoment.

Die zu Beginn dieses Kapitels genannten Voraussetzungen und die darauf aufbauenden Annahmen sind normalerweise nur für Stahlprofile gültig, so dass alle nachfolgenden Ableitungen schwerpunktmäßig auf Stahlquerschnitte ausgerichtet sind. Für Stahlbetonquerschnitte, die weder dünnwandig sind noch einem linear elastischen Werkstoffgesetz gehorchen, können hier nur die in der Praxis angewandten Näherungslösungen angedeutet werden, siehe Kap. 5.2, ohne jedoch vertieft auf alle dabei auftretenden Probleme einzugehen. Diese Probleme beruhen auf dem Werkstoff Beton, der nur relativ kleine Zugbeanspruchungen aufnehmen kann. Unter einer größeren Zugbeanspruchung reißt der Beton, so dass der ursprüngliche Querschnitt für die Lastabtragung nicht mehr zur Verfügung steht. In der Praxis hilft man sich mit Modellvorstellungen, um die Abtragung der Querkräfte nachzuweisen, ohne jedoch den genauen Verlauf der Schubspannungen zu ermitteln.

1.7 Anmerkungen zum Sicherheitskonzept

Es ist bekannt, dass bei der Bearbeitung von konkreten Aufgaben sich irgendwann die Frage nach den Zulässigkeiten der erarbeiteten Aussagen bzw. nach der Sicherheit stellt. Damit verbunden ergeben sich Fragen in Richtung der DIN 1055, Teil 100 – Sicherheitskonzept, mit seinen Forderungen an die charakteristischen Einwirkungen (Lastfallkombinationen) und an die Beanspruchbarkeiten. Aus Gründen der Übersichtlichkeit, und damit auch ein Beitrag zur Verständlichkeit, wird bei allen nachfolgenden Aussagen auf die Indizes d bzw. k verzichtet. Ausnahmen werden nur an den

Stellen vorgenommen, wo der Leser leicht einen Fehler begehen kann oder besondere Gesichtspunkte, die einer Erläuterung bedürfen, zu beachten sind.

2 Querkraftschubspannungen in dünnwandigen, offenen Profilen

2.1 Allgemeiner Verlauf der Schubspannungen

In diesem Einleitungskapitel sollen – noch bevor konkrete Formeln zur Berechnung der Schubspannungen entwickelt werden – einige grundsätzliche Aussagen über den Verlauf eines Schubspannungsdiagrammes in einem Stabquerschnitt zusammengestellt werden, siehe auch Kap. 2.7. Dies soll dazu beitragen, grundlegende Fehler bei der Aufstellung von Schubspannungsdiagrammen zu vermeiden und sich jederzeit der Näherungen bewusst zu bleiben, die mit der Berechnung der Schubspannungen in der Technischen Elastizitätstheorie verbunden sind.

Vorausgesetzt wird die Dünnwandigkeit der Profile, wie sie z. B. im Stahlbau erfüllt ist. Die Anwendung aller in den folgenden Kapiteln abgeleiteten Formeln auf dickwandige und massive Querschnitte kann daher nur zu Näherungslösungen führen; auf die genauen Lösungen wird in Kap. 5 kurz eingegangen.

Ein wesentlicher Teil der nachfolgenden Aussagen beruht auf den Gleichgewichtsaussagen für die Schubspannungen eines Volumenelementes, siehe Kap. 1.3.2. Das Auftreten dreier unabhängiger Schubspannungsringe, siehe Bild 1-4, und die Forderung, dass jeder dieser Ringe vollständig sein muss, seien hier nochmals in Erinnerung gebracht.

2.1.1 Konstante Schubspannungsverteilung über die Profildicke t – Schubfluss T

1. *An allen Querschnittsrändern verlaufen die Schubspannungen tangential zum Rand.*

   Bei jedem Randelement eines Querschnitts, Randpunkt 1 in Bild 2-1, liegt eine Elementfläche in der freien Oberfläche des Profis, die normalerweise als spannungsfrei vorausgesetzt wird. Von den drei möglichen Schubspannungsringen nach Bild 1-4 kann daher nur derjenige existieren, der keine Komponente in der freien Oberfläche aufweist, der also tangential zum Profilrand verläuft.

   In dem Element einer ausspringenden Ecke, Eckpunkt 2 in Bild 2-1, liegen zwei Elementflächen in der freien Oberfläche des Profils, so dass sich kein Schubspannungsring vollständig ausbilden kann und somit alle Schubspannungen Null sein müssen (singulärer Nullpunkt).

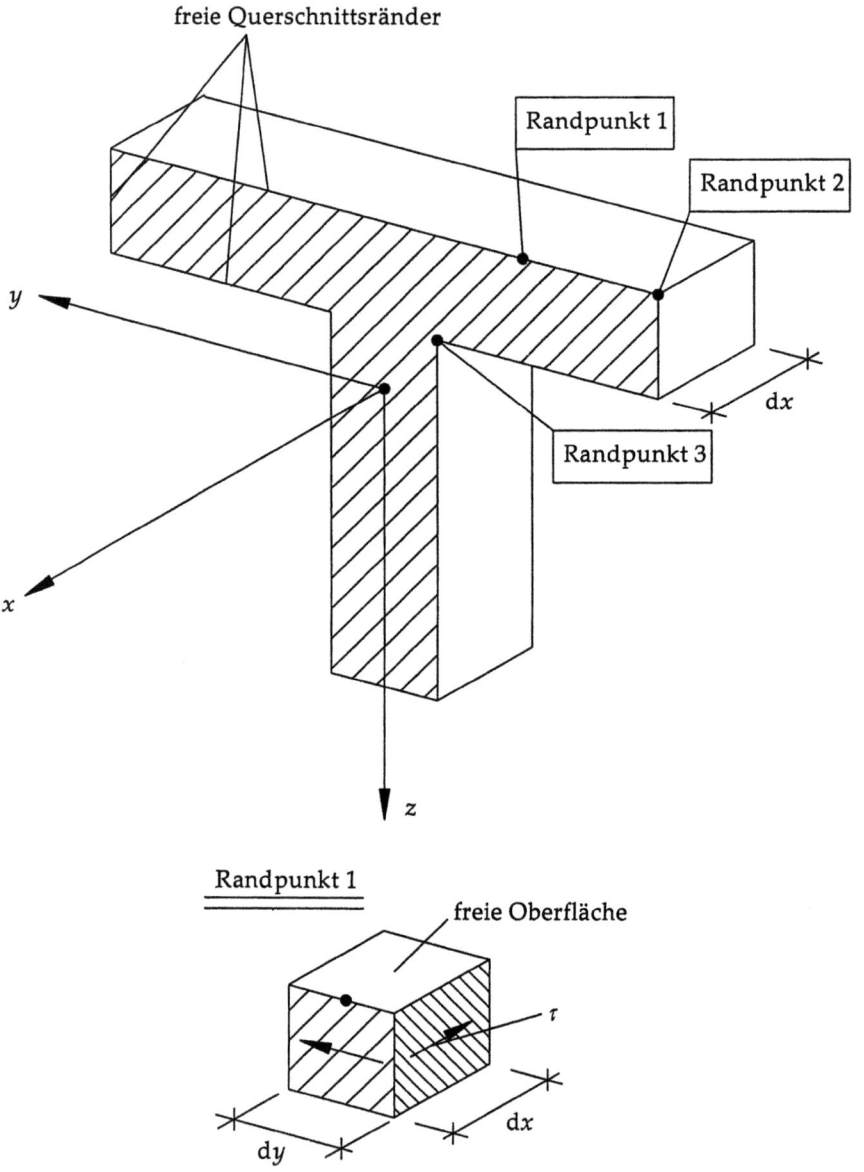

Bild 2-1 Verlauf der Schubspannungen in Rand- und Eckpunkten eines Stabquerschnitts

In einer einspringenden Ecke, Randpunkt 3 nach Bild 2-1, ergibt sich nach der genaueren Mathematischen Elastizitätstheorie eine unendlich große Spannungsspitze (singulärer Unendlichkeitspunkt). Dadurch, dass bei den üblichen Profilen

2.1 Allgemeiner Verlauf der Schubspannungen

die einspringenden Ecken ausgerundet sind, vermindert sich die unendliche Spannungsspitze zwar auf endliche Werte, die jedoch in der Technischen Elastizitätstheorie nicht erfasst werden.

2. *Bei dünnwandigen Profilen werden ausschließlich die Schubspannungen in Richtung der Profilmittellinie berücksichtigt.*

Als Profilmittellinie eines Querschnitts wird die Schwerlinie aller Einzelteile bezeichnet, siehe Bild 2-2. Auf ihr wird eine Koordinate $+s$ definiert, deren Ursprung beliebig sein kann. An den Knoten des Querschnitts, siehe Bild 2-2, verzweigt sich die Koordinate s. Die rechtwinklig zur Profilmittellinie stehende Koordinate wird mit r bezeichnet.

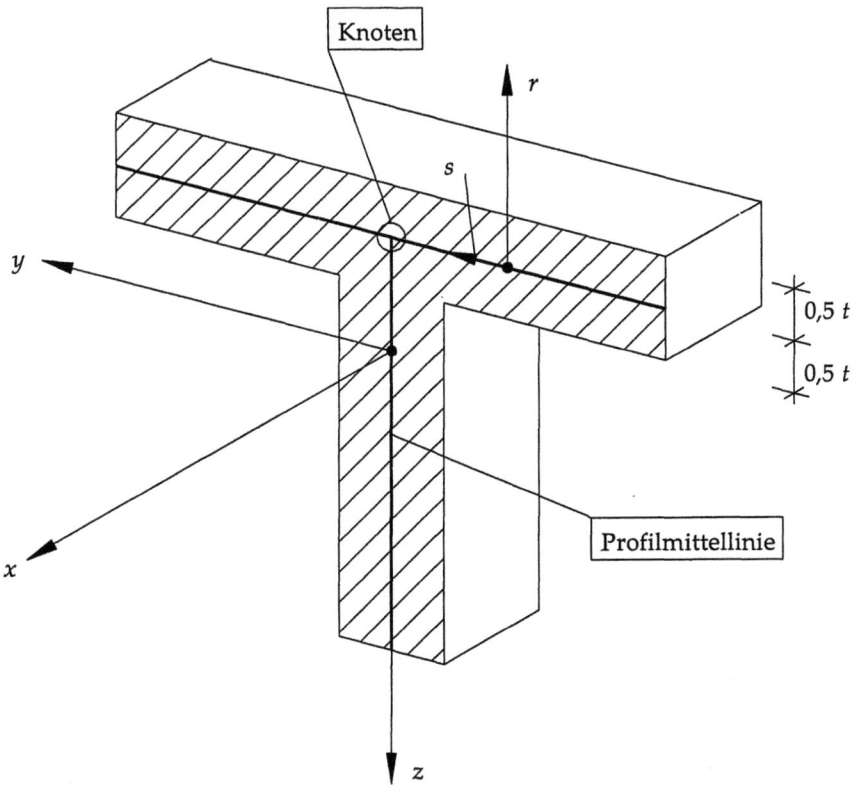

Bild 2-2 Definition der Profilmittellinie und der Querschnittsknoten

Schubspannungen τ_{xr} rechtwinklig zur Profilmittellinie können zwar im Profilinnern vorhanden sein, müssen aber an beiden Querschnittsrändern ($r = \pm t/2$) nach obiger Aussage zu Null werden. In einem dünnwandigen Querschnitt sind diese Schubspannungen daher vernachlässigbar klein. Alle in der Technischen Elastizitätstheorie maßgebenden Schubspannungen bei dünnwandigen Profilen verlaufen in Richtung der Profilmittellinie s. Eine Ausnahme liegt nur dann vor, wenn die Querschnittsverformung in die Berechnung einbezogen werden muss, so dass z. B. in den Gurten die Plattenbiegung zu berücksichtigen ist.

3. *Die Querkraftschubspannungen sind konstant über t verteilt.*

Genaue Berechnungen nach der Mathematischen Elastizitätstheorie ergeben, dass in schmalen Rechteckquerschnitten die Querkraftschubspannungen nahezu konstant über die Dicke t verteilt sind, vergleiche Kap. 5. Dieses Ergebnis wird in der Technischen Elastizitätstheorie auf alle dünnwandigen Querschnitte übertragen, indem man die einzelnen Querschnittsteile als schmale Rechtecke mit konstant über t verteilten Querkraftschubspannungen auffasst, siehe Bild 2-3.

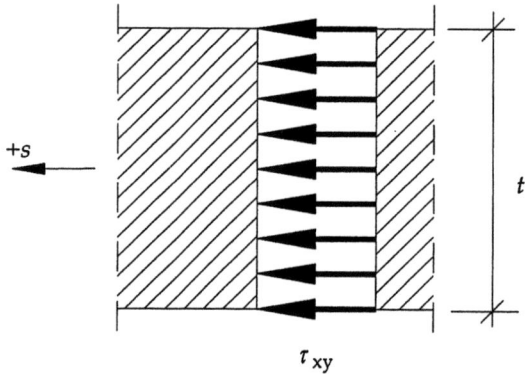

Bild 2-3 Verlauf der Querkraftschubspannungen in einem dünnwandigen Querschnitt über die Wanddicke t

Dadurch ist es möglich, diese Schubspannungen je Längeneinheit $ds = 1$ zu einer resultierenden Kraft, dem Schubfluss $T(s)$, zusammenzufassen und umgekehrt aus dem Schubfluss T das Schubspannungsdiagramm rückzurechnen, wie dies nach Kap. 1.5 für eine resultierende Schnittgröße der Technischen Elastizitätstheorie möglich sein muss:

$$T(s) = \tau_{xs}(s) \cdot t(s) \Leftrightarrow \tau_{xs}(s) = \frac{T(s)}{t(s)} \tag{2.1}$$

2.1 Allgemeiner Verlauf der Schubspannungen

Der über den gesamten Querschnitt verteilte Schubfluss $T(s)$ ist das direkte Ergebnis aller Berechnungsverfahren der Technischen Elastizitätstheorie für den Querkraftschub, siehe Kap. 2.2.

Schubspannungsdiagramme, die zwar die Resultierende T enthalten, aber nicht mehr über die Dicke t konstant sind, wie dies z. B. bei einspringenden Ecken nach Bild 2-1 der Fall ist, lassen sich über die Technische Elastizitätstheorie nicht berechnen. Solche Abweichungen vom angenommenen konstanten Schubspannungsverlauf in Dickenrichtung sind meist örtlich begrenzt und können daher beim Spannungsnachweis unberücksichtigt bleiben.

Daraus ergibt sich für die zeichnerische Darstellung eines Querschnitts die folgende Konsequenz:

Zur Behandlung von Schubproblemen ist es völlig ausreichend, anstelle des realen Querschnitts das Netzwerk der Profilmittellinien s mit dem Systemparameter $t(s)$ vorzugeben, wie dies in den späteren Aufgaben geschieht. Dieses Netzwerk wird als Profilmittellinienmodell (PMM) bezeichnet.

4. *An allen Profilenden ist der Schubfluss $T = 0$.*

An den Anfangs- und Endpunkten der Profilmittellinie s muss der Schubfluss T zu Null werden. In den dortigen Randelementen kann sich kein vollständiger Schubspannungsring in Richtung der Profilmittellinie, also rechtwinklig zum freien Rand, ausbilden. Bild 2-4 zeigt den allgemeinen Verlauf des Schubflusses $T(s)$, wie er sich nach den bisher genannten Bedingungen in einem offenen Querschnitt einstellt.

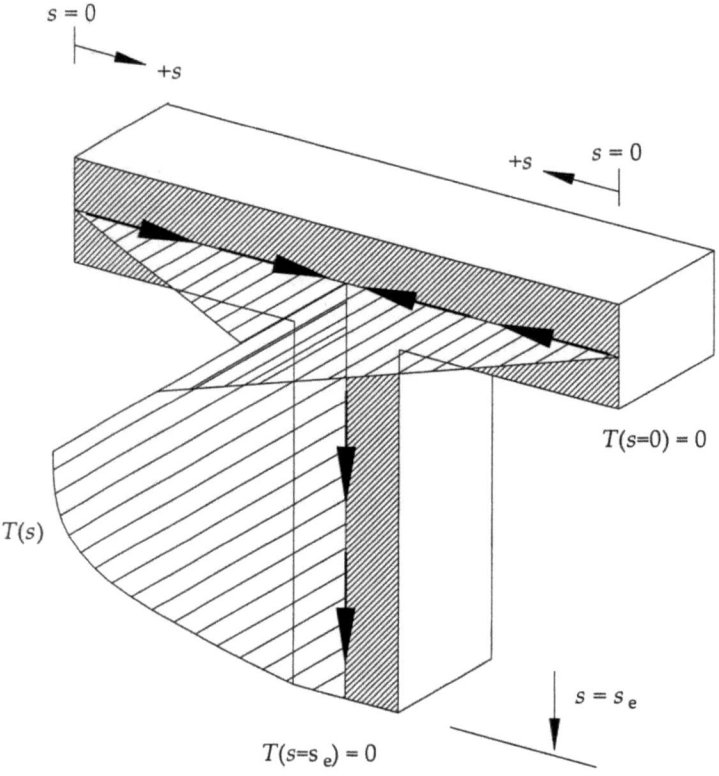

Bild 2-4 Allgemeiner Schubflussverlauf in einem offenen Querschnitt

2.1.2 Gleichheit der Schubflüsse in Längs- und Querschnitten

Legt man einen Längsschnitt 1-1 durch ein Stabelement, siehe Bild 2-5, so kann die Größe der Schubkraft in diesem Schnitt aus der Gleichheit der Schubspannungen $\tau_{sx} = \tau_{xs}$ nach Gleichung (1.5) bestimmt werden: In jedem an einer Stelle s geführten Längsschnitt ist die gleiche Schubkraft T vorhanden wie im Querschnitt selbst. Diese Erkenntnis ist wichtig, um z. B. die Schweißnähte eines zusammengesetzten Profils zwischen Steg und Flansch dimensionieren zu können, siehe Bild 2-6.

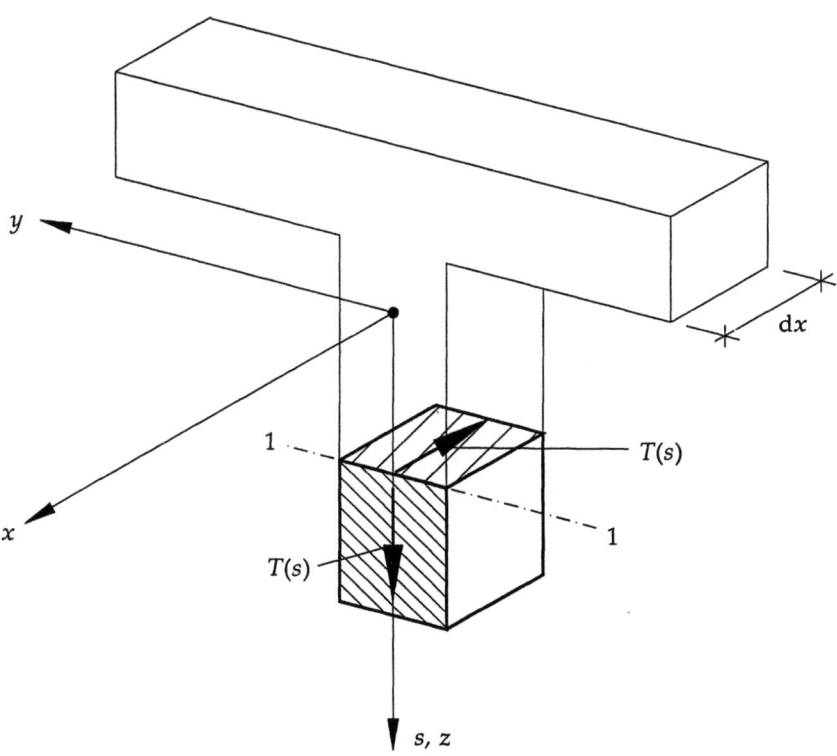

Bild 2-5 Gleichheit der Schubflüsse T in Längs- und Querschnitt

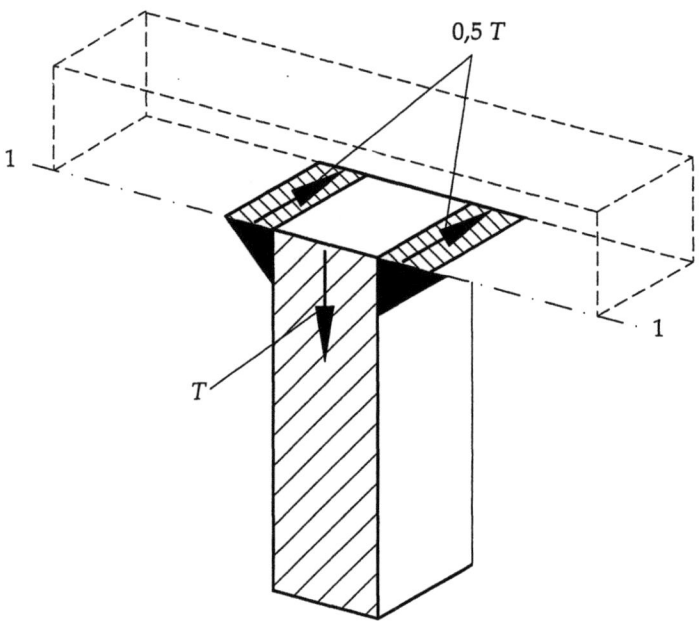

Bild 2-6 Schubfluss T in einer Flankenkehlnaht (Halsnaht) eines T-Profils

2.1.3 Summe der Schubflüsse an Querschnittsknoten

5. *An einem Querschnittsknoten muss die Summe aller zufließenden und abfließenden Schubflüsse Null ergeben.*

Jeder Punkt eines Querschnitts, in dem die Profilmittellinien s zweier oder mehrerer Querschnittsteile zusammenlaufen, wird als Knoten bezeichnet, siehe Bild 2-2. Denkt man sich einen solchen Knoten herausgeschnitten, siehe Bild 2-7, so müssen alle in den Längsschnitten dieses Knotens wirkenden Schubkräfte T_i im Gleichgewicht stehen, unabhängig davon, wie die zugehörigen Schubspannungsverteilungen im Bereich des Knotens aussehen:

2.2 Ableitung der Dübelformel

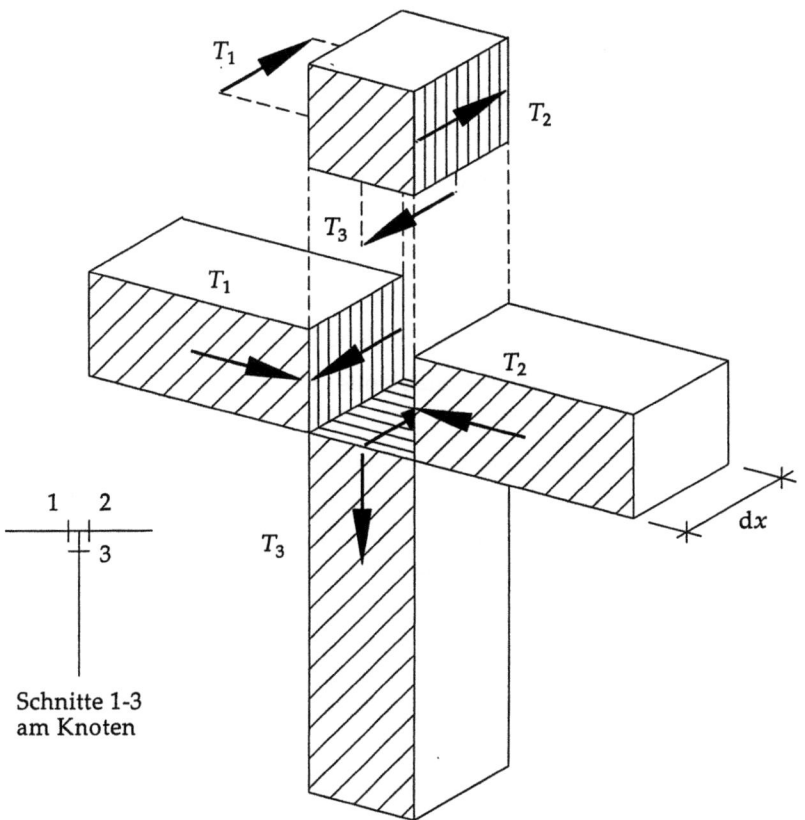

Bild 2-7 Schubflüsse in einem Querschnittsknoten

$$\sum X = 0 = \left(-T_1 - T_2 + T_3\right) \cdot dx \tag{2.2}$$

Der Schubfluss wird daher oft mit einem Wasserfluss verglichen:

Die gleiche Menge, die zu einem Knoten hinfließt, muss auch wieder abfließen.

2.2 Ableitung der Dübelformel

In der Technischen Elastizitätstheorie werden die Querkraftschubspannungen unter folgenden Voraussetzungen ermittelt:

1. Die Achsen y und z sind die Hauptachsen des Querschnitts:
$$y = \tilde{y}$$
$$z = \tilde{z} \tag{2.3}$$

   Bei unsymmetrischen Profilen muss die Berechnung der Hauptachsen erfolgen, bevor die Dübelformel angewandt werden kann, siehe Kap. 2.5

2. Die Normalkraft N ist konstant über die Stablänge. Ohne diese Voraussetzung muss die Dübelformel erweitert werden.

3. Gleitungen γ aus den Querkraftschubspannungen werden vernachlässigt.

   Bei Querschnitten mit sehr breiten Gurten kann diese Vernachlässigung der Schubverzerrung jedoch dazu führen, dass die Tragfähigkeit des Trägers aufgrund der rechnerischen Ergebnisse überschätzt wird. In diesen Fällen wird der Einfluss der Schubverzerrungen näherungsweise dadurch berücksichtigt, dass die Gurtbreiten auf die „mittragende Breite" vermindert werden, DIN 1073, *Roik* (1978), so dass dieser Restquerschnitt wieder als schubstarr für alle Berechnungen der Spannungen und Verformungen nach der Technischen Elastizitätstheorie vorausgesetzt werden kann.

Da nach Voraussetzung 3 kein Elastizitätsgesetz zur Berechnung der Querkraftschubspannungen zur Verfügung steht, können diese nur über Gleichgewichtsaussagen ermittelt werden.

Von einem Stabelement der Länge dx wird ein Teilstück abgeschnitten, siehe Bild 2-8. Die Koordinate $+s$ läuft von der Schnittstelle s, zum Profilende $s = s_e$ hin. Der Schubfluss $T(s)$ wird als positiv definiert, wenn seine Fließrichtung mit $+s$ übereinstimmt. Da sein Vorzeichen demnach von der im Grunde willkürlichen Definition von $+s$ abhängt, ist es empfehlenswert, die Schubflüsse mit ihrer wirklichen Fließrichtung am Querschnitt anzutragen und mit Absolutwerten weiterzurechnen.

2.2 Ableitung der Dübelformel

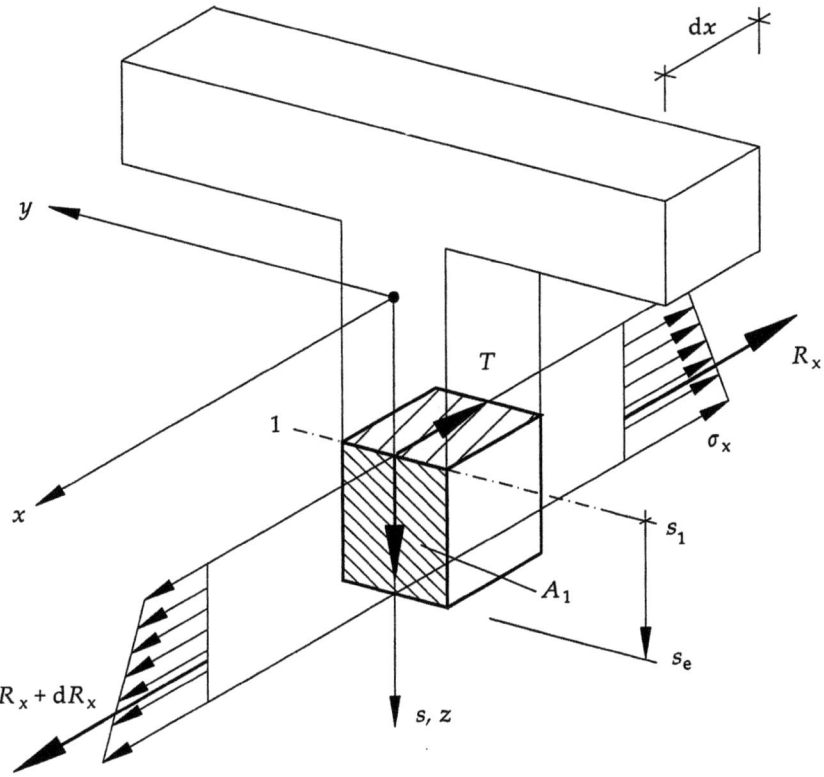

Bild 2-8 Gleichgewicht an einem Teil eines Stabelementes - Ableitungsfigur zur Dübelformel

Auf die Teilfläche A_1 wirken Normalspannungen σ_x mit der Teilresultierenden R_x (hinsichtlich des Sicherheitskonzeptes wird der Leser auf Kap. 1.7 verwiesen):

$$R_x = \int_{s_1}^{s_e} \sigma_x(x,s) \cdot t(s) \cdot ds = \int_{A_1} \sigma_x(x,s) \cdot dA \tag{2.4}$$

mit

$$\sigma_x = \frac{N}{A} + \frac{M_y}{I_y} \cdot z - \frac{M_z}{I_z} \cdot y \tag{2.5}$$

Darin sind:

A \quad Querschnittsfläche,

I_y und I_z auf die Schwerachsen (Hauptachsen) y und z bezogene Trägheitsmomente

Die positiven Schnittgrößen N, M_y und M_z sind nach Bild 1.10 definiert.

Die Änderung dR_x, die vom negativen zum positiven Querschnitt des Stabelementes auftritt, muss mit der Schubkraft im Längsschnitt s_1 im Gleichgewicht stehen:

$dR_x = T \cdot dx$

$$T = \frac{dR_x}{dx} = \int_{A_1} \frac{d\sigma_x(x,s)}{dx} \cdot dA \tag{2.6}$$

$$= \int_{A_1} \left(\frac{dM_y(x)}{dx} \cdot \frac{z}{I_y} - \frac{dM_z(x)}{dx} \cdot \frac{y}{I_z} \right) \cdot dA$$

Die Ableitungen der Biegemomente entsprechen den Querkräften, die nur von x abhängen und vor das Integral gezogen werden können:

$$T = \frac{V_z}{I_y} \underbrace{\int_{A_1} z \cdot dA}_{=S_y} + \frac{V_y}{I_z} \underbrace{\int_{A_1} y \cdot dA}_{=S_z} \tag{2.7}$$

Die zwei verbleibenden Querschnittsintegrale werden als statische Momente S_y und S_z definiert, so dass sich die Dübelformel in der endgültigen Form schreibt:

$$T(x,s) = \frac{V_z(x) \cdot S_y(s)}{I_y} + \frac{V_y(x) \cdot S_z(s)}{I_z} \tag{2.8}$$

Damit erhält man für die Schubspannungen im Mittel:

$$\tau_{xs}(x,s) = \frac{T(x,s)}{t(s)} \tag{2.9}$$

Hinweis: Die Schubspannung τ_{xs} wird an einer Trägerstelle x und einer Querschnittsstelle s berechnet, d. h. sie ist eine Funktion von den zwei unabhängigen Koordinaten x bzw. s.

Die Bezeichnung „Dübelformel" ist auf den Holzbau zurückzuführen, die Längsverdübelung von Holzbalken ist mit dieser Formel nachzuweisen. In der Literatur wird sie mit unterschiedlichem Vorzeichen angegeben (z. B. bei *Roik* 1978), was mit der Definition der Hilfskoordinate $+s$ zusammenhängt, siehe Bild 2-19 und 2-20.

2.3 Statische Momente S

Die Definitionsgleichungen für die statischen Momente S lauten:

$$S_y = \int_{A_1} z \cdot dA$$

$$S_z = \int_{A_1} y \cdot dA \qquad (2.10)$$

Anschaulich entspricht ein statisches Moment dem Produkt aus der abgeschnittenen Teilfläche A_1, siehe Bild 2-9, und dem Abstand z_1 (bzw. y_1) des Schwerpunktes dieser Teilfläche von der Schwerachse (Hauptachse) des Gesamtprofils. Der Abstand z_1 (bzw. y_1) ist dabei mit Vorzeichen einzusetzen.

Zur Berechnung der statischen Momente stehen zwei Möglichkeiten zur Verfügung, die auf unterschiedlichen Vorstellungen des rechnerischen Querschnittsmodells beruhen und daher zu geringfügig unterschiedlichen Ergebnissen führen können.

Bei der ersten Methode wird der Querschnitt als polygonal umrandete Fläche in die Berechnung eingeführt, siehe Bild 2-9. Für die abgeschnittene Teilfläche A_1 wird die Lage des Schwerpunktes S_1 ermittelt, um das statische Moment berechnen zu können:

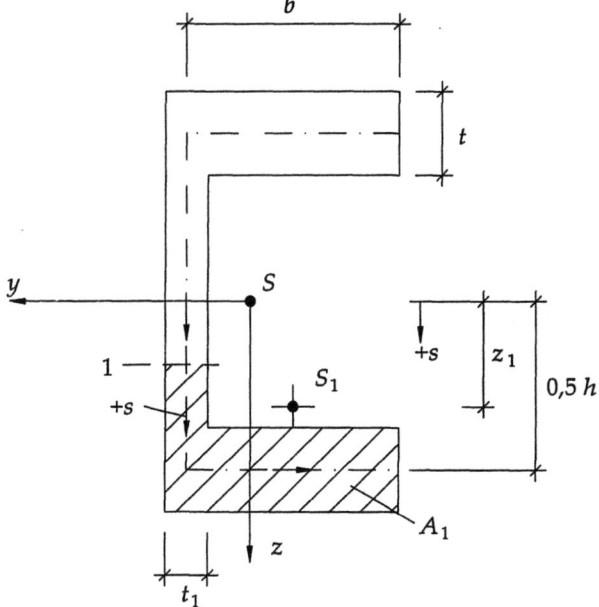

Bild 2-9 Ermittlung des statischen Momentes einer abgeschnittenen Teilfläche A_1

$$S_{y,1} = A_1 \cdot z_1$$
$$= \frac{1}{2} \cdot h \cdot b \cdot t + \frac{t_1}{8} \cdot \left(h^2 + t^2 - 4 \cdot s_1^2\right) \tag{2.11}$$

mit

$$A_1 = t_1 \cdot \left(\frac{h}{2} - s_1\right) + b \cdot t$$
$$z_1 = \frac{h}{2} - \frac{t_1}{8 \cdot A_1} \cdot (h - t - 2 \cdot s_1) \cdot (h + t - 2 \cdot s_1) \tag{2.12}$$

Diese erste Methode liefert die genaueren Werte und ist insbesondere dann anzuwenden, wenn der Querschnitt relativ dickwandig ist. Ausrundungen der Ecken lassen sich näherungsweise einbeziehen.

Bei dünnwandigen Querschnitten, wie sie im Stahlbau üblich sind, führt die zweite Methode schneller zum Ziel, da sie sich stärker schematisieren lässt. Der Querschnitt wird durch das Netzwerk seiner Profilmittellinien ersetzt. An diesem Profilmittellinienmodell sind alle Berechnungen durchzuführen, dies gilt auch für die Bestimmung des Schwerpunktes S. Die Abstände y und z der Profilmittellinie von den Schwerachsen werden an der Profilmittellinie selbst angetragen und als y- bzw. z-Flächen bezeichnet, siehe Bild 2-11. Die statischen Momente nach Gleichung (2.10) können dann durch Integration dieser y- bzw. z-Flächen entlang der Profilmittellinie berechnet werden. Dabei können die Integrale mit Hilfe von „Kopplungswerten" (Integraltafeln) gelöst werden, die vom Kraftgrößenverfahren oder der Berechnung von Verformungen mit Hilfe des Prinzips der virtuellen Kräfte (P.d.v.K.) der Statik her bekannt sind. Sie ermöglichen die unmittelbare Berechnung eines Integrals, dessen Integrand das Produkt zweier von s abhängiger Funktionen ist:

$$\int_{s_1}^{s_1+a} F_1(s) \cdot F_2(s) \cdot ds = K_{12} \cdot a \tag{2.13}$$

Bei den üblichen Querschnitten sind die y- und z-Flächen konstant oder linear veränderlich. Die Kopplungswerte K_{12}, die in diesen Fällen zur Berechnung der Integrale benötigt werden, sind in Bild 2-10 aufgeführt. Die Ordinaten M_1 und M_2 sind dabei jeweils mit ihrem Vorzeichen einzusetzen, M_i hat in diesem Kontext keinen Zusammenhang mit den Beanspruchungen infolge von Momenten.

2.3 Statische Momente S

$K_1(s)$ \ $K_2(s)$	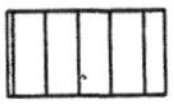 ▭ M_2	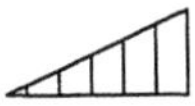 ◢ M_2	M_2  ◣	M_2^l 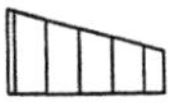 ▭ M_2^r
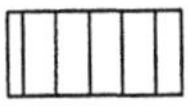 ▭ M_1	$1{,}0 \cdot M_1 \cdot M_2$	$\dfrac{1}{2} \cdot M_1 \cdot M_2$	$\dfrac{1}{2} \cdot M_1 \cdot M_2$	$\dfrac{1}{2} \cdot M_1 \cdot \left(M_2^l + M_2^r\right)$
 ◢ M_1	$\dfrac{1}{2} \cdot M_1 \cdot M_2$	$\dfrac{1}{3} \cdot M_1 \cdot M_2$	$\dfrac{1}{6} \cdot M_1 \cdot M_2$	$\dfrac{1}{6} \cdot M_1 \cdot \left(M_2^l + M_2^r\right)$
 M_1^l M_1^r	$\dfrac{1}{2} \cdot M_2 \cdot \left(M_1^l + M_1^r\right)$	$\dfrac{1}{6} \cdot M_2 \cdot \left(M_1^l + M_1^r\right)$	$\dfrac{1}{6} \cdot M_2 \cdot \left(2 \cdot M_1^l + M_1^r\right)$	$\dfrac{1}{6} \cdot \left[M_1^l \cdot \left(2 \cdot M_2^l + M_2^r\right) + M_1^r \cdot \left(M_2^l + 2 \cdot M_2^r\right)\right]$

Bild 2-10 Kopplungswerte K_{12} für konstante oder linear von s abhängige Funktionen $F(s)$

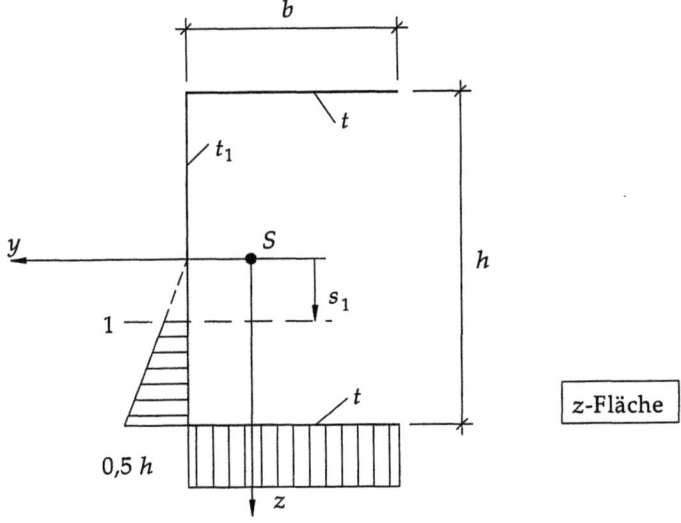

Bild 2-11 Rechnerisches Querschnittsmodell der Profilmittellinien

Für das obige Beispiel nach Bild 2-9 erhält man nach dieser zweiten Methode das statische Moment zu, siehe Bild 2-11:

$$S_{y,1} = \int_{s_1}^{s_e} \underbrace{z(s)}_{F_1(s)} \cdot \underbrace{t(s)}_{F_2(s)} \cdot ds$$

$$= \frac{1}{2} \cdot \left(\frac{h}{2} + s_1\right) \cdot t_1 \cdot \left(\frac{h}{2} - s_1\right) + 1,0 \cdot \frac{h}{2} \cdot t \cdot b \quad (2.14)$$

$$= \frac{1}{2} \cdot h \cdot b \cdot t + \frac{t_1}{8} \cdot \left(h^2 - 4 \cdot s_1^2\right)$$

Dabei wird $t(s)$ als zweite Funktion $F_2(s)$ gemäß Gleichung (2.13) aufgefasst. Vergleicht man die Ergebnisse, so erkennt man, dass sie sich durch die Größe t_2 im zweiten Term unterscheiden, die jedoch bei der vorausgesetzten Dünnwandigkeit des Profils nicht ins Gewicht fällt. Die rechnerischen Abmessungen des Querschnitts stimmen ohnehin mit der Wirklichkeit meist nur begrenzt überein (Fertigungs- und Walztoleranzen), so dass jede übertriebene Genauigkeit an dieser Stelle verfehlt wäre.

Wichtig ist jedoch, dass man bei der Ermittlung aller Querschnittswerte schon von Beginn an, also bei der Ermittlung des Schwerpunktes, konsequent bleibt und die einmal gewählte Methode beibehält. Sobald man die Methoden wechselt, indem man z. B. den Schwerpunkt genauer ermittelt und die statischen Momente anschließend über die Profilmittellinie berechnet, sind die Kontrollen nach Kap. 2.6.2 nicht mehr zwingend, so dass Rechenfehler unerkannt bleiben können.

2.4 Beispiele einfach- oder doppeltsymmetrischer Profile

2.4.1 Schmaler Rechteckquerschnitt

Für einen beliebigen Schnitt z, siehe Bild 2-12, lautet das statische Moment:

$$S_y(z) = \frac{1}{2} \cdot b \cdot \left(\frac{h}{2} - z\right) \cdot \left(\frac{h}{2} + z\right) = \frac{1}{8} \cdot b \cdot h^2 \cdot \left(1 - \eta^2\right) \quad (2.15)$$

mit

$$\eta = z \cdot \frac{2}{h}$$

Mit

$$I_y = \frac{b \cdot h^3}{12}$$

2.4 Beispiele einfach- oder doppeltsymmetrischer Profile

erhält man nach Gleichung (2.8) den Schubfluss zu:

$$T(z) = \frac{V_z \cdot S_y(z)}{I_y} = \frac{3}{2} \cdot \frac{V_z}{h} \left(1 - \eta^2\right) \qquad (2.16)$$

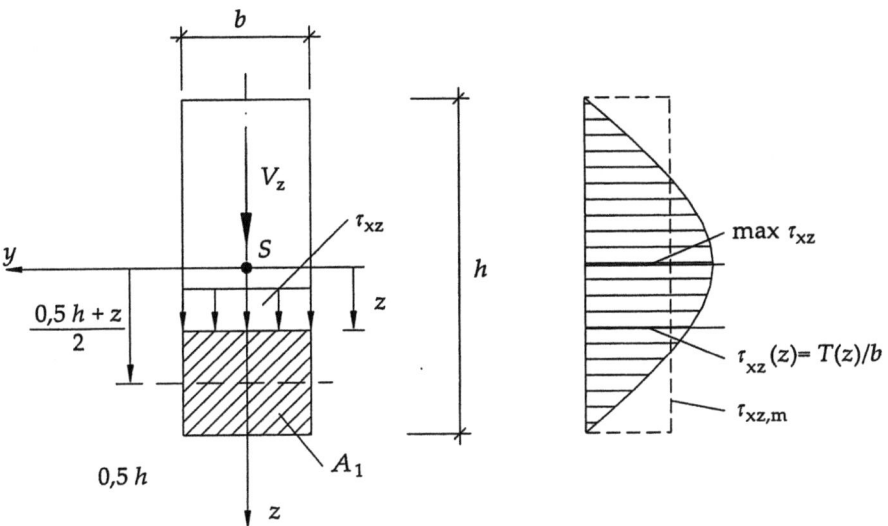

Bild 2-12 Schubspannungen in einem schmalen Rechteckquerschnitt

Der Schubfluss ist parabelförmig über die Querschnittshöhe h verteilt. Ist die Bedingung $b \ll h$ erfüllt, so dass die Schubspannungen konstant über b verteilt sind, ergibt sich die maximale Schubspannung in der Schwerachse zu 50 % über dem Mittelwert:

$$\max \tau_{xz} = \frac{1}{b} \cdot T = 1{,}50 \cdot \frac{V_z}{A} = 1{,}50 \cdot \tau_{xz,m} \qquad (2.17)$$

Zur genauen Schubspannungsverteilung in massiven Rechteckquerschnitten siehe Kap 5.1.

2.4.2 Doppeltsymmetrischer I-Querschnitt

Bei diesem Beispiel, siehe Bild 2-13, werden nicht nur die statischen Momente, sondern auch die Flächenmomente zweiten Grades durch Koppeln der Koordinatenflächchen ermittelt. Wendet man diese Methode auf Walzprofile an und setzt dabei konstante mittlere Profildicken an, so ergeben sich Unterschiede zu den Querschnittswerten aus Profiltabellen.

Verdeutlicht wird dies am Beispiel eines Walzprofils HEA 400. Bei der Idealisierung des realen Querschnittes als Profilmittellinienmodell werden die Ausrundungsradien vernachlässigt, siehe Bild 2-13:

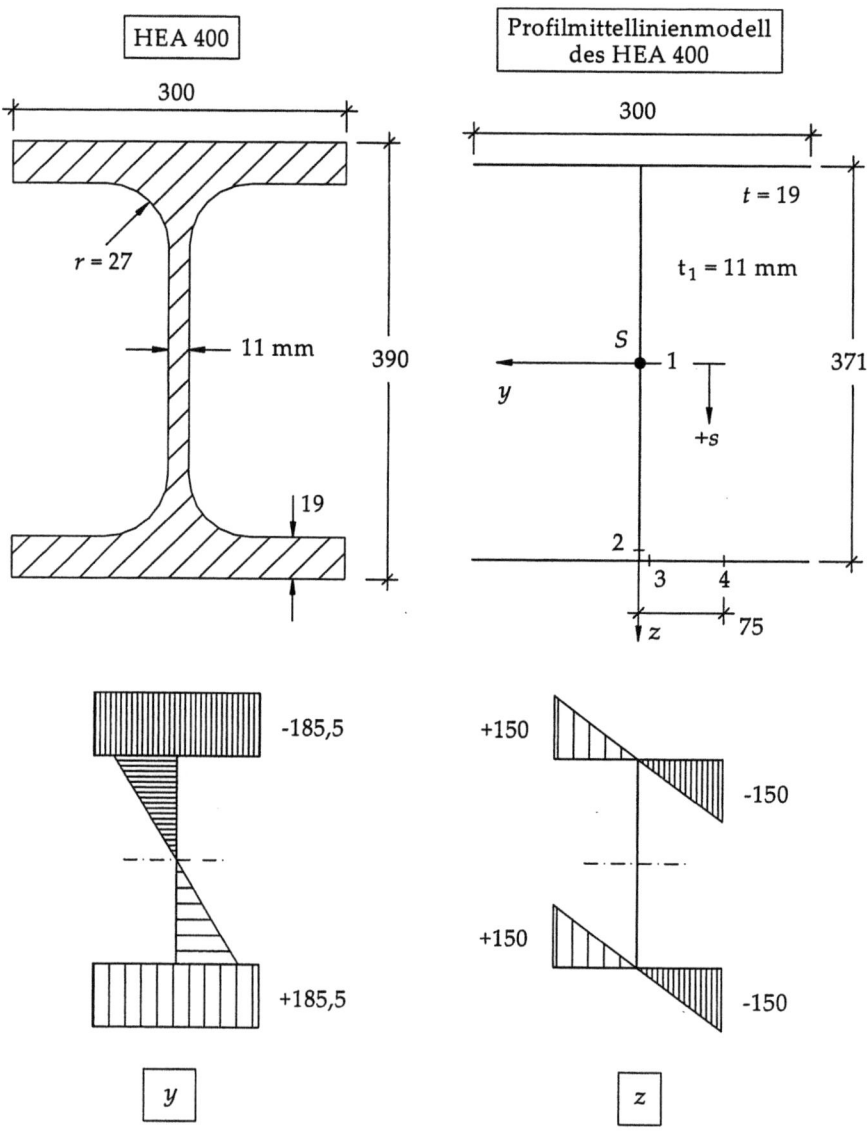

Bild 2-13 Abmessungen und Koordinatenflächen z und y eines I-Querschnitts in [mm]

2.4 Beispiele einfach- oder doppeltsymmetrischer Profile

$$I_y = \int_A z^2 \cdot dA = \int_A \underbrace{z(s)}_{F_1} \cdot \underbrace{z(s)}_{F_2} \cdot t(s) \cdot ds \qquad (2.18)$$

Im Beispiel ist die Dicke t Abschnittsweise konstant und kann somit vor das Integral geschrieben werden, damit ergibt sich

$$I_y = \sum_{\substack{Profil-\\abschnitte\ i}} t_i \cdot \int_{A_i} \underbrace{z(s)}_{F_1} \cdot \underbrace{z(s)}_{F_2} ds$$

$$= 2 \cdot 18,55 \cdot 18,55 \cdot 1,9 \cdot 30 + 2 \cdot \frac{1}{3} \cdot 18,55 \cdot 18,55 \cdot 1,1 \cdot 18,55 \qquad (2.19)$$

$$= 39.227,7 + 4.681,0$$

$$= 43.908,7 \cong \underbrace{45.070,0}_{\text{Wert aus der Literatur}} \left[\text{cm}^4\right]$$

$$I_z = \sum_{\substack{Profil-\\abschnitte\ i}} t_i \cdot \int_{A_i} \underbrace{y(s)}_{F_1} \cdot \underbrace{y(s)}_{F_2} ds$$

$$= 4 \cdot \frac{1}{3} \cdot 15,0 \cdot 15,0 \cdot 1,9 \cdot 15,0 \qquad (2.20)$$

$$= 8.550,0 \cong \underbrace{8.560,0}_{\text{Wert aus der Literatur}} \left[\text{cm}^4\right]$$

Ein Vergleich der hier berechneten Werte mit in der Literatur aufgeführten Angaben zeigt, dass die mit Hilfe des Profilmittellinienmodells berechneten Werte geringfügig kleiner sind. Damit liegen die hier berechneten Ergebnisse auf der „Sicheren Seite" und sind für baupraktische Belange ausreichend genau.

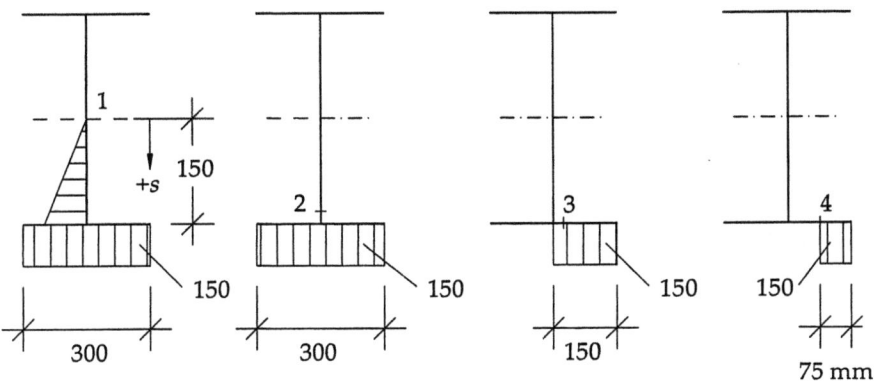

Bild 2-14 z-Flächen zur Berechnung der statischen Momente S_y der Schnitte

2 Querkraftschubspannungen in dünnwandigen, offenen Profilen

Die z-Flächen, über die zur Berechnung der statischen Momente für die Schnitte 1 bis 4 zu koppeln ist, wurden in Bild 2-14 skizziert, es gilt Gleichung (2.21) bzw. (2.22):

$$S_y = \int_A z \cdot dA = \int_A \underbrace{z(s)}_{F_1} \cdot \underbrace{t(s)}_{F_2} \cdot ds \qquad (2.21)$$

$$S_{y,1} = \frac{1}{2} \cdot 18{,}55 \cdot 1{,}1 \cdot 18{,}55 + 18{,}55 \cdot 1{,}9 \cdot 30 = 189{,}3 + 1.057{,}3 = 1.246{,}6 \ \left[\text{cm}^4\right]$$

$$S_{y,2} = 18{,}55 \cdot 1{,}9 \cdot 30{,}0 = 1.057{,}3 \ \left[\text{cm}^4\right]$$

$$S_{y,3} = 18{,}55 \cdot 1{,}9 \cdot 15{,}0 = 528{,}7 \ \left[\text{cm}^4\right]$$

$$S_{y,4} = 18{,}55 \cdot 1{,}9 \cdot 7{,}5 = 264{,}3 \ \left[\text{cm}^4\right]$$

$$S_z = \int_A y \cdot dA = \int_A \underbrace{y(s)}_{F_1} \cdot \underbrace{t(s)}_{F_2} \cdot ds \qquad (2.22)$$

$$S_{z,1} = S_{z,2} = 0 \ \left[\text{cm}^4\right]$$

$$S_{z,3} = -\frac{1}{2} \cdot 15{,}0 \cdot 1{,}9 \cdot 15{,}0 = -213{,}8 \ \left[\text{cm}^4\right]$$

$$S_{z,3} = -\frac{1}{2} \cdot (15{,}0 + 7{,}5) \cdot 1{,}9 \cdot 7{,}5 = -160{,}3 \ \left[\text{cm}^4\right]$$

Daraus ergeben sich die Schubspannungen $\tau_{xs,\nu}$ deren Verlauf und Größe in Bild 2-15 aufgetragen wurde:

$$\tau_{xs,1} = \frac{V_z}{43.908{,}7} \cdot \frac{1.246{,}6}{1{,}1} + \frac{V_y}{8.550{,}0} \cdot \frac{0{,}0}{1{,}1} = 0{,}02581 \cdot V_z + 0{,}00000 \cdot V_y$$

$$\tau_{xs,2} = \frac{V_z}{43.908{,}7} \cdot \frac{1.057{,}3}{1{,}1} + \frac{V_y}{8.550{,}0} \cdot \frac{0{,}0}{1{,}1} = 0{,}02189 \cdot V_z + 0{,}00000 \cdot V_y$$

$$\tau_{xs,3} = \frac{V_z}{43.908{,}7} \cdot \frac{528{,}7}{1{,}9} + \frac{V_y}{8.550{,}0} \cdot \frac{(-213{,}8)}{1{,}9} = 0{,}00634 \cdot V_z - 0{,}01316 \cdot V_y$$

$$\tau_{xs,4} = \frac{V_z}{43.908{,}7} \cdot \frac{264{,}3}{1{,}9} + \frac{V_y}{8.550{,}0} \cdot \frac{(-160{,}3)}{1{,}9} = 0{,}00317 \cdot V_z - 0{,}00987 \cdot V_y$$

2.4 Beispiele einfach- oder doppeltsymmetrischer Profile

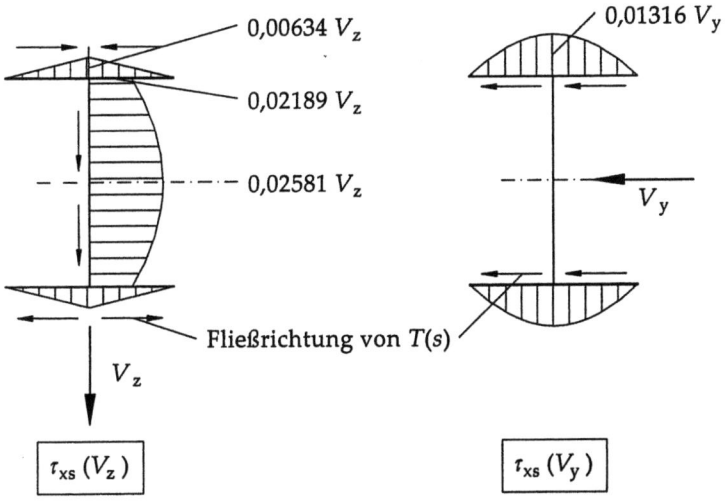

Bild 2-15 Schubflussverlauf und Größe der Schubspannungen infolge V_z und V_y

Das Schubflussbild ist jeweils antimetrisch zu den Koordinatenachsen, die Maximalwerte treten auf den Schwereachsen selbst auf. In der Praxis wird der Schubspannungsnachweis vielfach nur näherungsweise geführt. Für die Querkraft V_z in der Stegebene des I-Profils nach Bild 2-13 kann über die Stegfläche A_{Steg} eine mittlere Schubspannung ermittelt werden, die nur geringfügig unter dem Maximalwert nach Bild 2-15 liegt:

$$A_{Steg} = h \cdot t_1 \tag{2.23}$$

$$\tau_m = \frac{V_z}{h \cdot t_1} = \frac{V_z}{37{,}1 \cdot 1{,}1} = 0{,}02450 \cdot V_z \cong 0{,}95 \cdot \tau_{xs,max}$$

2.4.3 Offenes Quadratrohr

Dieser Querschnitt, siehe Bild 2-16, bietet ein Beispiel dafür, dass der Schubflussverlauf ohne Berechnung allein aus der Anschauung heraus kaum noch anzugeben ist. Die maximalen Schubspannungen können um ein Vielfaches über dem Mittelwert liegen.

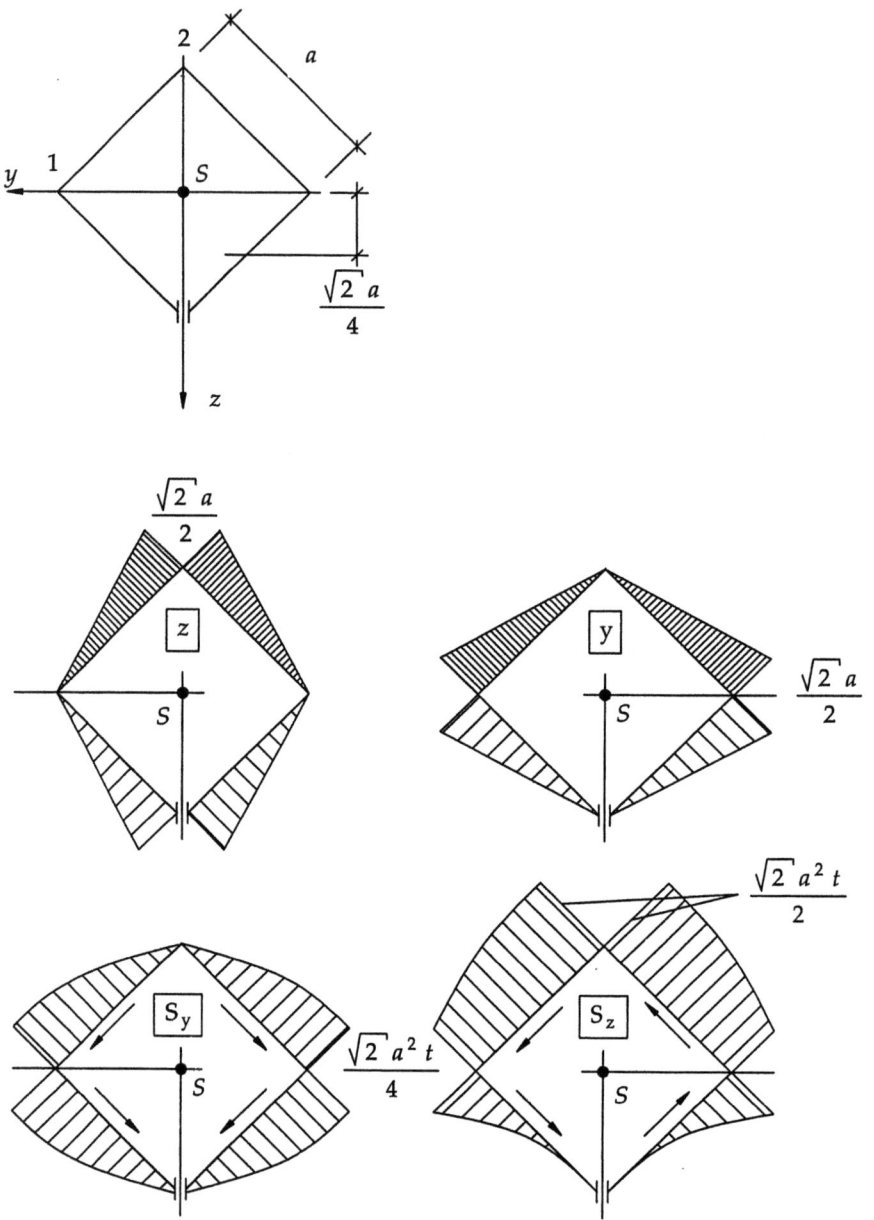

Bild 2-16 Längsgeschlitztes Quadratrohr PMM des Querschnitts; Koordinatenflächen und statische Momente mit Fließrichtung der Schubflüsse

Aus Bild 2-16 ergibt sich:

2.5 Dübelformel, bezogen auf die Hauptachsen

$$I_y = I_z = 4 \cdot \frac{1}{3} \cdot \left(a \cdot \frac{\sqrt{2}}{2}\right)^2 \cdot a \cdot t = \frac{2}{3} \cdot a^3 \cdot t$$

$$S_{y,1} = \frac{1}{2} \cdot \left(a \cdot \frac{\sqrt{2}}{2}\right) \cdot a \cdot t = \frac{1}{4} \cdot \sqrt{2} \cdot a^2 \cdot t$$

$$S_{y,2} = 0$$

$$S_{z,1} = S_{y,1}$$

$$S_{z,2} = 2 \cdot S_{z,1}$$

$$\max \tau_{xs}(V_y) = V_y \cdot \frac{S_{z,2}}{I_z \cdot t} = 3 \cdot \sqrt{2} \cdot \frac{V_y}{4 \cdot a \cdot t} = 4{,}24 \cdot \frac{V_y}{A}$$

$$\max \tau_{xs}(V_z) = V_z \cdot \frac{S_{y,1}}{I_y \cdot t} = \frac{3}{2} \cdot \sqrt{2} \cdot \frac{V_z}{4 \cdot a \cdot t} = 2{,}12 \cdot \frac{V_z}{A}$$

Die vollständigen Schubflussbilder lassen sich aufgrund der allgemeinen Aussagen in Kap. 2.7 zeichnen.

2.5 Dübelformel, bezogen auf die Hauptachsen

Bei nichtsymmetrischen Profilen sind vor der Anwendung der Dübelformel (2.8) die Hauptachsen des Querschnitts zu bestimmen, da die bei der Ableitung der Dübelformel benutzte Formel für σ_x nur für die Hauptachsen gilt.

Für die Hauptflächenmomente 2. Grades gilt:

$$\left.\begin{array}{c} I_{\tilde{y}} \\ I_{\tilde{z}} \end{array}\right\} = \frac{1}{2} \cdot (I_y + I_z) \pm \sqrt{\frac{1}{4} \cdot (I_y - I_z)^2 + I_{yz}^2} \qquad (2.24)$$

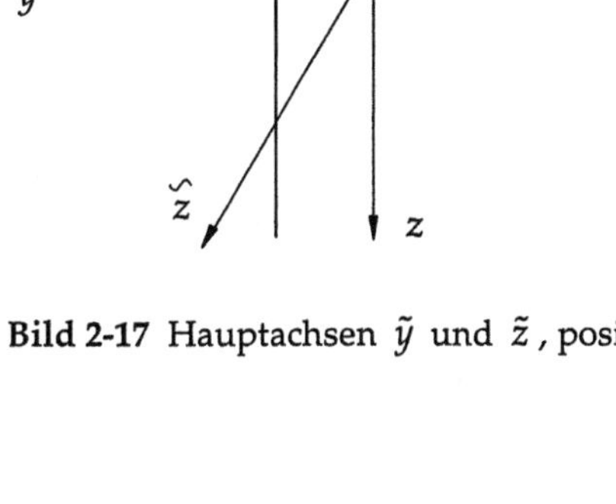

Bild 2-17 Hauptachsen $\tilde{y}$ und $\tilde{z}$, positive Querkräfte V_y und V_z

Für die Drehrichtung der Hauptachsen, siehe Bild 2-17 ergibt sich der Winkel α zu:

$$\tan(2\cdot\alpha) = \frac{2\cdot I_{yz}}{I_y - I_z} \quad \Leftrightarrow \quad \alpha = \frac{1}{2}\cdot\arctan\left(\frac{2\cdot I_{yz}}{I_y - I_z}\right) \tag{2.25}$$

mit

$I_y > I_z$

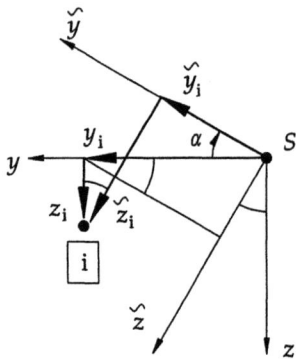

Bild 2-18 Koordinatentransformation bei einer Drehung der Koordinatenachsen

Der Drehwinkel α ist derjenige Winkel, um den die Bezugsachse des größeren Flächenmomentes I_y gedreht werden muss, um mit der Hauptachse $\tilde{y}$ zusammenzufallen. Bei positivem α erfolgt die Drehung im Uhrzeigersinn.

Für die Transformation der Querschnittskoordinaten siehe Bild 2-18 und es gilt:

$$\begin{bmatrix} \tilde{y}_i \\ \tilde{z}_i \end{bmatrix} = \begin{bmatrix} y_i \\ z_i \end{bmatrix} \cdot \begin{bmatrix} \cos\alpha & -\sin\alpha \\ \sin\alpha & \cos\alpha \end{bmatrix} \tag{2.26}$$

Damit lautet die allgemeine Dübelformel:

$$T(x,s) = \frac{V_{\tilde{z}}(x)\cdot S_{\tilde{y}}(s)}{I_{\tilde{y}}} + \frac{V_{\tilde{y}}(x)\cdot S_{\tilde{z}}(s)}{I_{\tilde{z}}} \tag{2.27}$$

Mit Hilfe von Gleichung (2.26) sind ggf. auch die Einwirkungen bzw. Beanspruchungen V_z bzw. V_y auf die Hauptachsen zu transformieren.

Auf einen in der Praxis häufig auftretenden Fehler muss an dieser Stelle noch einmal ausdrücklich hingewiesen werden. Grundsätzlich sind alle Berechnungen von beanspruchenden Spannungen (σ_x bzw. τ_{xs}) auf die Hauptachsen zu beziehen. Damit ist die Kenntnis der Hauptachsen die wesentliche Voraussetzung für korrekte Aussagen.

2.6 Einheitsschubflüsse

Für symmetrische Querschnitte gilt: Die Symmetrieachse ist Hauptachse.

Aus Gründen der Lesbarkeit wird in den folgenden Kapiteln auf eine generelle Kennzeichnung der Hauptachsen mit einer Tilde (˜) verzichtet; Ausnahmen sind Betrachtungen an unsymmetrischen Querschnitten.

2.6 Einheitsschubflüsse

2.6.1 Definition

Mit Hilfe der Dübelformel (siehe Gleichung (2.8) bzw. (2.27)) kann der Schubfluss $T(s)$ für jede Stelle s der Profilmittellinie berechnet werden. Um den Spannungsnachweis in einem Biegeträger führen zu können, benötigt man normalerweise nur den Maximalwert für τ und gegebenenfalls weitere Werte für solche Stellen, an denen die Vergleichsspannungen maßgebend werden oder an denen Anschlüsse (Schweißnähte oder Schrauben) auf Schub nachzuweisen sind.

Es gibt jedoch weitere Fragestellungen, die mit dem Schubfluss in einem Querschnitt verbunden sind, so z. B. die Berechnung des Schubmittelpunktes M nach Kap. 3, und die die Kenntnis des vollständigen Schubflussverlaufes voraussetzen. Um diesen angeben zu können, müsste man die Dübelformel für alle Trägerpunkte anwenden, an denen Sprünge oder Knicke im Verlauf der Schubflüsse zu erwarten sind, und den Verlauf zwischen diesen Punkten nach den Regeln aus Kap. 2.7 ergänzen. Diese aufwendige Vorgehensweise lässt sich jedoch durch ein mehr schematisiertes Berechnungsverfahren ersetzen.

Die Dübelformel, Gln. (2.8) bzw. (2.27), enthält sowohl last- als auch querschnittsabhängige Größen, die nicht miteinander gekoppelt sind. Der Verlauf des Schubflusses infolge V_y oder V_z ist daher allein von der Geometrie des Querschnitts abhängig, nur die Absolutwerte werden durch die lastabhängigen Größen $V(x)$ bestimmt. Maßgebend für diese „Schubflussbilder" ist die Größe der statischen Momente $S(s)$. Man kann daher die Vorfaktoren zu S_y und S_z in z. B. Gleichung (2.8) zu 1 annehmen und die Schubflüsse, die dann mit den statischen Momenten identisch sind, als Einheitsschubflüsse definieren:

$$T_y(s) \equiv S_z(s) = T(x,s) \quad \text{mit } V_y = I_z \text{ und } V_z = 0 \qquad (2.28)$$

$$T_z(s) \equiv S_y(s) = T(x,s) \quad \text{mit } V_z = I_y \text{ und } V_y = 0 \qquad (2.29)$$

Die Querkräfte V und die Flächenmomente I werden hierbei nur dem Betrag nach gleichgesetzt ohne Berücksichtigung der unterschiedlichen Einheiten. Die Einheitsschubflüsse haben somit die Einheit m³. Erst durch die Multiplikation mit den gegebenen Vorfaktoren V_z/I_y bzw. V_y/I_z erhält man den wirklichen Schubfluss T mit der Einheit kN/m³.

Die Berechnung der Einheitsschubflüsse ist ausreichend, um z. B. die Lage des Schubmittelpunktes M zu ermitteln.

Das Vorzeichen der statischen Momente $S(s)$ ist an die Definition der Koordinatenrichtung $+s$ gebunden. Bei der Ableitung der Dübelformel, siehe Bild 2-8, verlief die positive Koordinate s vom betrachteten Schnitt s_1 zum Querschnittsende s_e hin. In diesem Fall sind die Einheitsschubflüsse identisch mit den Gleichungen (2.10), siehe Bild 2-19:

$$T_y(s) = S_z(s) = + \int_{s_1}^{s_e} y \cdot t \cdot ds$$

$$T_z(s) = S_y(s) = + \int_{s_1}^{s_e} z \cdot t \cdot ds \qquad (2.30)$$

Bei der Berechnung der vollständigen Schubflussbilder ist es günstiger, mit der Integration an den freien Enden zu beginnen, da dort die Anfangsbedingung $T = 0$ nach Kap. 2.1.1 vorgegeben ist. Dies bedeutet eine Umkehrung der Integrationsrichtung s und somit eine Änderung des Vorzeichens vor den Integralen, siehe Bild 2-20:

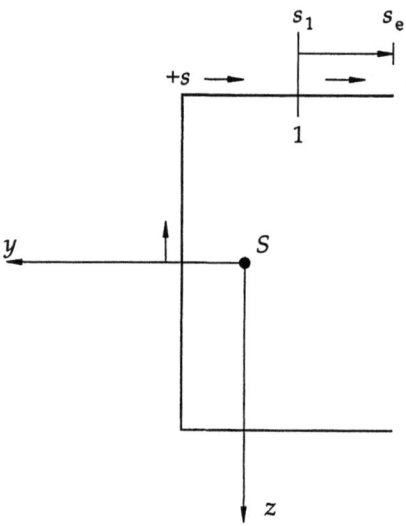

Bild 2-19 Verlauf der Koordinate s vom Schnitt 1 zum freien Profilende (vergleiche Bild 2-8)

2.6 Einheitsschubflüsse

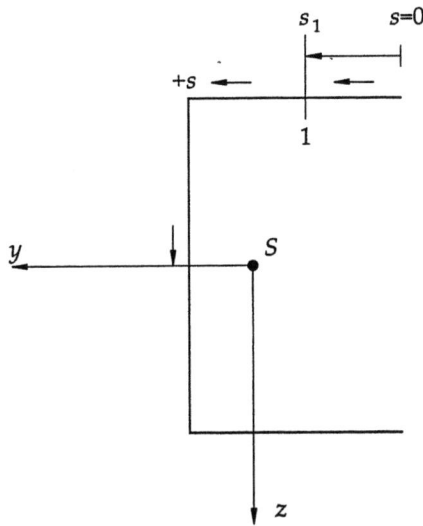

Bild 2-20 Integrationsanfangspunkt ($s = 0$) am freien Profilende

$$T_y(s) = S_z(s) = -\int_{s_1}^{s_e} y \cdot t \cdot ds$$

$$T_z(s) = S_y(s) = -\int_{s_1}^{s_e} z \cdot t \cdot ds$$

(2.31)

Ein positiver Schubfluss fließt in Richtung der positiv definierten Koordinate $+s$. Indem man die Absolutwerte der Schubflüsse anträgt, gleichzeitig aber die wirkliche Fließrichtung einzeichnet, kann man sich von der an sich willkürlichen Definition für $+s$ lösen.

2.6.2 Kontrollen der Schubflüsse

1. Das vollständige Schubflussbild muss an allen freien Profilenden den Wert Null annehmen. Man beginnt mit der Integration an den freien Enden mit Ausnahme des letzten Endes, an dem sich $T = 0$ aus der Berechnung heraus zur Kontrolle ergeben muss.
2. Die Gesamtresultierenden der Schubflüsse müssen der Größe und Wirkungsrichtung nach mit den Querkräften identisch sein. Die Resultierenden der Einheitsschubflüsse müssen demnach der Größe nach den Flächenmomenten gleich sein:

$$R_y = \int_A T_y(s) \cdot ds \equiv I_z \quad \text{in Richtung} + y \tag{2.32}$$

$$R_z = \int_A T_z(s) \cdot ds \equiv I_y \quad \text{in Richtung} + z \tag{2.33}$$

2.7 Weitere Aussagen zum allgemeinen Schubflussverlauf

In Ergänzung zu Kap. 2.1 können weitere allgemeine Aussagen über den Verlauf der Schubflüsse hinzugefügt werden, die deren konkrete Berechnung erleichtern:

1. An allen Profilenden, an denen die y- oder z-Flächen positiv sind, laufen die zugehörigen Schubflüsse $T(s)$ auf das freie Profilende zu.
2. Der Verlauf des Schubflusses zwischen zwei Querschnittspunkten wird durch die Form der y-Fläche (bzw. der z-Fläche) bestimmt:
3. Der Schubfluss $T(s)$ infolge V_y (bzw. infolge V_z) nimmt bei einem offenen Querschnitt überall dort einen Extremwert mit der Bedingung

$$\frac{dT(s)}{ds} = 0$$

an, wo die z-Achse (bzw. die y-Achse) die Profilmittellinie schneidet.

Bei geschlossenen dünnwandigen Profilen kann der maximale Schubfluss jedoch auch in den Knotenpunkten eines Querschnitts auftreten, siehe Bild 4.10.

4. Bei einem symmetrischen Querschnitt wird das Schubflussbild für die in der Symmetrieachse wirkende Querkraft symmetrisch.
5. Auf den Schnittpunkten der Symmetrieachse mit der Profilmittellinie s wird der Schubfluss zu Null, vergleiche Bild 2-16 d).

Diese letzte Aussage kann anschaulich zu Schwierigkeiten führen, wenn die Symmetrieachse mit der Profilmittellinie zusammenfällt, wie z. B. beim I -Profil die z-Achse. Man kann sich in solchen Fällen den Querschnitt auf der Symmetrieachse in zwei Hälften zerschnitten denken, ein Schubfluss über die Symmetrieachse hinweg findet nicht statt, siehe Bild 2-21.

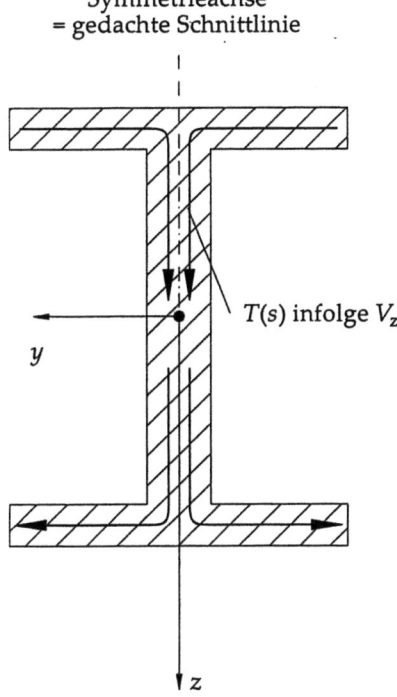

Bild 2-21 Schubflussverlauf parallel zur Symmetrieachse

2.8 Beispiele zum Schubflussverlauf in beliebigen Profilen

2.8.1 C-Profil

In diesem Beispiel wird bewusst kein genormtes C-Profil behandelt, hier soll vielmehr verdeutlicht werden, wie die Kontrollen gem. Kap. 2.6.2 funktionieren; bei der Berechnung von realen Zahlenbeispielen muss immer mit einer Unschärfe in Folge von Rundungsfehlern gerechnet werden. Die Angabe von einem prozentualem Fehlerbereich ist leider nicht allgemein möglich.

Die Hauptachse $\tilde{y}$ ist bei diesem Querschnitt, siehe Bild 2-22, mit der Symmetrieachse identisch: $\tilde{y} = y$. Für den Einheitsschubfluss infolge V_z erhält man nach Gleichung (2.31):

48 2 Querkraftschubspannungen in dünnwandigen, offenen Profilen

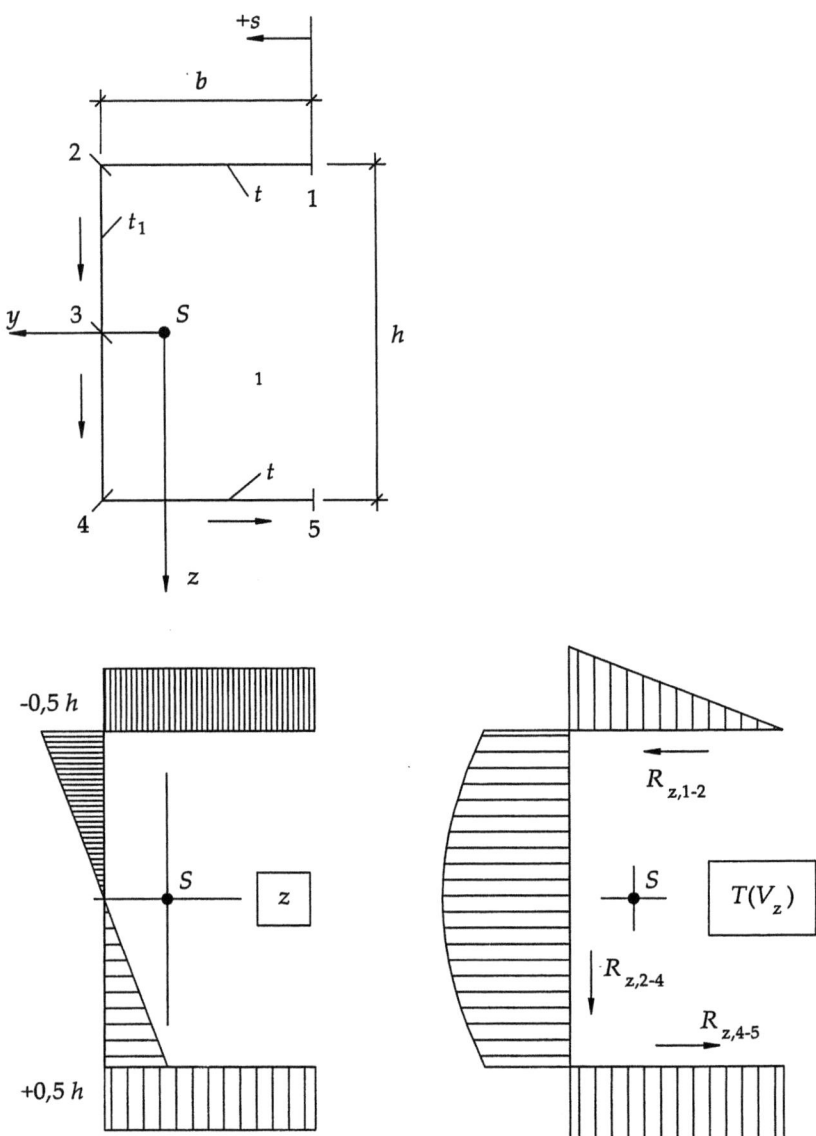

Bild 2-22 Schubfluss infolge V_z in einem C-Profil

$T_{z,1} = 0$ (freies Ende)

$T_{z,2} = +\dfrac{h}{2} \cdot b \cdot t$

2.8 Beispiele zum Schubflussverlauf in beliebigen Profilen

$$T_{z,3} = T_{z,2} + \frac{1}{2} \cdot \frac{h}{2} \cdot \frac{h}{2} \cdot t_1 = \frac{1}{2} \cdot h \cdot b \cdot t + \frac{1}{8} \cdot h^2 \cdot t_1$$

$$T_{z,4} = T_{z,3} - \frac{1}{2} \cdot \frac{h}{2} \cdot \frac{h}{2} \cdot t_1 = T_{z,2}$$

$$T_{z,5} = T_{z,4} - \frac{h}{2} \cdot b \cdot t = 0 \qquad \text{(1. Kontrolle, da freies Ende)}$$

Die Schubflüsse in allen geraden Querschnittsteilen lassen sich zu Teilresultierenden zusammenfassen. Die Integration kann immer numerisch erfolgen, da der Schubflussverlauf höchstens parabelförmig ist, wie z. B. im Steg des C-Profils, so dass die Integrationsformel von *Simpson* das genaue Ergebnis liefert. Eine ausreichende Genauigkeit für baupraktische Belange wird bereits mit drei Stützstellen (Anfang – Mitte – Ende) erzielt. Damit geht die *Simpson*'sche Regel über in die *Kepler*'sche Fassregel

$$\int_a^b y \cdot dx \approx \frac{b-a}{6} \left(y_{\text{Anfang}} + 4 \cdot y_{\text{Mitte}} + y_{\text{Ende}} \right) \qquad (2.34)$$

Die Lage und Richtung der Teilresultierenden entspricht der Fließrichtung der Schubflüsse, siehe Bild 2-22

Bei der Berechnung der Teilresultierenden R werden daher nur die Beträge der Schubflüsse zusammengefasst.

$$R_{z,1-2} = \frac{1}{2} \cdot |T_{z,2}| \cdot b = \frac{1}{4} \cdot h \cdot b^2 \cdot t$$

$$R_{z,2-4} = \frac{h}{6} \cdot \left(|T_{z,2}| + 4 \cdot |T_{z,3}| + |T_{z,4}| \right)$$

$$= \frac{1}{2} \cdot h^2 \cdot b \cdot t + \frac{1}{12} \cdot h^3 \cdot t_1 = I_y \qquad \text{(2. Kontrolle)}$$

$$R_{z,4-5} = R_{z,1-2}$$

Die Teilresultierenden $R_{z,1-2}$ und $R_{z,4-5}$ heben sich gegenseitig auf, da ihre Vektoren entgegengerichtet sind (Bild 2-22), beeinflussen jedoch die Lage der Gesamtresultierenden und damit des Schubmittelpunktes, siehe Kap. 3.3.1.

2.8.2 Ungleichschenkliges Winkelprofil – L-Profil

Ein Kragträger mit einem L-Profil wird am freien Ende durch eine Einzellast F_d im Schwerpunkt beansprucht, siehe Bild 2-23 a). Gefragt sind das vollständige Schubflussdiagramm sowie die maximale Schubspannung im Querschnitt.

2 Querkraftschubspannungen in dünnwandigen, offenen Profilen

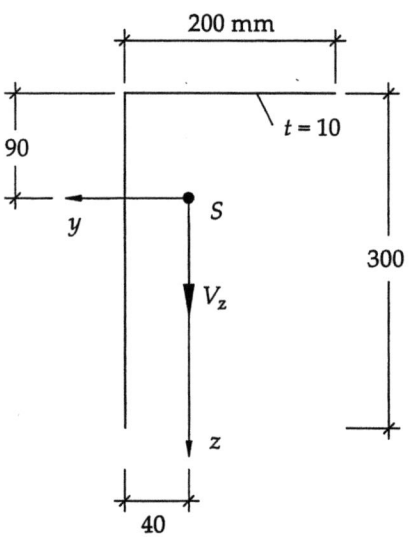

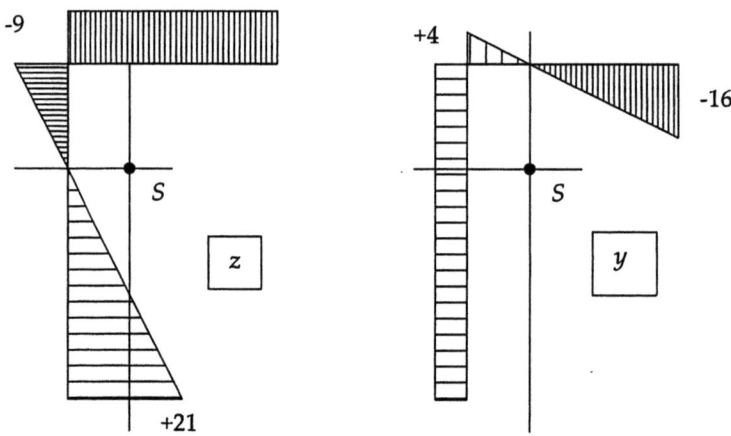

Bild 2-23 Abmessungen des PMM und Koordinatenflächen eines unsymmetrischen Winkelprofils

Querschnittswerte, bezogen auf die Koordinatenachsen y bzw. z, siehe Bild 2-23:

$$I_y = 4.950,0 \ \left[\text{cm}^4\right]$$
$$I_z = 1.866,7 \ \left[\text{cm}^4\right]$$
$$I_{yz} = 1.800,0 \ \left[\text{cm}^4\right]$$

2.8 Beispiele zum Schubflussverlauf in beliebigen Profilen

damit ergibt sich eine Drehung der Hauptachsen um den Winkel α, nach Gleichung (2.25) von

$$\alpha = \frac{1}{2} \cdot \arctan\left(\frac{2 \cdot I_{yz}}{I_y - I_z}\right) = \frac{1}{2} \cdot \arctan\left(\frac{2 \cdot 1.800,0}{4.950,0 - 1.866,7}\right) = 24,71 \; [°]$$

und Querschnittswerte, bezogen auf die Hauptachsen, siehe Bild 2-24:

$$I_{\tilde{y}} = 5.778,3 \; [\text{cm}^4]$$
$$I_{\tilde{z}} = 1.038,4 \; [\text{cm}^4]$$

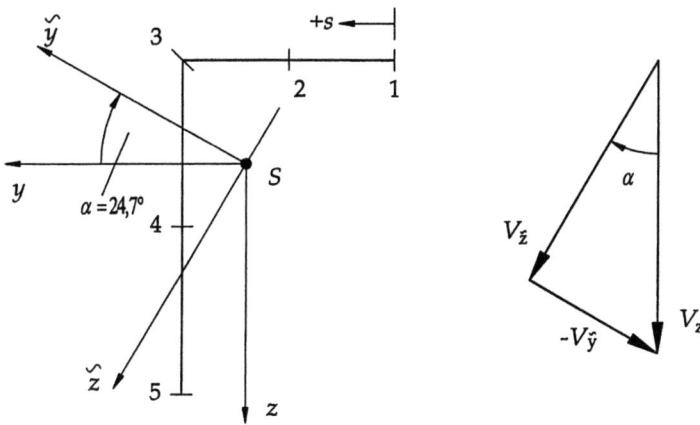

Bild 2-24 Hauptachsen und Aufspaltung der Querkraft V_z in die Richtungen der Hauptachsen

Mit der Gleichung (2.26) werden die Knotenkoordinaten y, z des L-Profils auf die Hauptachsen $\tilde{y}$, $\tilde{z}$ transformiert:

Hauptkoordinaten nach (2.26) in [cm]:

Punkt i	y_i	z_i	$\tilde{y}_i$	$\tilde{z}_i$
1	-16	-9	-10,773	-14,864
2	-6	-9	-1,688	-10,685
3	+4	-9	+7,396	-6,504
4	+4	+6	+1,126	+7,123
5	+4	+21	-5,145	+20,749

Bei der weiteren Lösung ist zu beachten, dass auch die Querkraft V_z in die Richtung der Hauptachsen aufzuspalten ist. Für beide Komponenten $V_{\bar{y},d}$ und $V_{\bar{z},d}$ sind die Schubflüsse getrennt zu berechnen und anschließend zu superponieren, um $T(V_{z,d})$ zu erhalten.

Nach (2.31) ergeben sich die Einheitsschubflüsse zu:

$T_{\bar{y},1} = 0$ \hfill (freies Ende)

$T_{\bar{y},2} = +\dfrac{1}{2} \cdot 10 \cdot 1 \cdot (10,773 + 1,688) \quad = +62,305 \;[\text{cm}^3]$

$T_{\bar{y},3} = \dfrac{1}{2} \cdot 20 \cdot 1 \cdot (10,773 - 7,396) \quad = +33,766 \;[\text{cm}^3]$

$T_{\bar{y},4} = T_{\bar{y},3} - \dfrac{1}{2} \cdot 15 \cdot (7,396 + 1,126) = -30,146 \;[\text{cm}^3]$

$T_{\bar{y},5} = T_{\bar{y},4} - \dfrac{1}{2} \cdot 15 \cdot (1,126 - 5,145) = 0$ \hfill (1. Kontrolle, da freies Ende)

Der negative Schubfluss am Punkt 4 läuft der gewählten Integrationsrichtung $+s$ entgegen. Im Diagramm Bild 2-25 wird dies durch die Fließrichtung berücksichtigt, die Ordinaten der Einheitsschubflüsse werden als Absolutwerte angetragen.

Die beiden Schubflüsse in den Zwischenpunkten 2 und 4 werden hier ermittelt, um die Teilresultierenden für diese Querschnittsteile nach der Integrationsformel von *Kepler* oder *Simpson* berechnen zu können.

$T_{\bar{z},1} = 0$ \hfill (freies Ende)

$T_{\bar{z},2} = \dfrac{1}{2} \cdot 10 \cdot 1 \cdot (14,864 + 10,685) \quad = +127,743 \;[\text{cm}^3]$

$T_{\bar{z},3} = \dfrac{1}{2} \cdot 20 \cdot 1 \cdot (14,864 + 6,504) \quad = +213,682 \;[\text{cm}^3]$

$T_{\bar{z},4} = T_{\bar{z},3} + \dfrac{1}{2} \cdot 15 \cdot (6,504 - 7,123) = +209,040 \;[\text{cm}^3]$

$T_{\bar{y},5} = T_{\bar{y},4} - \dfrac{1}{2} \cdot 15 \cdot (7,123 + 20,749) = 0$ \hfill (1. Kontrolle, da freies Ende)

Die Einheitsschubflüsse sind in Bild 2-25 aufgetragen.

2.8 Beispiele zum Schubflussverlauf in beliebigen Profilen

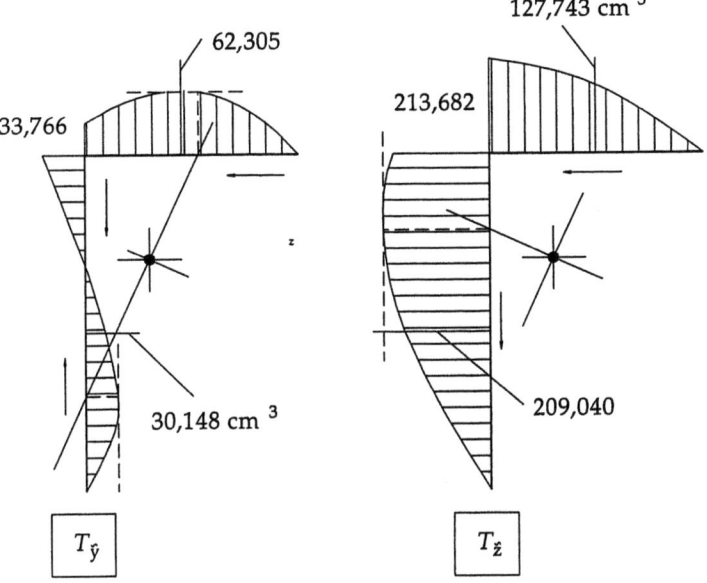

Bild 2-25 Einheitsschubflüsse

Für die Teilresultierenden R erhält man:

$$R_{\bar{y},1-3} = \frac{20}{6} \cdot (0 + 4 \cdot 62{,}3305 + 33{,}766) \quad = +943{,}28 \quad \left[\text{cm}^4\right]$$

$$R_{\bar{y},3-5} = \frac{30}{6} \cdot (33{,}766 - 4 \cdot 30{,}146 + 0) \quad = -434{,}09 \quad \left[\text{cm}^4\right]$$

$$R_{\bar{z},3-5} = \frac{20}{6} \cdot (0 + 4 \cdot 127{,}743 + 213{,}682) \quad = +2.415{,}51 \quad \left[\text{cm}^4\right]$$

$$R_{\bar{z},3-5} = \frac{30}{6} \cdot (213{,}682 + 4 \cdot 209{,}040 + 0) \quad = +5.249{,}21 \quad \left[\text{cm}^4\right]$$

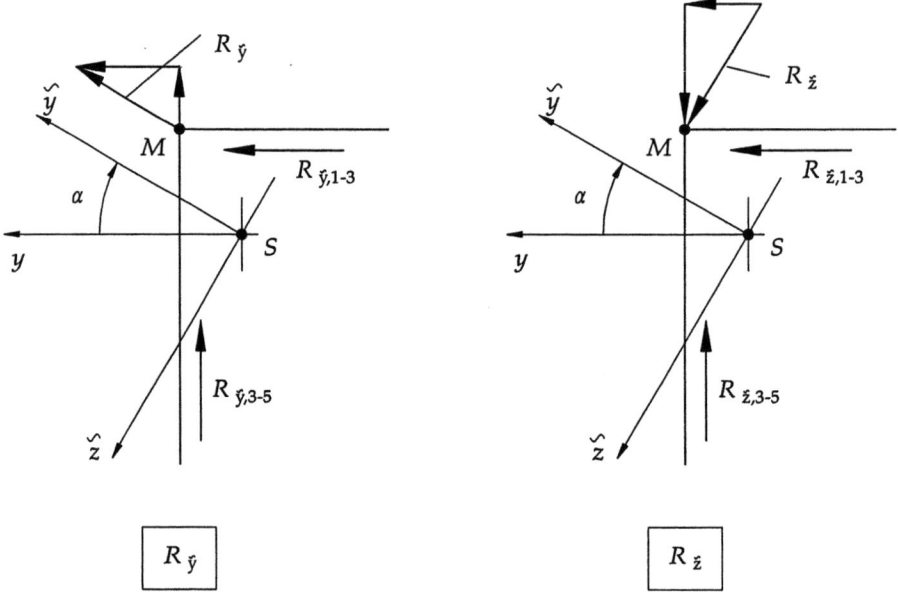

Bild 2-26 Resultierende $R_{\tilde{y}}$ und $R_{\tilde{z}}$ der Einheitsschubflüsse

Für die Kontrolle der Gesamtresultierenden nach (2.32) bzw. (2.33) (Kap. 2.6.2), siehe Bild 2-26. Da die Hauptachsen um einen Winkel α gedreht sind, müssen auch die Teilresultierenden mit Hilfe der Gleichung (2.26) transformiert werden.

$R_{\tilde{y},1-3} \cdot \sin \alpha - R_{\tilde{y},3-5} \cdot \cos \alpha = 0$

$R_{\tilde{y},1-3} \cdot \cos \alpha + R_{\tilde{y},3-5} \cdot \sin \alpha = 1.038,4 \; \left[\mathrm{cm}^4\right] = I_{\tilde{z}}$ \hfill (2. Kontrolle)

$R_{\tilde{z},1-3} \cdot \sin \alpha + R_{\tilde{z},3-5} \cdot \cos \alpha = 5.778,3 \; \left[\mathrm{cm}^4\right] = I_{\tilde{y}}$ \hfill (2. Kontrolle)

$R_{\tilde{z},1-3} \cdot \cos \alpha - R_{\tilde{z},3-5} \cdot \sin \alpha = 0$

Der resultierender Schubfluss und die maximale Schubspannung infolge $V_{z,d}$ beträgt:

$$\tau_{\mathrm{xs,d}}(s) = \frac{-V_{z,d}(x) \cdot \sin \alpha}{t \cdot I_{\tilde{z}}} \cdot T_{\tilde{y}}(s) + \frac{+V_{z,d}(x) \cdot \cos \alpha}{t \cdot I_{\tilde{y}}} \cdot T_{\tilde{z}}(s) \quad (2.35)$$

Das auf $V_{z,d}$ bezogene Schubflussdiagramm wurde in Bild 2-27 aufgetragen. Ort und Größe der maximalen Schubbeanspruchungen können zeichnerisch oder formelmäßig bestimmt werden.

2.8 Beispiele zum Schubflussverlauf in beliebigen Profilen

Dieses durch Superposition gewonnene Schubflussdiagramm für $V_{z,d}$ enthält nur die Teilresultierende $R_{z,3-5} = V_{z,d}$. Die Querkraft $V_{z,d}$ wird daher ausschließlich im vertikalen Schenkel des Winkels übertragen.

Zur Berechnung von max τ_d bietet sich daher folgende Näherungslösung an: Man rechnet die Querkraft $V_{z,d}$ nur in diejenigen Profilteile ein, die parallel zur Wirkungsrichtung von $V_{z,d}$ liegen - bei diesem Beispiel in den vertikalen Winkelschenkel - und berechnet max τ_d für diesen Profilteil nach der Rechteckformel Gleichung (2.17):

$$\max \tau_d \cong 1{,}50 \cdot \frac{V_{z,d}}{30 \cdot 1{,}0} = 0{,}05 \cdot V_{z,d}$$

Die Differenz zur genauen Lösung beträgt $\Delta = +9{,}41\%$.

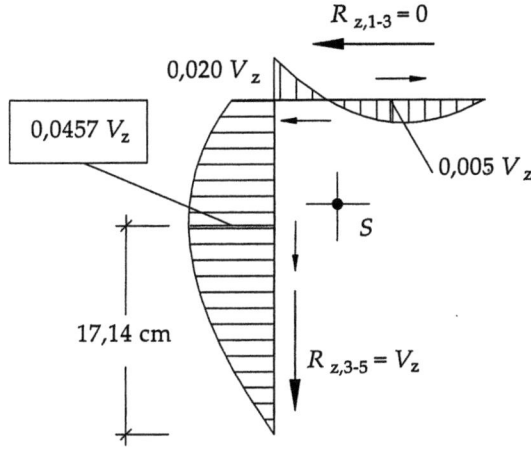

Bild 2-27 Resultierende Schubspannungen infolge V_z

Die Beobachtung, dass die Querkraft $V_{z,d}$ ausschließlich im Steg übertragen wird, führt zu einer weiteren wichtigen Folgerung:

An der Lasteinleitungsstelle am freien Trägerende stimmen die Wirkungsgeraden der äußeren Einwirkung F_d (vorgegeben durch den Schwerpunkt S) und der inneren Querkraft $V_{z,d}$ nicht überein, siehe Bild 2-28. Sie sind um die Strecke e_y gegeneinander versetzt. Der Träger wird bei diesem Beispiel nicht nur auf Querkraftbiegung, sondern auch auf Torsion beansprucht, wobei das am freien Ende eingeleitete Torsionsmoment die Größe $M_{T,d} = F_d \cdot e_y$ hat.

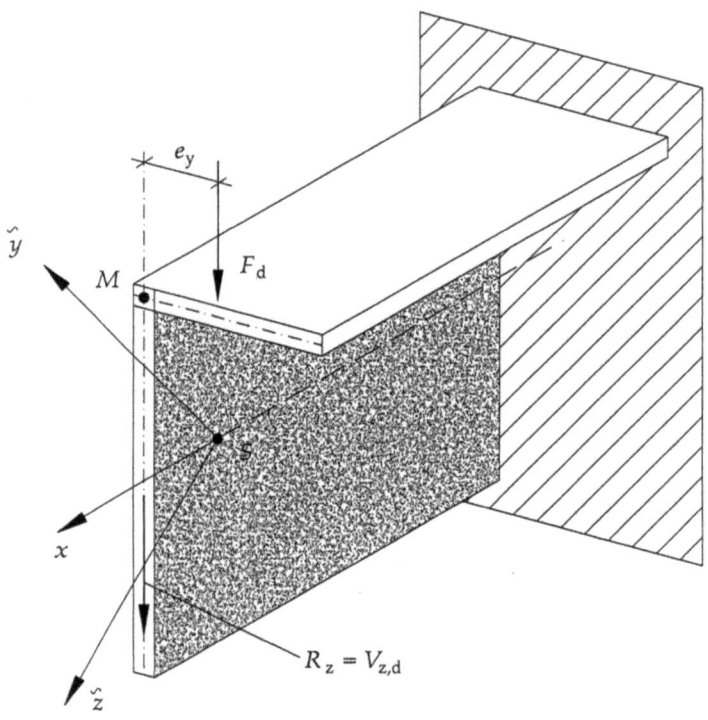

Bild 2-28 Exzentrizität e_y zwischen der inneren Querkraft R_z und der äußeren Einwirkung F_d bei einem im Schwerpunkt S belasteten Winkelprofil

2.8.3 Beispiel für eine praktische Anwendung

Im Stahlbau werden häufig Querschnitte aus einzelnen Blechen mit Doppelkehlnähten (Halsnähte) zusammengeschweißt. Am Beispiel eines geschweißten, doppelsymmetrischen I-Profiles soll die kleinste, rechnerisch erforderliche Schweißnahtdicke a_w berechnet werden.

2.8 Beispiele zum Schubflussverlauf in beliebigen Profilen

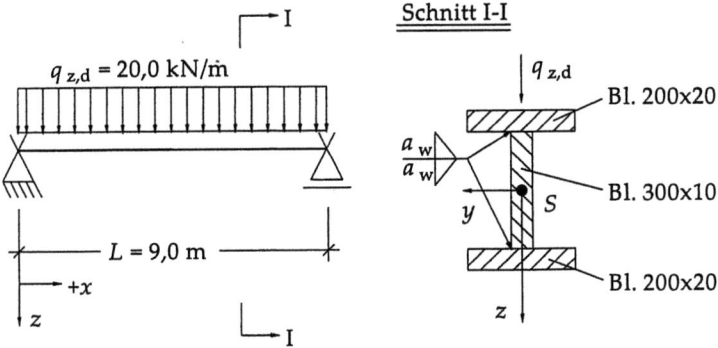

Bild 2-29 Statisches System und Einwirkungen

Werkstoff: S235 JRG2
Einwirkung: $q_{z,d}$ = 20 kN/m

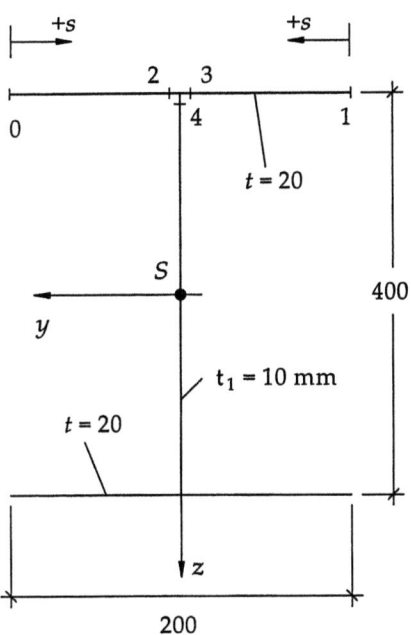

Bild 2-30a Profilmittellinienmodel und Koordinatenflächen, alle Angaben in Millimeter

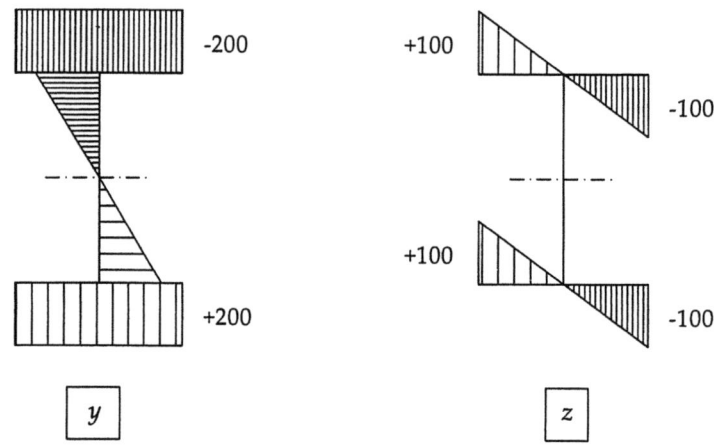

Bild 2-30b Profilmittellinienmodel und Koordinatenflächen, alle Angaben in Millimeter

Querschnittswerte:

Unter Ausnutzung der Symmetrie gilt

$$I_y = \int_A z^2 \cdot dA = 2 \cdot \left[20,0 \cdot 20,0 \cdot 2,0 \cdot 20,0 + \frac{1}{3} \cdot 20,0 \cdot 20,0 \cdot 1,0 \cdot 10,0\right] = 34.666,6 \ \left[\text{cm}^4\right]$$

Maßgebend werden die Schubbeanspruchungen im Schnitt 4 (siehe Bild 2-30)

$$S_{y,0} = -\int_A z \cdot dA = 0 = S_{y,1}$$

$$S_{y,2} = S_{y,3} = -20,0 \cdot 2,0 \cdot \frac{20,0}{2} = -400,0 \ \left[\text{cm}^3\right]$$

$$S_{y,4} = S_{y,2} + S_{y,3} = -800,0 \ \left[\text{cm}^3\right]$$

Als Bemessungsgröße erhält man für die maximale Querkraft $V_{z,d}$ für das statische System in Bild 2-29

$$V_{z,d} = \frac{1}{2} \cdot q_{z,d} \cdot l = \frac{1}{2} \cdot 20,0 \cdot 9,0 = 90,0 \ [\text{kN}]$$

Damit ergeben sich folgende Spannungen bzw. Beanspruchungen in der Schweißnaht – der Faktor 2 vor der Schweißnahtdicke ergibt sich aus der beidseitigen Kehlnaht (Doppelkehlnaht)

2.8 Beispiele zum Schubflussverlauf in beliebigen Profilen

$$\tau_{\perp,d} = \sigma_{\perp,d} = 0$$

$$\tau_{\parallel,d} = \frac{V_{z,d}}{I_y} \cdot \frac{S_{y;4}}{2 \cdot a_w}$$

$$\sigma_{w,v,d} = \sqrt{\tau_{\perp,d}^2 + \sigma_{\perp,d}^2 + \tau_{\parallel,d}^2} = \tau_{\parallel,d}$$

Aus dem Nachweiskonzept

$$\frac{\sigma_{w,v,d}}{\sigma_{w,Rd}} \leq 1,0$$

wird mit Hilfe der Grenzschweißnahtspannung

$$\sigma_{w,Rd} = \alpha_w \cdot \frac{f_{y,k}}{\gamma_M} = 0,95 \cdot \frac{24,0}{1,1} = 20,73 \left[\frac{kN}{cm^2}\right]$$

die mindestens rechnerisch erforderliche Nahtdicke a_w bestimmt:

$$a_w \geq \frac{|V_{z,d} \cdot S_y|}{I_y \cdot 2 \cdot \alpha_w \cdot f_{y,k}} \cdot \gamma_M = \frac{|90,0 \cdot (-800,0)|}{34.666,6 \cdot 2 \cdot 20,73} = 0,50 \; [mm]$$

Hinweis für die Praxis:

Bei Trägerlängen $l \leq 15$ [m] und/oder Schweißnahtdicken $a_w \leq 4$ [mm] wird durchgehend die gleiche Nahtdicke geschweißt. Auf die Besonderheiten hinsichtlich der schweißtechnischen Ausführung – im vorliegenden Beispiel wird die Mindestnahtdicke für Kehlnähte nach DIN 18800, Teil1 unterschritten – wird hier nicht eingegangen.

2.8.4 Anmerkung zu den Zahlenbeispielen

Es werden hier nur relativ wenige Zahlenbeispiele vorgestellt. Um die erforderliche Sicherheit zur selbständigen Lösung von Aufgaben zu gewinnen und um das Verständnis des ganzen Problems zu fördern, ist es unerlässlich, selbstgewählte Beispiele zu lösen. Diese Eigeninitiative lässt sich durch noch so viele Beispiele, die hier vorgerechnet werden, nicht ersetzen.

Die Erfahrung hat gezeigt, dass sich bei der Lösung von Aufgaben immer wieder die gleichen Fragen einstellen, die daher hier nochmals zusammengefasst werden.

- Bei dünnwandigen oder quasi dünnwandigen Querschnitten sollte man immer mit dem Profilmittellinienmodell (PMM) arbeiten. Dann ist es jedoch unerlässlich, auch den Schwerpunkt und die Richtungen der Hauptachsen für dieses Modell zu ermitteln, da sonst die späteren Kontrollen keine Aussagekraft haben.
- Die Koordinate s ist eine Hilfsgröße zur Berechnung der Einheitsschubflüsse $T(s)$. Mit der Definition des Anfangspunktes $s = 0$ und der positiven Richtung von $+s$

wird das Vorzeichen vor dem Integral zur Berechnung von $T(s)$ nach Gleichung (2.30) oder (2.31) festgelegt. Das rechnerische Vorzeichen der Einheitsschubflüsse $T(s)$ ist ebenfalls nur eine Hilfsgröße: Es bestimmt die Fließrichtung von $T(s)$. Ein rechnerisch positiver Einheitsschubfluss fließt in Richtung der gewählten Koordinate + s, ein negativer Einheitsschubfluss fließt der Richtung von + s entgegen. Indem man am Querschnitt für die Einheitsschubflüsse $T_y(s)$ und $T_z(s)$ deren Fließrichtung einträgt, verliert das rechnerische Vorzeichen seine Bedeutung. Die Schubflüsse werden als Absolutwerte angetragen, die Hilfskoordinate s hat ihre Aufgabe erfüllt.

- Die Teilresultierenden R werden für jedes gerade Profilelement mit Hilfe geschlossener Formeln berechnet, ihre Wirkungsrichtung wird durch die Fließrichtung der Einheitsschubflüsse festgelegt. Die vektorielle Addition aller Teilresultierenden R_y (bzw. R_z) ergibt eine Gesamtresultierende, die auf Grund der Definition der Einheitsschubflüsse nach Gleichung (2.28) und (2.29) mit dem Flächenmoment I_z (bzw. I_y) übereinstimmen muss. Diese Kontrolle sollte man immer durchführen, dadurch lassen sich auch selbst gewählte Beispiele jederzeit kontrollieren.

- Nur die Berechnung des Schubmittelpunktes M als Schnittpunkt der Wirkungsrichtungen beider Gesamtresultierenden lässt sich an dieser Stelle nicht überprüfen. Eine unabhängige Kontrolle liefert erst die Torsionstheorie in Form der Wölbkraftmethode, siehe Kap. 8.4.3.

3 Schubmittelpunkt M

3.1 Definition

Der Schubmittelpunkt M ist derjenige Querschnittspunkt, in dem die Querkraft V als Resultierende aller Querkraftschubspannungen wirkt.

Damit existieren im Allgemeinen zwei unterschiedliche Querschnittspunkte als Angriffspunkte der inneren Schnittkräfte:

1. Schwerpunkt S: Angriffspunkt der Längskraft N
2. Schubmittelpunkt M: Angriffspunkt der Querkräfte V_y und V_z.

Da das Schubflussbild – abgesehen von der absoluten Größe der Ordinaten – ausschließlich von der Querschnittsform abhängt, ist auch die Lage der Gesamtresultierenden lastunabhängig. Unter den genannten Voraussetzungen, die zur Berechnung der Querkraftschubspannungen in der Technischen Elastizitätstheorie eingeführt wurden, ist der Schubmittelpunkt M somit ein lastunabhängiger Querschnittspunkt.

Bedeutung des Schubmittelpunktes:

Äußere Einzel- oder Streckenlasten, die an einem Träger angreifen, müssen auf einer durch den Schubmittelpunkt M verlaufenden Geraden einwirken, wenn kein zusätzliches Torsionsmoment M_T in den Träger eingeleitet werden soll, vergleiche Bild 2-28.

3.2 Berechnung der Schubmittelpunktskoordinaten

Aus der Symmetrie des Schubflussbildes kann gefolgert werden, dass der Schubmittelpunkt M immer auf der Symmetrieachse eines Querschnitts liegen muss. Bei doppeltsymmetrischen Querschnitten ist M identisch mit dem Schwerpunkt S.

Im allgemeinen müssen die Koordinaten des Schubmittelpunktes aus der Bedingung, dass die Gesamtresultierenden der Einheitsschubflüsse durch den Schubmittelpunkt M verlaufen, berechnet werden; alle Berechnungen sind auf die Hauptachsen zu beziehen. Das Moment, bezogen auf diesen Punkt, muss zu Null werden:

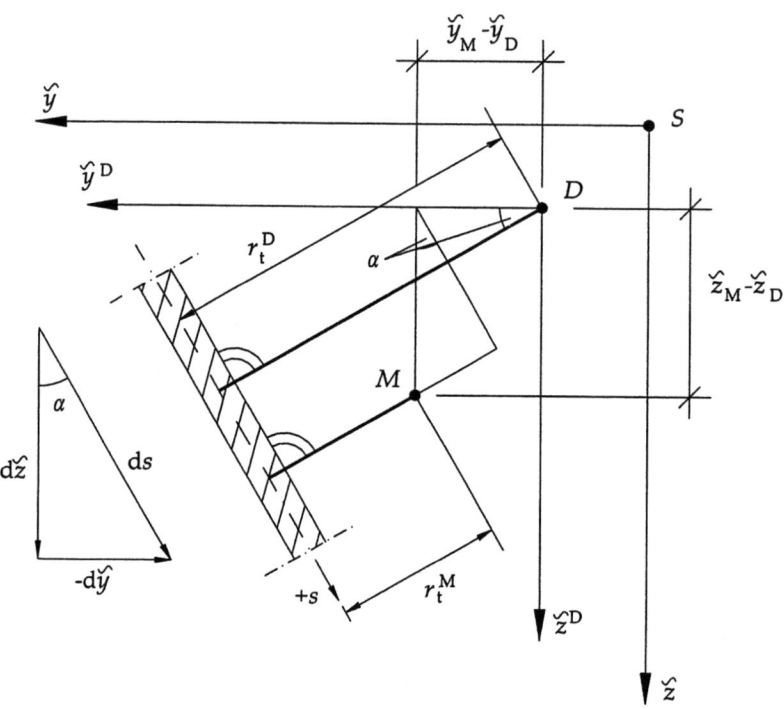

Bild 3-1 Rechtwinklige Abstände r_t^D zwischen der Profilmittellinie und den zwei Punkten D und M

$$\int_A T_y(s) \cdot r_t^D \cdot ds = 0$$
$$\int_A T_z(s) \cdot r_t^D \cdot ds = 0 \tag{3.1}$$

Darin ist r_t^M der rechtwinklige Abstand zwischen der Profilmittellinie s und dem Schubmittelpunkt M, siehe Bild 3-1.

Da die Lage von M zunächst unbekannt ist, wählt man einen - möglichst günstigen - Bezugspunkt D und drückt r_t^M durch den auf D bezogenen Abstand r_t^D aus, siehe Bild 3-1. Möglichst günstig ist der Bezugspunkt D dann, wenn möglichst viele Wirkungslinien der Teilresultierenden R_i durch D verlaufen:

$$r_t^M = r_t^D - (\tilde{y}_M - \tilde{y}_D) \cdot \cos \alpha - (\tilde{z}_M - \tilde{z}_D) \cdot \sin \alpha \tag{3.2}$$

3.2 Berechnung der Schubmittelpunktskoordinaten

Durch den Winkel α wird die Richtung der Hilfskoordinate $+s$ im Hauptachsensystem beschrieben:

$$\begin{aligned}\sin \alpha &= -\frac{d\tilde{y}}{ds} \\ \cos \alpha &= +\frac{d\tilde{z}}{ds}\end{aligned} \tag{3.3}$$

Mit den Gleichungen (3.1) und (3.3) erhält man für die erste Bedingung in Gleichung (3.2):

$$\int_A T_{\tilde{y}} \cdot r_t^D \cdot ds - \left(\tilde{y}_M - \tilde{y}_D\right) \cdot \int_A T_{\tilde{y}} \cdot \frac{d\tilde{z}}{ds} \cdot ds + \left(\tilde{z}_M - \tilde{z}_D\right) \cdot \int_A T_{\tilde{y}} \cdot \frac{d\tilde{y}}{ds} \cdot ds = 0 \tag{3.4}$$

Setzt man darin den Einheitsschubfluss $T_{\tilde{y}}(s)$ nach Gleichung (2.31) ein, so können die zwei letzten Integrale durch Teilintegration gelöst werden. Dabei ist zu beachten, dass $T_{\tilde{y}}(s)$ an den Profilenden $s = 0$ und $s = s_e$ Null ist, siehe Satz 4 in Kap. 2.1.1.

$$\begin{aligned}\int_A T_{\tilde{y}} \cdot \frac{d\tilde{z}}{ds} \cdot ds &= \left[T_{\tilde{y}}(s) \cdot \tilde{z}\right]_{s=0}^{s=s_e} - \int_A \frac{\partial T_{\tilde{y}}}{\partial s} \cdot \tilde{z} \cdot ds \\ &= 0 \qquad\qquad\qquad + \int_A \tilde{y} \cdot \tilde{z} \cdot ds = I_{\tilde{y}\tilde{z}} = 0\end{aligned} \tag{3.5}$$

$$\begin{aligned}\int_A T_{\tilde{y}} \cdot \frac{d\tilde{y}}{ds} \cdot ds &= \left[T_{\tilde{y}}(s) \cdot \tilde{y}\right]_{s=0}^{s=s_e} - \int_A \frac{\partial T_{\tilde{y}}}{\partial s} \cdot \tilde{y} \cdot ds \\ &= 0 \qquad\qquad\qquad + \int_A \tilde{y}^2 \cdot ds = I_{\tilde{z}}\end{aligned} \tag{3.6}$$

Somit erhält man für die Koordinaten des Schubmittelpunktes M folgende Bestimmungsgleichungen:

$$\begin{aligned}\tilde{y}_M^D &= \tilde{y}_M - \tilde{y}_D = +\frac{1}{I_{\tilde{y}}} \cdot \int_A T_{\tilde{z}} \cdot r_t^D \cdot ds \\ \tilde{z}_M^D &= \tilde{z}_M - \tilde{z}_D = -\frac{1}{I_{\tilde{z}}} \cdot \int_A T_{\tilde{y}} \cdot r_t^D \cdot ds\end{aligned} \tag{3.7}$$

Fasst man zuvor die Schubflüsse zu Teilresultierenden R_i zusammen, so können die Integrale durch Summen ersetzt werden, vergleiche Bild 3-2:

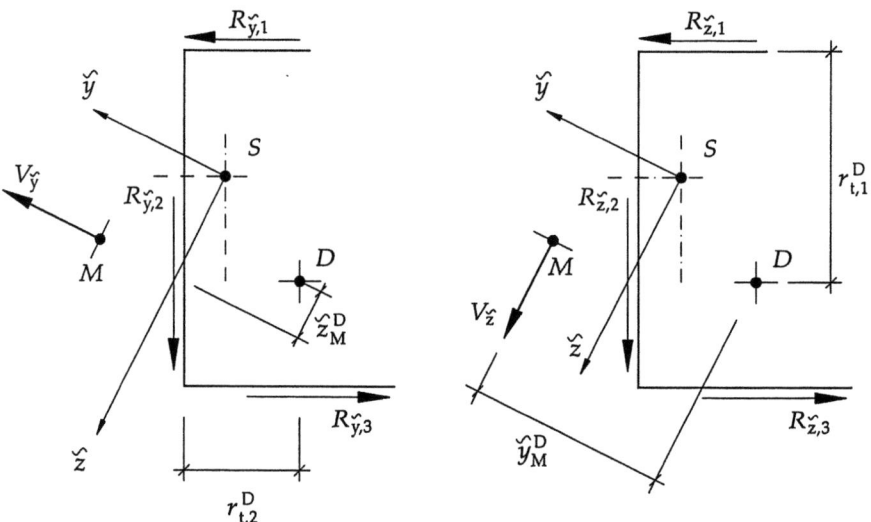

Bild 3-2 Ermittlung des Schubmittelpunktes M

Die auf D bezogenen Momente werden linksdrehend positiv definiert, der positive Momentenvektor weist in Richtung der +x-Achse.

$$\tilde{y}_M^D = +\frac{1}{I_{\tilde{y}}} \cdot \sum_i R_{\tilde{z},i} \cdot r_{t,i}^D$$
$$\tilde{z}_M^D = -\frac{1}{I_{\tilde{z}}} \cdot \sum_i R_{\tilde{y},i} \cdot r_{t,i}^D \tag{3.8}$$

mit

i Anzahl der geraden Querschnittsteile

$r_{t,i}^D$ Abstand zwischen D und der Profilmittellinie des Querschnittsteiles i. Die Teilmomente $R_i \cdot r_{t,i}^D$ sind positiv einzusetzen, wenn sie entgegen dem Uhrzeigersinn um D drehen.

3.3 Beispiele zur Berechnung des Schubmittelpunktes

3.3.1 C-Profil

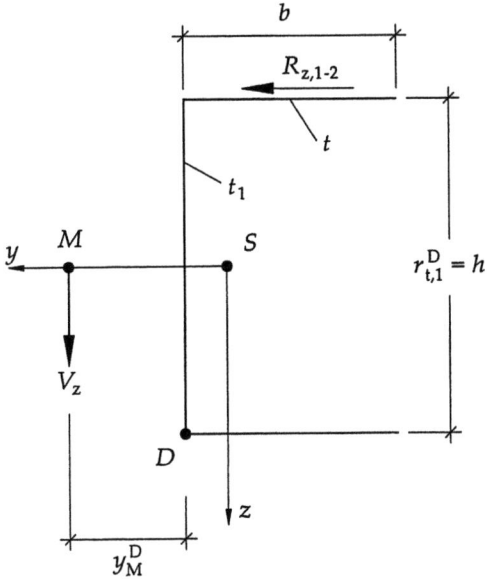

Bild 3-3 Schubmittelpunkt M eines C-Profils

Das Profil ist einfachsymmetrisch, somit ist die Hauptachse identisch mit der Symmetrieachse. Der Schubmittelpunkt liegt auf der Symmetrieachse y. Um den Abstand y_M berechnen zu können, muss zuvor der Einheitsschubfluss T_z ermittelt werden, siehe Bild 2-22. Wählt man den unteren Eckpunkt als Drehpunkt D, so hat nur die Teilresultierende $R_{z,1\text{-}2}$ nach Bild 3-3 einen Hebelarm bezüglich D:

$$y_M^D = \frac{1}{I_y} \cdot R_{z,1\text{-}2} \cdot h = \frac{12}{6 \cdot h^2 \cdot b \cdot t + h^3 \cdot t_1} \cdot \frac{1}{4} \cdot h \cdot b^2 \cdot t \cdot h$$

$$= \frac{3 \cdot b^2 \cdot t}{6 \cdot b \cdot t + h \cdot t_1}$$

(3.9)

3.3.2 Z-Profil

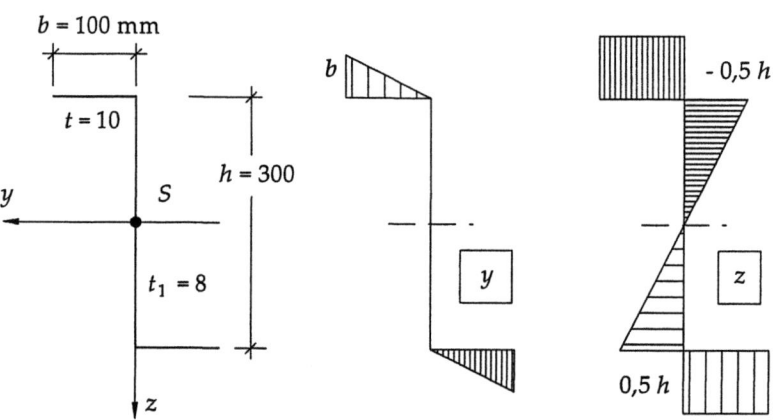

Bild 3-4 Abmessungen und Koordinatenflächen eines Z-Profils

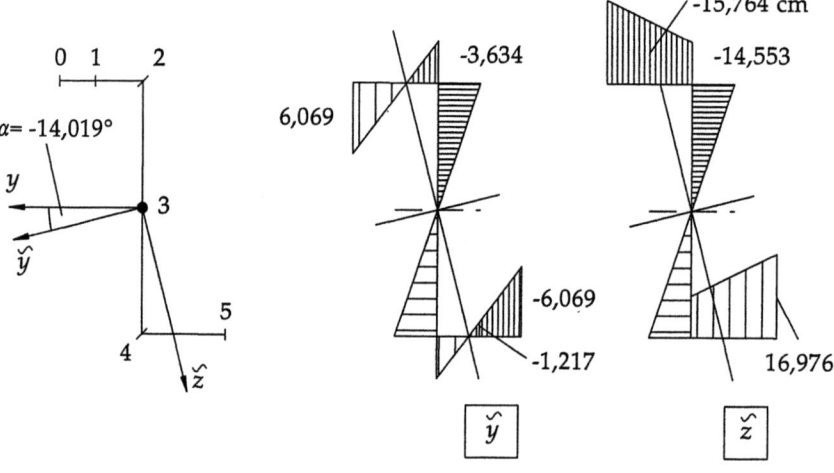

Bild 3-5 Hauptachsen und Hauptkoordinaten $\tilde{y}$ und $\tilde{z}$

Die Bilder 3-4 und 3-5 zeigen die Koordinatenflächen y, z sowie die Hauptkoordinaten, $\tilde{y}$ und $\tilde{z}$, wobei die Zwischenrechnung hier ausgelassen wird. Die Hauptflächenmomente 2. Grades betragen:

3.3 Beispiele zur Berechnung des Schubmittelpunktes

$I_{\bar{y}} = 6.674,5 \ [\text{cm}^4]$

$I_{\bar{z}} = 292,2 \ [\text{cm}^4]$

Die Einheitsschubflüsse sind in Bild 3-6 dargestellt:

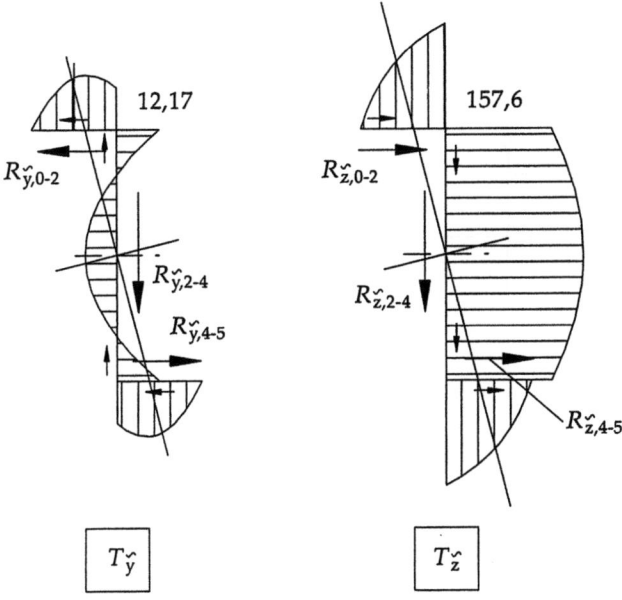

Bild 3-6 Einheitsschubflüsse $T_{\bar{y}}$ und $T_{\bar{z}}$

$T_{\bar{y},2} = -\dfrac{1}{2} \cdot 10 \cdot 1 \cdot (6,069 - 3,634) \quad = -12,175 \ [\text{cm}^3]$

$T_{\bar{y},3} = T_{\bar{y},2} + \dfrac{1}{2} \cdot 15 \cdot 0,8 \cdot 3,634 \quad = +9,626 \ [\text{cm}^3]$

$T_{\bar{z},2} = +\dfrac{1}{2} \cdot 10 \cdot 1 \cdot (16,976 + 14,553) = +157,644 \ [\text{cm}^3]$

$T_{\bar{z},3} = T_{\bar{z},2} + \dfrac{1}{2} \cdot 15 \cdot 0,8 \cdot 14,533 \quad = +244,964 \ [\text{cm}^3]$

Die Teilresultierenden in den beiden Flanschen, siehe Bild 3-6, sind jeweils gleich groß und weisen in dieselbe Richtung. Wählt man den Schwerpunkt S als Drehpunkt D, so ergeben sich keine Momente $R_i \cdot r_{t,i}^D$; der Schubmittelpunkt M ist bei diesem punktsymmetrischen Querschnitt identisch mit dem Schwerpunkt S.

3.3.3 Längsgeschlitztes Quadratrohr

Am freien Ende des Kragträgers nach Bild 3-7 wirkt eine Einzellast als Bemessungsgröße F_d im Schwerpunkt. Die Ermittlung des Einheitsschubflusses T_z aus der z-Fläche, siehe Bild 3-8, ist bei diesem Beispiel so einfach, dass das Ergebnis ohne Zwischenrechnung angegeben werden kann. Wählt man den Schwerpunkt als Drehpunkt, so sind alle vier Teilresultierenden zu bestimmen:

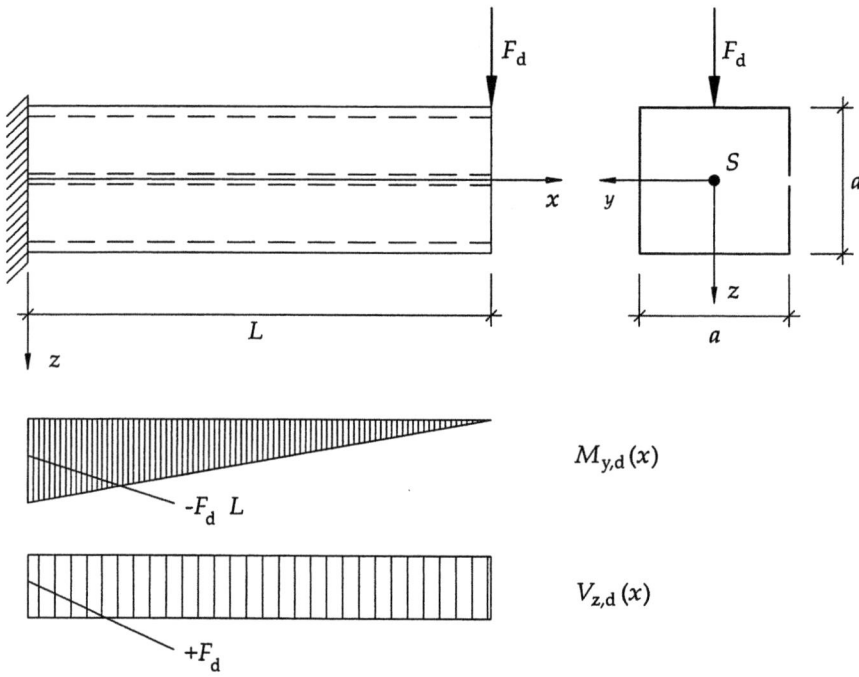

Bild 3-7 Abmessungen und Einwirkung eines Trägers mit einem längsgeschlitzten Quadratrohrquerschnitt

3.3 Beispiele zur Berechnung des Schubmittelpunktes

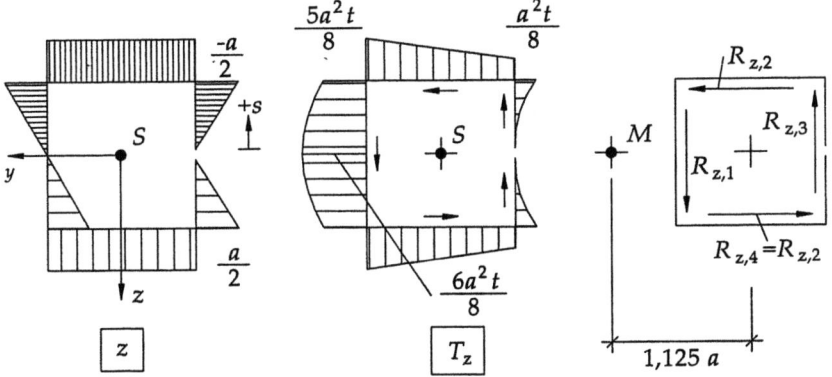

Bild 3-8 Koordinatenfläche z und Einheitsschubfluss T_z

$$R_{z,1} = \frac{a}{6} \cdot \left(\frac{1}{8} \cdot a^2 \cdot t + 4 \cdot 0 + \frac{1}{8} \cdot a^2 \cdot t \right) \quad = \frac{1}{24} \cdot a^3 \cdot t$$

$$R_{z,2} = \frac{a}{2} \cdot \left(\frac{1}{8} \cdot a^2 \cdot t + \frac{5}{8} \cdot a^2 \cdot t \right) \quad = \frac{9}{24} \cdot a^3 \cdot t$$

$$R_{z,3} = \frac{a}{6} \cdot \left(\frac{5}{8} \cdot a^2 \cdot t \cdot 2 + 4 \cdot \frac{6}{8} \cdot a^2 \cdot t \right) \quad = \frac{17}{24} \cdot a^3 \cdot t$$

$$R_{z,4} = R_{z,2} \quad = \frac{9}{24} \cdot a^3 \cdot t$$

Lage des Schubmittelpunktes:

$$y_M = \frac{1}{\frac{2}{3} \cdot a^3 \cdot t} \cdot \left[\frac{1}{24} \cdot a^3 \cdot t \cdot (1 + 2 \cdot 9 + 17) \right] \cdot \frac{a}{2} = 1{,}125 \cdot a \qquad (3.10)$$

Der Schubmittelpunkt M liegt außerhalb des Querschnitts. Da die Einwirkung F_d im Schwerpunkt angreift, ist die Beanspruchung des Trägers nicht torsionsfrei: Die Einwirkung lässt sich in eine reine Biegebeanspruchung – indem man F_d in den Schubmittelpunkt M verschiebt – und in eine zusätzliche Torsionsbeanspruchung der Größe

$$M_{T,d} = F_d \cdot y_M$$

siehe Bild 3-9, zerlegen.

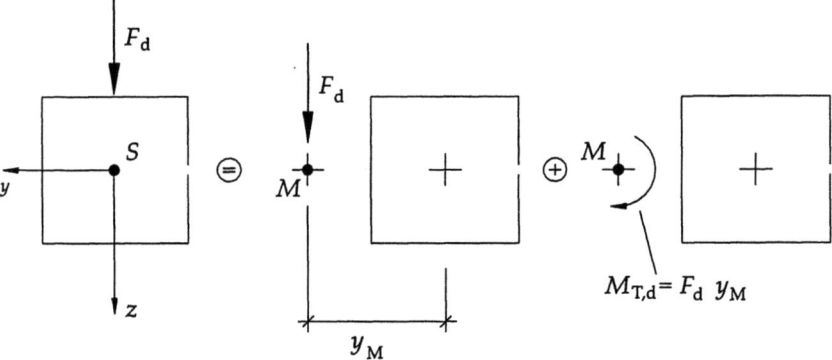

Bild 3-9 Aufspaltung der äußeren Einwirkung nach Bild 3-7 in einen Biege- und Torsionsanteil

3.3.4 Unsymmetrischer T-Querschnitt

Dieses Beispiel wurde im Vorlesungsskriptum „Stahlbau" der TU Berlin (*Lindner* 1980) veröffentlicht. Die dortigen Ergebnisse werden hier in Klammern mit aufgeführt. Die Unterschiede bis zu 1,5 % sind darauf zurückzuführen, dass in beiden Fällen mit unterschiedlichen Querschnittsmodellen gearbeitet wurde, siehe Kap. 2.3.

Tabelle 3-1 Koordinaten aller Querschnittspunkte siehe Bild 3-11

Punkt i	y_i	z_i	$\tilde{y}_i$	$\tilde{z}_i$
1	-63,700	-30,234	-44,272	-54,879
2	-26,700	-30,234	-10,936	-38,825
3 = 6 = 7	10,300	-30,234	22,399	-22,770
4	36,300	-30,234	45,824	-11,488
5	23,300	-30,234	34,112	-17,129
8	10,300	6,266	6,561	10,115
9 = 12 = 15	10,300	42,766	-9,276	43,000
10	25,300	42,766	4,238	49,509
11	17,800	42,766	-2,519	46,254
12	-4,700	42,766	-22,791	36,491
13	2,800	42,766	-16,034	39,746

3.3 Beispiele zur Berechnung des Schubmittelpunktes

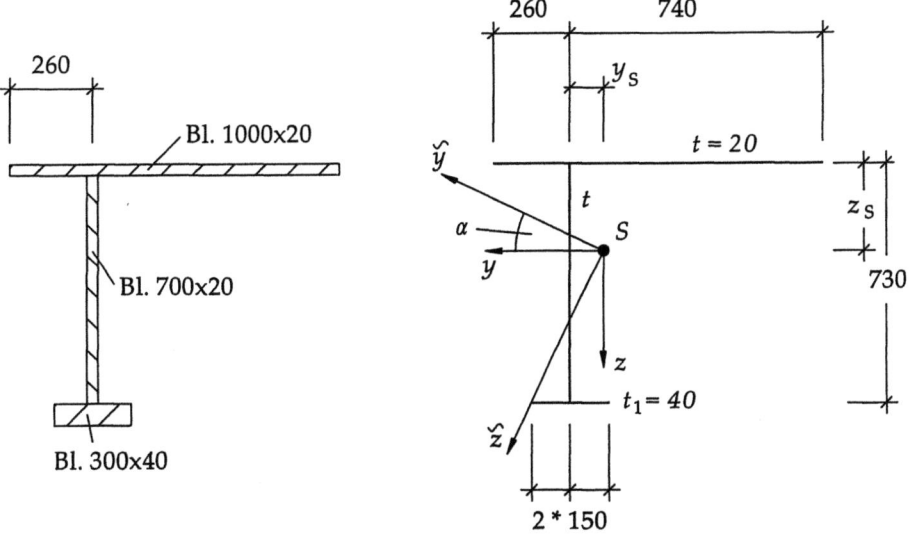

Bild 3-10 Abmessungen eines unsymmetrischen Querschnitts und dessen PMM

Zusammenstellung der Querschnittswerte am PMM (Klammerwerte nach *Lindner* (1980), siehe Bild 3-10:

$A = 466,0 \; [\text{cm}^2]$ $\qquad I_y = 472.859 \; [\text{cm}^4]$

$y_s = 10,3 \; [\text{cm}]$ $\qquad I_y = 241.425 \; [\text{cm}^4]$

$z_s = 30,234 \; [\text{cm}]$ $\qquad I_{yz} = 145.123 \; [\text{cm}^4]$

$\alpha = 25,7 \; [°]$

$I_{\tilde{y}} = 542.752 \; [\text{cm}^4] \quad (534.814)$

$I_{\tilde{z}} = 171.532 \; [\text{cm}^4] \quad (170.470)$

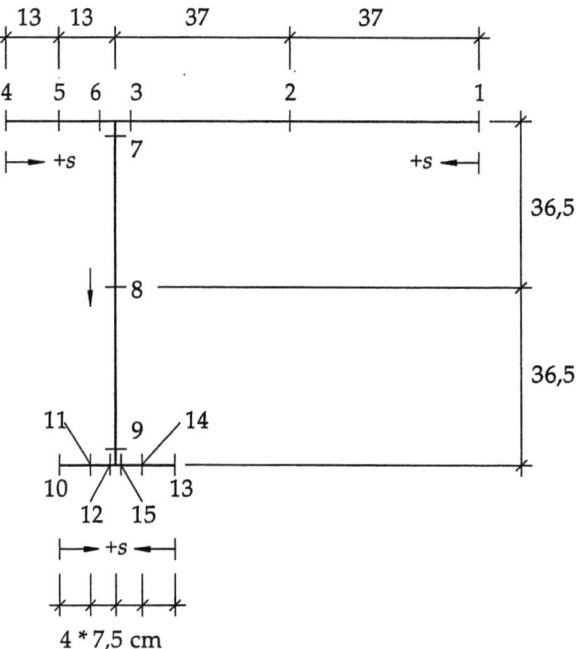

Bild 3-11 Nummerierung aller für den Rechenablauf maßgebenden Querschnittspunkte

Es sei hier nochmals die Frage der Genauigkeit angesprochen. Es erscheint zunächst übertrieben, bei der Berechnung der Querschnittskoordinaten unter den mm-Bereich zu gehen. Auch für die Schubflüsse sollten im Hinblick auf einen Spannungsnachweis ganzzahlige Ergebnisse ausreichend sein. Dennoch ist es zu empfehlen, schon von Beginn an, d. h. bei der Berechnung des Schwerpunktes und der Flächenmomente, mit mehr Ziffern zu rechnen, als dies für die eigentlichen Ergebnisse erforderlich erscheint. Die Begründung hierfür ergibt sich von der mathematischen Seite her: Rechnet man mit zu wenigen Ziffern, so kann man oft nicht mehr entscheiden, ob eine unbefriedigende Erfüllung der Kontrollen auf Fehler in der Berechnung oder nur auf Rundungsfehler im Rechenablauf zurückzuführen ist.

Die Einheitsschubflüsse $T_{\bar{y}}$ und $T_{\bar{z}}$ wurden aus der Zahlentabelle für die Querschnittskoordinaten (Tabelle 3-1) mit Hilfe der Kopplungstafel nach Bild 2-10 direkt ermittelt und in einem Taschenrechner fortlaufend summiert (Tabelle 3-2). In Bild 3-12 wurden die Einheitsschubflüsse mit ihren Fließrichtungen aufgetragen.

3.3 Beispiele zur Berechnung des Schubmittelpunktes

Tabelle 3-2 Einheitsschubflüsse

Punkt i	$T_{\tilde{y},i}$ [cm³]	$T_{\tilde{z},i}$ [cm³]
1	0	0
2	2042,70	3467,05
3	1618,58	5746,05
	(1576,8)	(5716,5)
4	0	0
5	-1039,16	372,03
6	-1773,80	890,71
7	-155,22	6636,76
8	-1212,27	7098,67
9	-1113,18	5159,98
	(1146,1)	(5184,0)
10	0	0
11	-25,78	-1436,44
12	151,16	-2775,25
	(167,7)	(2790,0)
13	0	0
14	582,37	-1143,55
15	962,02	-2384,73
	(975,3)	(2394,0)

Als Kontrolle wird das Gleichgewicht der Einheitsschubflüsse am Knoten Unterflansch-Steg betrachtet:

$T_9 + T_{12} + T_{15} = 0$

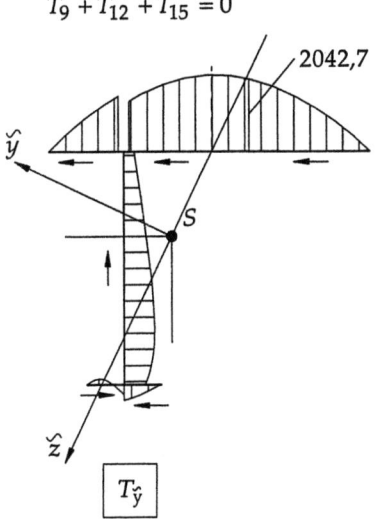
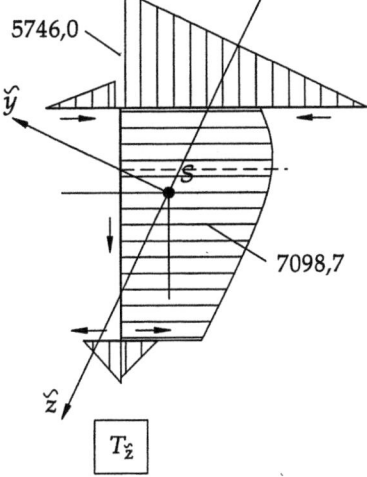

Bild 3-12 Einheitsschubflüsse $T_{\tilde{y}}$ und $T_{\tilde{z}}$

Auch die Teilresultierenden lassen sich mit Hilfe der Integrationsformel von z. B. *Simpson* aus der Tabelle für die Einheitsschubflüsse (Tabelle 3-2) direkt im Taschenrechner ermitteln:

Tabelle 3-3 Teilresultierende

Abschnitt i-j	$R_{\tilde{y},i\text{-}j}$ $\left[\text{cm}^4\right]$	$R_{\tilde{z},i\text{-}j}$ $\left[\text{cm}^4\right]$
1-3	120735,4	241908,9
4-6	25698,6	10308,2
7-9	74429,5	488995,6
10-12	120,1	21302,5
13-15	8228,7	17397,3

Kontrollen:

$$\left[R_{\tilde{y},1\text{-}3} + R_{\tilde{y},4\text{-}6} - R_{\tilde{y},10\text{-}12} + R_{\tilde{y},13\text{-}15}\right] \cdot \cos\alpha + R_{\tilde{z},7\text{-}9} \cdot \sin\alpha = 17.531,8 = I_{\tilde{z}}$$

$$\left[R_{\tilde{y},1\text{-}3} + R_{\tilde{y},4\text{-}6} - R_{\tilde{y},10\text{-}12} + R_{\tilde{y},13\text{-}15}\right] \cdot \sin\alpha + R_{\tilde{z},7\text{-}9} \cdot \cos\alpha = 0$$

$$\left[R_{\tilde{z},1\text{-}3} + R_{\tilde{z},4\text{-}6} - R_{\tilde{z},10\text{-}12} + R_{\tilde{z},13\text{-}15}\right] \cdot \cos\alpha - R_{\tilde{y},7\text{-}9} \cdot \sin\alpha = 0$$

$$\left[R_{\tilde{z},1\text{-}3} + R_{\tilde{z},4\text{-}6} - R_{\tilde{z},10\text{-}12} + R_{\tilde{z},13\text{-}15}\right] \cdot \sin\alpha + R_{\tilde{y},7\text{-}9} \cdot \cos\alpha = 542.752,0 = I_{\tilde{y}}$$

Die Koordinaten des Schubmittelpunktes M ergeben sich bezogen auf D nach Gleichung (3.7) zu:

$$\tilde{y}_M^D = +\frac{1}{I_{\tilde{y}}} \cdot \left(R_{\tilde{z},13\text{-}15} - R_{\tilde{z},10\text{-}12}\right) \cdot 73,0 = -0,5253 \; [\text{cm}]$$

$$\tilde{z}_M^D = -\frac{1}{I_{\tilde{z}}} \cdot \left(R_{\tilde{y},13\text{-}15} - R_{\tilde{y},10\text{-}12}\right) \cdot 73,0 = +3,4508 \; [\text{cm}]$$

Werden die Schubmittelpunktskoordinaten auf den Schwerpunkt S bezogen, siehe Bild 3-14, so ergibt sich mit Hilfe der Drehmatrix, Gleichung (2.26):

$$y_M = +10,300 + \left(\tilde{y}_M^D \cdot \cos\alpha + \tilde{z}_M^D \cdot \sin\alpha\right) = +11,325 \; [\text{cm}] \quad (+11,508)$$

$$z_M = -30,234 + \left(\tilde{z}_M^D \cdot \cos\alpha - \tilde{y}_M^D \cdot \sin\alpha\right) = -26,897 \; [\text{cm}] \quad (-26,552)$$

3.3 Beispiele zur Berechnung des Schubmittelpunktes

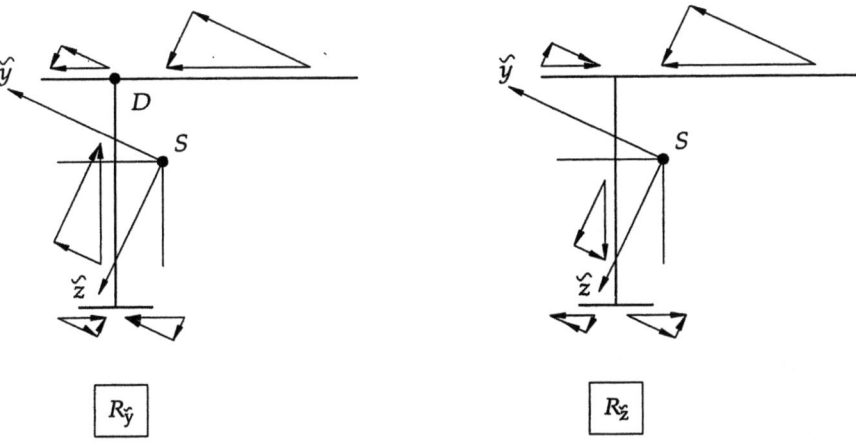

Bild 3-13 Aufspaltung aller Teilresultierenden $R_{\hat{y}}$ und $R_{\hat{z}}$ in Richtung der Hauptachsen

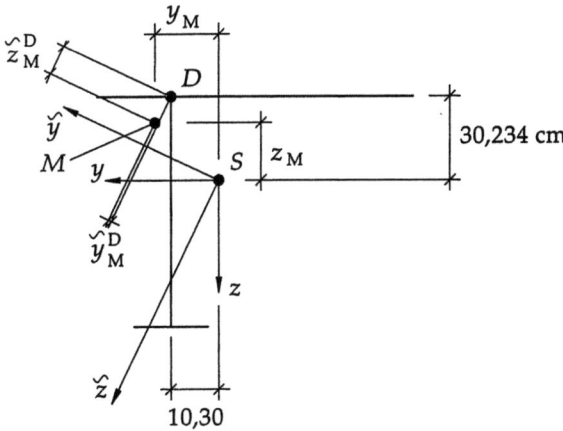

Bild 3-14 Lage des Schubmittelpunktes M

3.3.5 Längsgeschlitztes Kreisrohr

Bei gekrümmten Querschnittsteilen legt man in der Regel ein Polarkoordinatensystem der Berechnung zu Grunde. Im Allgemeinen muss dann geschlossen integriert werden.

Der Querschnitt ist einfach symmetrisch, damit sind die Hauptachsen bekannt. Bei der Wahl der Integrationsrichtung $+s$ nach Bild 3-15 gilt:

$$y(s) = -r \cdot \cos \varphi$$
$$z(s) = +r \cdot \sin \varphi$$

Für die Einheitsschubflüsse ergibt sich, siehe Bild 3-16

$$T_y(\varphi) = -\int_A y(s) \cdot t \cdot r \cdot d\varphi = +r^2 \cdot t \cdot \sin \varphi$$

$$T_z(\varphi) = -\int_A z(s) \cdot t \cdot r \cdot d\varphi = +r^2 \cdot t \cdot (\cos \varphi - 1)$$

Für den Schubmittelpunkt M, bezogen auf den Schwerpunkt S folgt:

$$\begin{aligned} y_M &= -\frac{1}{I_y} \cdot \int_0^{2\pi} T_z(\varphi) \cdot r \cdot r \cdot d\varphi \\ &= -\frac{1}{r^3 \cdot t \cdot \pi} \cdot r^4 \cdot t \cdot \bigl[\sin \varphi - \varphi\bigr]_0^{2\pi} = +2 \cdot r \end{aligned} \quad (3.11)$$

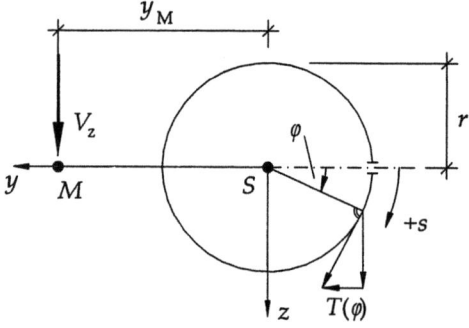

Bild 3-15 Geometrie eines längsgeschlitzten Kreisrohres

3.4 Übersicht über die Lage des Schubmittelpunktes bei offenen Querschnitten

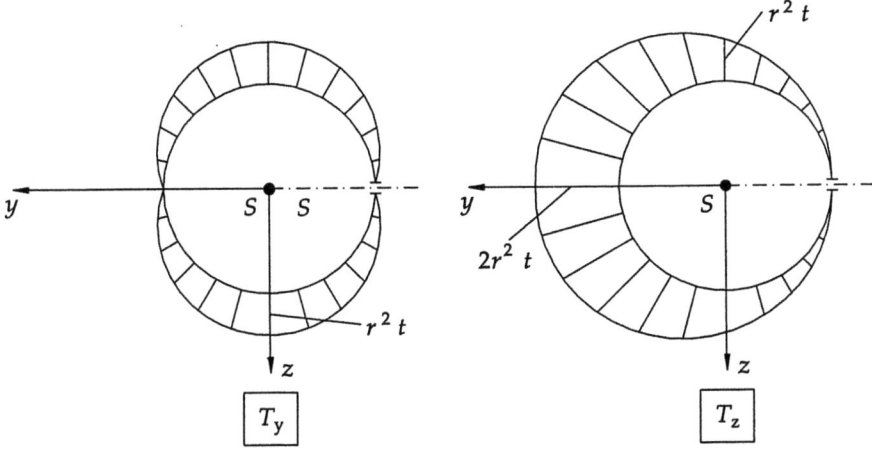

Bild 3-15 Einheitsschubflüsse eines längsgeschlitzten Kreisrohres

3.4 Übersicht über die Lage des Schubmittelpunktes bei offenen Querschnitten

Bei einigen Profilen lässt sich die Lage des Schubmittelpunktes M ohne Berechnung angeben, bei anderen Profilen kann man die Lage zumindest ungefähr angeben, was als Kontrolle für die Berechnung vorteilhaft ist.

Zur ersten Gruppe gehören alle Profile, die sich aus zwei oder mehr schmalen Rechtecken zusammensetzen, deren Profilmittellinien sich alle in einem Punkt schneiden, der dann mit dem Schubmittelpunkt identisch ist, siehe Bild 3-17 oberste Zeile.

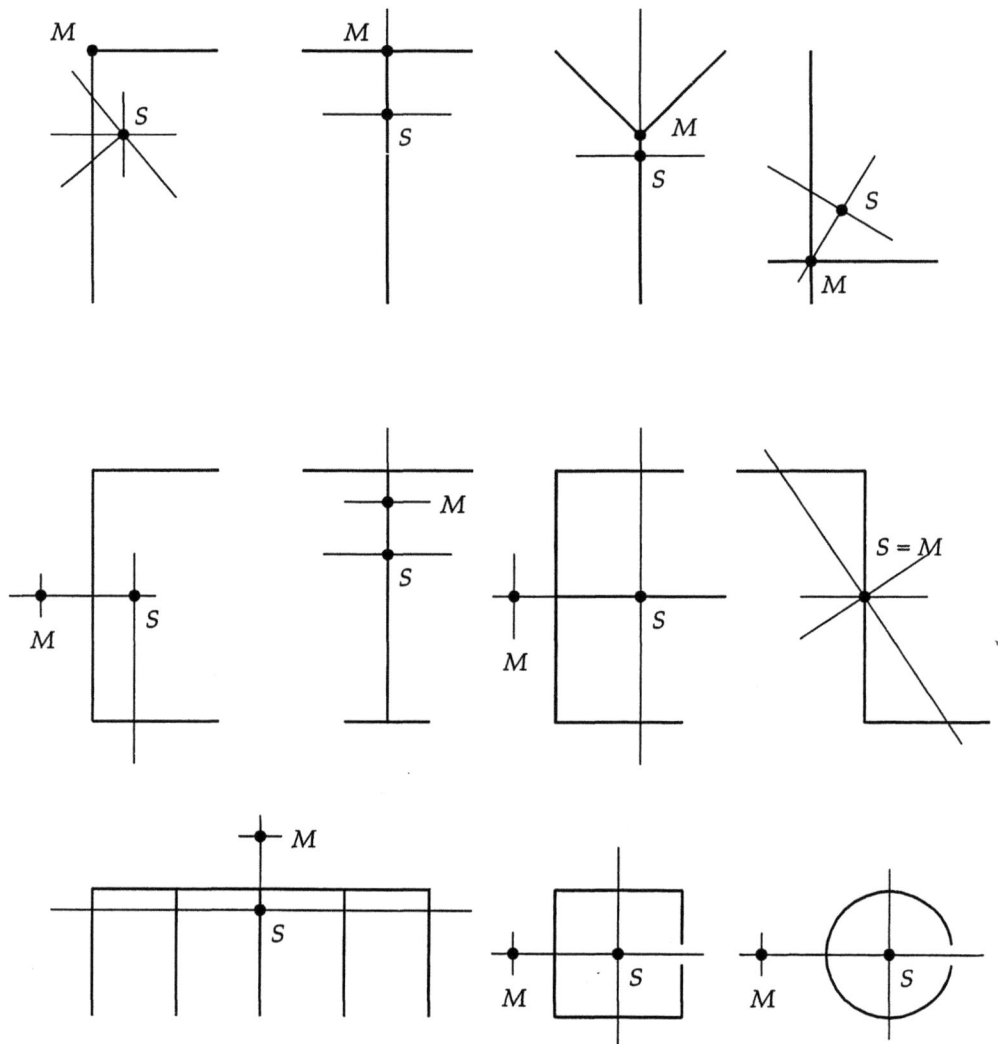

Bild 3-17 Lage des Schubmittelpunktes M bei verschiedenen offenen Profilen

Bei punkt- oder doppeltsymmetrischen Querschnitten ist $M \equiv S$. Sehr viele einfachsymmetrische Profile sind dem C-Profil von der Lage des Schubmittelpunktes her verwandt, so z. B. der Kammquerschnitt, das längsgeschlitzte Rohr u. a. Hier liegt M immer entgegengesetzt zur „Öffnung" des Profils.

Bei allgemeinen unsymmetrischen Querschnitten, bei denen die Lage des Schubmittelpunktes so gut wie nicht vorherzusagen ist, empfiehlt es sich, die Berechnung der

3.4 Übersicht über die Lage des Schubmittelpunktes bei offenen Querschnitten

Schubmittelpunktskoordinaten nach der Wölbkraftmethode, siehe Kap. 8.4.3, zu kontrollieren. Solch komplizierte Querschnitte liegen z. B. bei Hochhäusern vor: Die tragenden Teile (Treppenhausschacht, einzelne durchlaufende Wände) werden über die Gebäudehöhe als „Einzelstäbe" aufgefasst, die über die in sich starren Deckenscheiben so miteinander verbunden sind, dass ihre Verformungen mit Ausnahme der Verwölbungen (siehe Kap. 7.5) gekoppelt sind. Die Einzelstäbe bilden somit den Gesamtquerschnitt des Gebäudes, der mit den Mitteln der Technischen Elastizitätstheorie berechnet werden kann (*Beck/König/Reeh* 1968, *Beck/Schäfer* 1969). Da die Einzelstäbe den in Kap. 1.6 genannten Voraussetzungen genügen, sind die unter diesen Voraussetzungen entwickelten Lösungsverfahren anwendbar.

4 Querkraftschubspannungen in dünnwandigen, geschlossenen Profilen

4.1 Axialverschiebungen u

Die Dübelformel entspricht einer Gleichgewichtsaussage $\sum X = 0$ für einen vom Stabelement der Länge dx abgeschnittenen Teil, siehe Bild 2-8. Bei einem geschlossenen Profil muss man zweimal schneiden, um ein Querschnittsteil abzutrennen, siehe Bild 4-1, in beiden Schnittflächen wirken Schubkräfte T_y und T_z. Da die Gleichgewichtsaussage allein zur Berechnung dieser Schubkräfte nicht ausreicht, müssen in Art einer statisch unbestimmten Berechnung Verformungsbedingungen (Verträglichkeitsbedingungen) mit berücksichtigt werden.

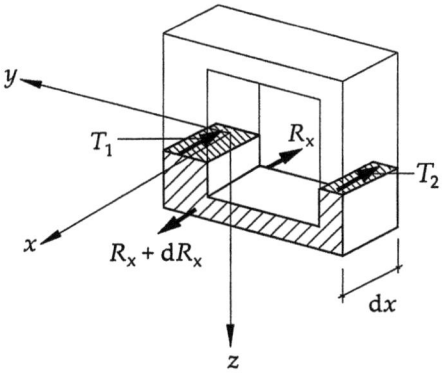

Bild 4-1 Gleichgewicht der Längskräfte bei einem Längsschnitt durch ein Stabelement mit einem geschlossenen Querschnitt

Die Gleitungen γ_{xs} infolge der Querkraftschubspannungen – bisher nicht berücksichtigt – werden bei dünnwandigen, geschlossenen Profilen herangezogen, um den endgültigen Schubfluss $T(s)$ so zu bestimmen, dass die geometrische Kontinuität des Querschnitts gewahrt bleibt.

Voraussetzungsgemäß sind die Schubspannungen $\tau_{xs}(s)$, die zu einem beliebigen Querkraftschubfluss $T(s)$ gehören, konstant über die Profildicke t verteilt, so dass auch die Gleitungen γ_{xs} konstant über t sind:

$$\gamma_{xs} = \frac{1}{G} \cdot \frac{T(s)}{t(s)} \qquad (4.1)$$

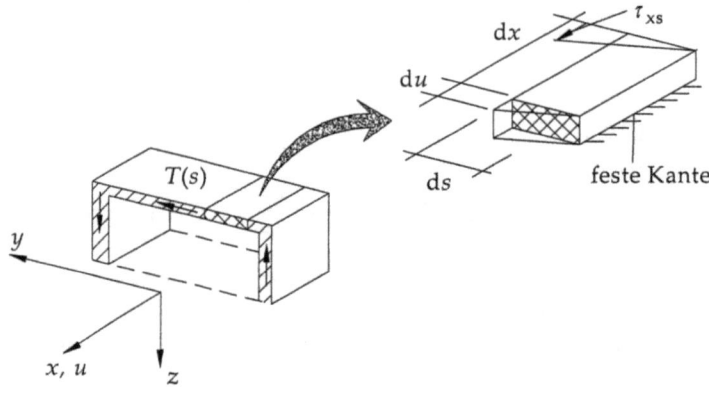

Bild 4-2 Axialverschiebung (Verwölbungen) des geschnittenen Querschnitts infolge $T(s)$

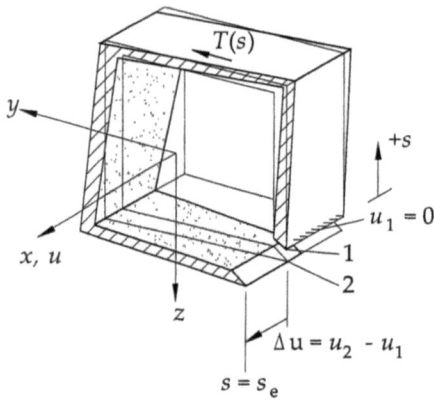

Bild 4-3 Gleitung γ_{xs} eines Wandelementes infolge $T(s)$

Greift man ein einzelnes Wandelement der Länge ds heraus, siehe Bild 4-2, so führt die Gleitung γ_{xs} zu einer Zunahme der Längsverschiebungen u über die Länge ds um:

$$du = \gamma_{xs}(s) \cdot ds$$

Zwischen zwei Punkten 1 und 2 auf der Profilmittellinie erhält man eine Differenzverschiebung Δu, indem man die Zuwächse integriert:

$$\Delta u = u_2 - u_1 = \int_1^2 du = \int_1^2 \frac{T(s)}{G \cdot t(s)} \cdot ds \qquad (4.2)$$

Sind die Punkte 1 und 2 die gegenüberliegenden Schnittufer eines längs aufgeschnittenen Hohlprofils nach Bild 4-3, so erstreckt sich das Integral in Gleichung (4.2) über den gesamten Querschnitt und kann als Umlaufintegral geschrieben werden:

$$\Delta u = \oint \frac{T(s)}{G \cdot t(s)} \cdot ds \qquad (4.3)$$

Δu ist identisch mit der gegenseitigen Verschiebung der zwei Schnittufer infolge $T(s)$.

4.2 Kreisschubfluss T^1 beim einzelligen Hohlprofil

Der geschlossene Querschnitt wird durch einen Längsschnitt in einen offenen Querschnitt verwandelt, dessen Schubfluss infolge einer Querkraft V_y (oder V_z) nach den vorherigen Kapiteln eindeutig berechnet werden kann und mit T^0 bezeichnet wird. Die Lage der Schnittstelle ist dabei beliebig, jedoch wird man Symmetriebedingungen nach Möglichkeit ausnutzen.

Durch den Schnitt ergeben sich zwei freie Profilenden mit $T^0 = 0$. Überprüft man für den so berechneten Schubfluss $T^0(s)$ die gegenseitigen Verschiebungen der Schnittufer, indem man in Gleichung (4.3) für $T(s) = T^0(s)$ setzt, so wird im Allgemeinen $\Delta u^0 \neq 0$ sein, siehe Bild 4-3. Die geometrische Verträglichkeit des Querschnitts ist verletzt. Demnach ist die durch den willkürlichen Schnitt getroffene Annahme, dass an dieser Stelle der endgültige Schubfluss $T(s)$ einen Nulldurchgang hat, falsch! Im Längsschnitt muss ein Schubfluss T^1 vorhanden sein, dessen Größe aus der Bedingung heraus zu bestimmen ist, dass die geometrische Verträglichkeit erfüllt wird.

Der Verlauf von T^1 in der Querschnittsebene kann aus der Gleichgewichtsüberlegung heraus angegeben werden: Da der Schubfluss T^0 nach der Dübelformel ermittelt wird, muss dessen Resultierende mit der Querkraft V_y (oder V_z) identisch sein. Der Schubfluss T^1 darf daher keine zusätzliche resultierende Kraft enthalten, was nur dann der Fall ist, wenn er konstant den gesamten Querschnitt umläuft, siehe Bild 4-4. T^1 wird daher als Kreisschubfluss bezeichnet. Dieser Kreisschubfluss hat jedoch ein resultierendes Torsionsmoment $M_x = M_T$, wie sich aus Bild 4-4 leicht ablesen lässt, und beeinflusst die Lage der resultierenden inneren Querkraft, d. h. die Lage des Schubmittelpunktes, siehe Kap. 4.5.

Durch Superposition erhält man den endgültigen Schubfluss:

$$T(s) = T^0(s) + T^1(s) \tag{4.4}$$

Die Kontinuitätsbedingung ist so zu formulieren – vergleichbar einer statisch unbestimmten Berechnung –, dass die Differenzverschiebung Δu nach Gleichung (4.3) für den endgültigen Schubfluss nach Gleichung (4.4) verschwindet:

$$\Delta u = \oint \frac{T^0(s)}{G \cdot t(s)} \cdot ds + T^1 \cdot \oint \frac{1}{G \cdot t(s)} \cdot ds = 0 \tag{4.5}$$

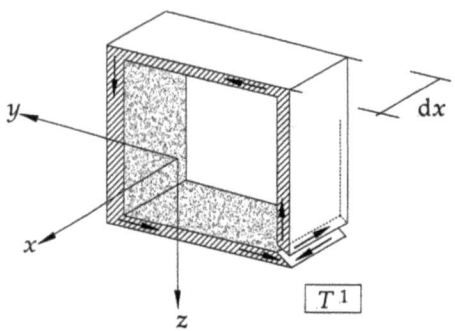

Bild 4-4 Kreisschubfluss T^1 zur Korrektur der Axialverschiebung an der Schnittstelle

Vorzeichenregel:

Die Fließrichtung von T^0 ergibt sich aus der Berechnung, die Fließrichtung von T^1 kann beliebig gewählt werden. Normalerweise wird die Hilfskoordinate $+s$ gleichsinnig mit T^1 gewählt, so dass T^1 in Gleichung (4.5) positiv einzusetzen ist. $T^0(s)$ ist dann positiv einzusetzen, wenn seine Fließrichtung mit der gewählten Richtung von $+s$ übereinstimmt.

4.2.1 Schubfluss T_z in einem einzelligen Kastenträger

Es wird ein einzelliger einfachsymmetrischer Querschnitt eines Kastenträgers betrachtet, siehe Bild 4-5. Auf Grund der Symmetrie des Querschnittes sind die Hauptachsen bekannt. Für die weitere Berechnung muss die geschlossene Zelle aufgeschnitten werden. Dazu wird im Beispiel der Punkt B gewählt.

Die Integration nach Gleichung (4.5) über den Schubfluss T_z^0 kann abschnittsweise nach *Simpson* erfolgen, so dass man für das Beispiel erhält:

4.2 Kreisschubfluss beim einzelligen Hohlprofil

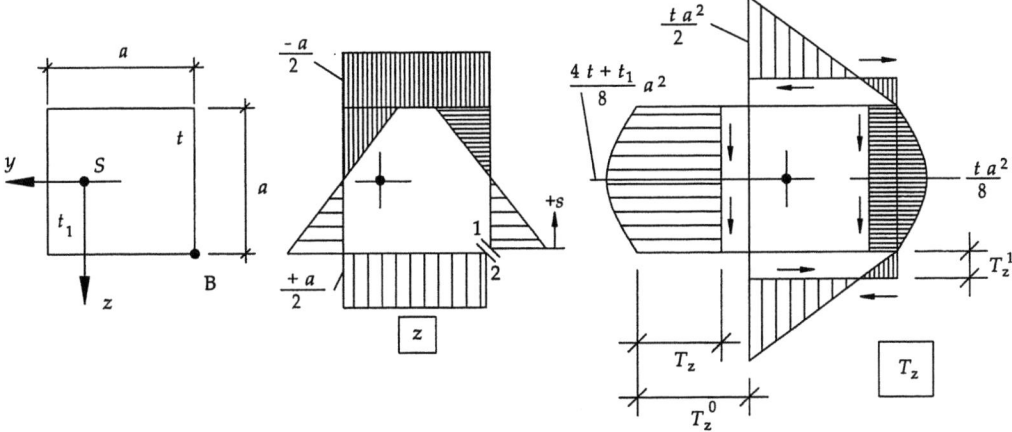

Bild 4-5 Einfachsymmetrischer Kastenquerschnitt, Abmessungen und Koordinatenfläche z, Schubfluss T_z^0 (angetragene Ordinaten), Schubfluss T_z (schraffierte Flächen)

$$\Delta u = \oint \frac{T^0(s)}{G \cdot t(s)} \cdot ds + T^1 \cdot \oint \frac{1}{G \cdot t(s)} \cdot ds =$$

$$= \frac{1}{t} \cdot \frac{a}{6} \cdot \left(-4 \cdot \frac{1}{8} \cdot a^2 \cdot t\right) + \frac{1}{t} \cdot \frac{a}{2} \cdot \frac{1}{2} \cdot a^2 \cdot t \cdot 2 +$$

$$+ \frac{1}{t_1} \cdot \frac{a}{6} \cdot \left[\frac{1}{2} \cdot a^2 \cdot t \cdot 2 + 4 \cdot \left(\frac{1}{2} \cdot a^2 \cdot t + \frac{1}{8} \cdot a^2 \cdot t_1\right)\right] + \quad (4.6)$$

$$+ T_z^1 \cdot \left(3 \cdot \frac{a}{t} + \frac{a}{t_1}\right) = 0$$

$$\Leftrightarrow T_z^1 = -\frac{1}{2} \cdot a^2 \cdot t \cdot \frac{t + t_1}{t + 3 \cdot t_1}$$

4.2.2 Doppeltsymmetrischer Kastenträger

Als Variante zu dem Beispiel im vorherigen Kapitel soll ein doppeltsymmetrischer Kastenträger berechnet werden.

Für $t = t_1$ erhält man aus Gleichung (4.6) den Kreisschubfluss zu:

$$T_z^1 = -\frac{1}{2} \cdot a^2 \cdot t \cdot \frac{t+t}{t+3 \cdot t} = -\frac{1}{4} \cdot a^2 \cdot t \quad (4.7)$$

Der endgültige Schubfluss, siehe Bild 4-6, ist symmetrisch zur z-Achse und hat auf der Symmetrieachse selbst den Wert Null.

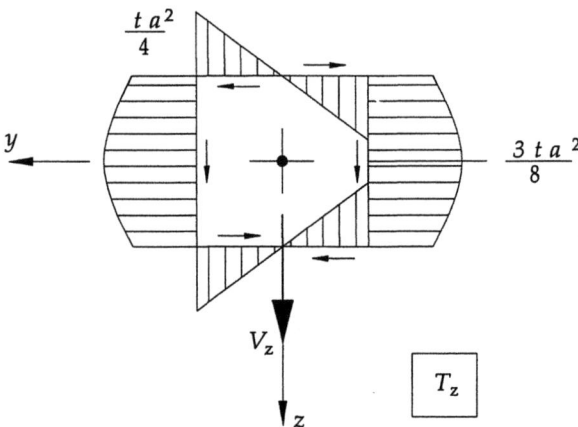

Bild 4-6 Schubfluss T_z in einem doppeltsymmetrischen quadratischen Querschnitt

Symmetriebedingung:

Für die in der Symmetrieachse wirkende Querkraft wird das Schubflussbild symmetrisch und hat auf der Symmetrieachse selbst den Wert Null. Bei einem Schnitt auf der Symmetrieachse ist daher der Schubfluss T^0 in diesem Fall identisch mit dem endgültigen Schubfluss T.

4.3 Gemischt offene/geschlossene Profile

Die Berechnung der Schubflüsse erfolgt wie beim geschlossenen Profil, Roik (1978). Man schneidet den geschlossenen Profilteil auf und kann den Schubfluss T^0 für den Gesamtquerschnitt einschließlich der anhängenden offenen Teile berechnen, siehe Kap. 2. Der unbekannte Kreisschubfluss T^1, der an der Schnittstelle ausgelöst wurde, verläuft nur über die geschlossene Querschnittszelle. Daher ist auch die Kontinuitätsbedingung Gleichung (4.5) allein auf die geschlossene Zelle anzuwenden. Durch T^1 verändert sich nur im geschlossenen Profilteil der endgültige Schubfluss, im offenen Profilteil ist $T = T^0$. Die Symmetriebedingungen aus Kap. 4.2.2 können ebenfalls – wenn möglich – genutzt werden.

4.4 Mehrzellige geschlossene Profile

4.4.1 Allgemeiner Lösungsweg

Ein n-fach geschlossener Querschnitt entspricht einem n-fach statisch unbestimmten System. Er ist so oft zu schneiden, bis ein einfach zusammenhängender Querschnitt (entspricht einem statisch bestimmten System) entsteht und somit jede geschlossene Zelle aufgeschnitten wurde. Die Lage der Schnittstellen ist beliebig, sofern man keine Symmetriebedingungen ausnutzt.

Als Zelle i ist derjenige Querschnittsteil aufzufassen, der vom jeweiligen Kreisschubfluss T^i eingeschlossen wird. Für jede Zelle wird der geschlossene Integrationswegs $+s$ festgelegt. Jeder an einer Schnittstelle ausgelöste Kreisschubfluss T^i ist so zu führen, dass er keine andere Schnittstelle durchläuft. Bei unterschiedlicher Wahl der Schnittstellen erhält man daher unterschiedliche Definitionen für die Zellen, siehe Bild 4-7.

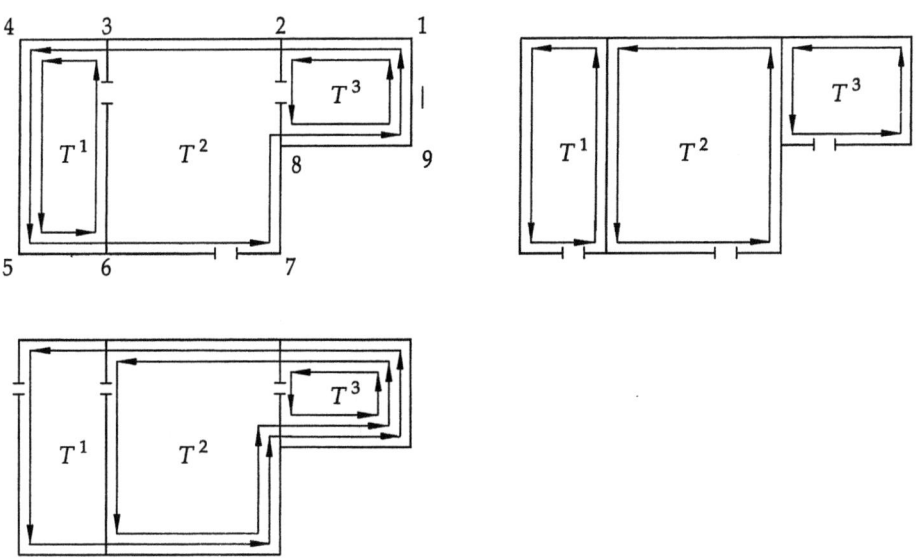

Bild 4-7 Verschiedene Möglichkeiten zur Festlegung der Schnitte und zur Definition der Kreisschubflüsse T^i in einem mehrfach geschlossenen Querschnitt

Die Kontinuitätsbedingung Gleichung (4.5) ist auf jede Zelle i einzeln anzuwenden:

$$\Delta u_i = \oint \frac{T(s_i)}{G \cdot t(s_i)} \cdot ds_i = 0 \qquad (4.8)$$

mit

    i Nummer der Zellen

Für $T(s_i)$ ist die Summe aller Schubflüsse

$$T(s_i) = T^0(s_i) + \sum_{i=1}^{n} T^i \tag{4.9}$$

infolge V_y oder V_z einzusetzen, die in den einzelnen Wandteilen der Zelle i verlaufen.

Vorzeichenregeln:

Die Fließrichtung von T^0 ist aus der Berechnung am offenen Querschnitt bekannt. Die Fließrichtungen von T^1 bis T^n können frei gewählt werden. Alle Schubflüsse sind in den einzelnen Wandteilen der Zelle i positiv einzusetzen, wenn ihre Fließrichtung mit $+s_i$ übereinstimmt. Kreisschubflüsse, die die Zelle i nicht berühren, tauchen in Gleichung (4.9) auch nicht auf.

Mit den Abkürzungen (*Kollbrunner/Basler* 1966)

$\eta_{ii} = \oint_i \dfrac{1}{G \cdot t(s_i)} \cdot ds_i$	Umlaufintegral um die Zelle i
$\eta_{ij} = \oint_{i,j} \dfrac{1}{G \cdot t(s_i)} \cdot ds_i$	Linienintegral über die Zwischenwand zwischen den Zellen i und j
$U_i = \oint_i \dfrac{T^0(s_i)}{G \cdot t(s_i)} \cdot ds_i$	Umlaufintegral um die Zelle 0 über den Schubfluss T^0

(4.10)

erhält man folgendes symmetrische Gleichungssystem zur Berechnung der unbekannten Kreisschubflüsse T^i, wobei alle Kreisschubflüsse entgegen dem Uhrzeigersinn positiv definiert wurden:

$$\begin{bmatrix} +\eta_{1,1} & -\eta_{1,2} & \cdots & \cdots & -\eta_{1,j} \\ -\eta_{2,1} & +\eta_{2,2} & \ddots & & \vdots \\ \vdots & \ddots & \ddots & \ddots & \vdots \\ \vdots & & \ddots & +\eta_{i-1,j-1} & -\eta_{i-1,j} \\ -\eta_{i,1} & \cdots & \cdots & -\eta_{i,j-1} & +\eta_{i,j} \end{bmatrix} \cdot \begin{bmatrix} T^1 \\ \vdots \\ \vdots \\ \vdots \\ T^i \end{bmatrix} = \begin{bmatrix} -U^1 \\ \vdots \\ \vdots \\ \vdots \\ -U^i \end{bmatrix} \tag{4.11}$$

Literatur hierzu siehe *Pflüger* (1937), *Marguerre* (1940), *Roik* (1978), *Neumann/Rubert* (1982).

4.4 Mehrzellige geschlossene Profile

4.4.2 Beispiel

Für den dreizelligen einfachsymmetrischen Querschnitt nach Bild 4-8 sind Ort und Größe der maximalen Schubspannung infolge V_z gesucht.

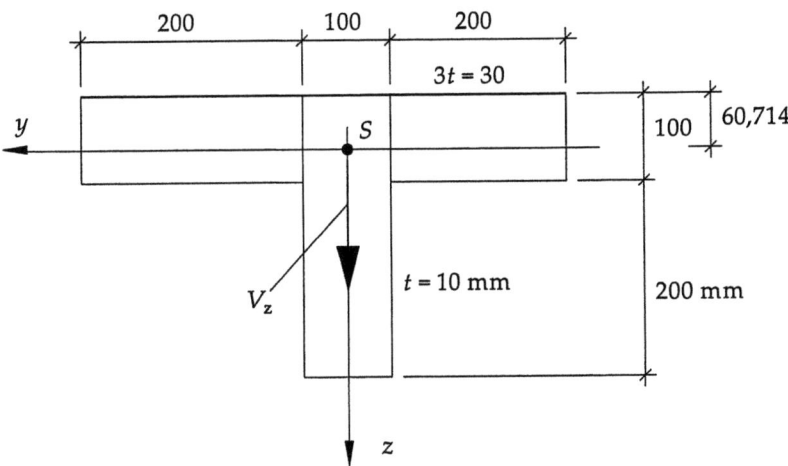

Bild 4-8 Abmessungen und Belastung eines dreizelligen geschlossenen Querschnitts

Auf Grund der Symmetrie des Querschnittes sind die Hauptachsen bekannt. Der erste Schnitt wird auf die Symmetrieachse z gelegt, ein unbekannter Kreisschubfluss tritt dort nicht auf. Durch zwei weitere Schnitte in den Außenzellen wird der Querschnitt vollständig geöffnet, aus Symmetriegründen sind die zwei Schubflüsse T_z^2 gleich, siehe Bild 4-9, so dass nur eine Hälfte des Querschnitts betrachtet zu werden braucht.

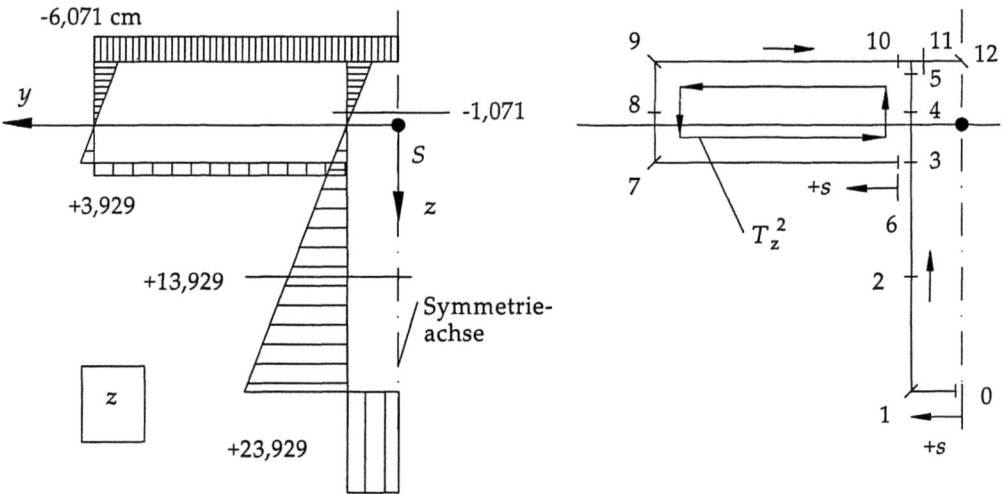

Bild 4-9 Koordinatenfläche z und Kreisschubfluss T_z^2

Damit ergibt sich für den Schubfluss T_z^0, siehe Bild 4-10:

$$T_{z,1}^0 = -5 \cdot 1 \cdot 23,929 = -119,649 \; [\text{cm}^3]$$

$$T_{z,2}^0 = T_{z,1}^0 - 0,5 \cdot 10 \cdot 1 \cdot (23,929 + 13,929) = -309,929 \; [\text{cm}^3]$$

$$T_{z,3}^0 = T_{z,2}^0 - 0,5 \cdot 10 \cdot 1 \cdot (13,929 + 3,929) = -398,214 \; [\text{cm}^3]$$

$$T_{z,4}^0 = T_{z,3}^0 - 0,5 \cdot 5 \cdot 1 \cdot (3,929 - 1,071) = -405,357 \; [\text{cm}^3]$$

$$T_{z,5}^0 = T_{z,4}^0 - 0,5 \cdot 10 \cdot 1 \cdot (3,929 - 6,071) = -387,500 \; [\text{cm}^3]$$

$$T_{z,6}^0 = \phantom{T_{z,5}^0 - 0,5 \cdot 10 \cdot 1 \cdot (3,929 - 6,071)} = 0,000 \; [\text{cm}^3]$$

$$T_{z,7}^0 = -20 \cdot 1 \cdot 3,929 = -78,571 \; [\text{cm}^3]$$

$$T_{z,8}^0 = T_{z,7}^0 - 0,5 \cdot 5 \cdot 1 \cdot (3,929 - 1,071) = -85,714 \; [\text{cm}^3]$$

$$T_{z,9}^0 = T_{z,8}^0 - 0,5 \cdot 10 \cdot 1 \cdot (3,929 - 6,071) = -67,857 \; [\text{cm}^3]$$

$$T_{z,10}^0 = T_{z,9}^0 + 20 \cdot 3 \cdot 6,071 = +296,428 \; [\text{cm}^3]$$

$$T_{z,11}^0 = T_{z,5}^0 + T_{z,10}^0 = -91,072 \; [\text{cm}^3]$$

$$T_{z,12}^0 = T_{z,11}^0 + 5 \cdot 3 \cdot 6,071 = 0,000 \; [\text{cm}^3]$$

4.4 Mehrzellige geschlossene Profile

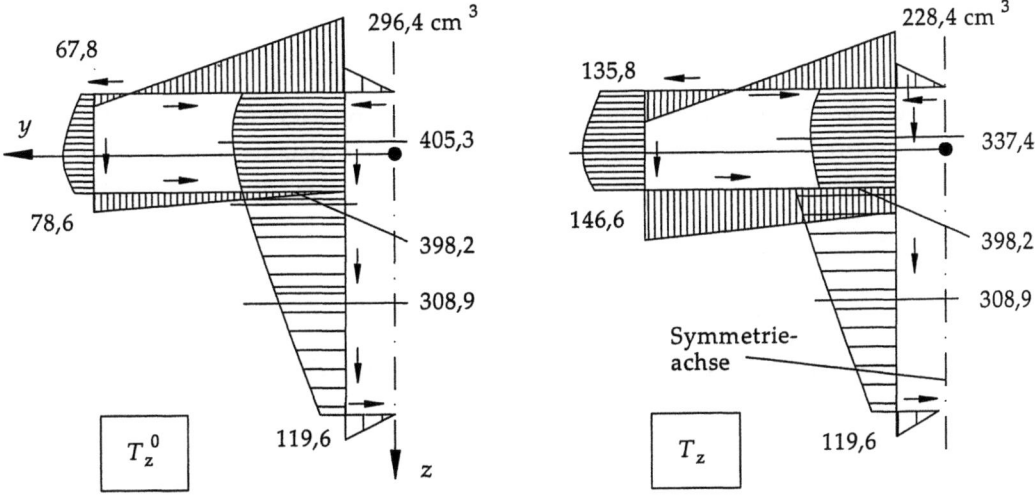

Bild 4-10 Einheitsschubfluss T_z^0 und endgültiger Schubfluss T_z

Bei der Berechnung des Kreisschubflusses T_z^2 nach Gleichung (4.4) muss man beachten, dass die Integrationsrichtung $+s_2$ nicht mit der Integrationsrichtung $+s$, die zur Ermittlung von T_z^0 verwandt wurde, übereinstimmt. Beim Einsetzen von T_z^0 ist daher die wirkliche Fließrichtung nach Bild 4-10 zu beachten, ob sie mit der gewählten Richtung von T_z^2 übereinstimmt oder nicht.

$$\Delta u = \oint \frac{T_z^0(s)}{G \cdot t(s)} \cdot ds + T_z^2 \cdot \oint \frac{1}{G \cdot t(s)} \cdot ds =$$

$$= -\frac{1}{6} \cdot \frac{10}{1} \cdot (387{,}500 + 4 \cdot 405{,}357 + 398{,}214) -$$

$$-\frac{1}{2} \cdot \frac{20}{3} \cdot (296{,}428 - 67{,}857) + \frac{1}{2} \cdot \frac{20}{1} \cdot 78{,}571 +$$

$$+\frac{1}{6} \cdot \frac{10}{1} \cdot (78{,}571 + 4 \cdot 85{,}714 + 67{,}857) +$$

$$+T_z^2 \cdot \left(\frac{10}{1} + \frac{20}{3} + \frac{10}{1} + \frac{20}{1}\right) = 0$$

$$\Leftrightarrow T_z^2 = +67{,}985 \ \left[\text{cm}^3\right]$$

Die durch Superposition nach Gleichung (4.9) gewonnene endgültige Schubflussfläche T_z zeigt Bild 4-10. Zwar nehmen die Schubflüsse gemäß Satz 3 in Kap. 2.7 auf den Schnittpunkten der y-Achse mit den Stegen Extremwerte an, der Maximalwert von T_z tritt jedoch am Punkt 3 auf:

$$\max \tau_{xs,3} = 398{,}214 \cdot \frac{V_z}{I_y} = 0{,}017737 \cdot V_z$$

Auch bei diesem Beispiel könnte man einen Näherungswert für τ erhalten, indem man V_z nur in die mittleren Stege einrechnet und eine konstante mittlere Schubflussverteilung annimmt. Das Ergebnis liegt um 6 % unter dem genauen Maximalwert:

$$\tau_m = \frac{V_z}{2 \cdot A_{Steg}} = \frac{V_z}{2 \cdot 30 \cdot 1} = 0{,}016667 \cdot V_z$$

4.5 Schubmittelpunkt bei geschlossenen, dünnwandigen Profilen

Zur Berechnung der Schubmittelpunktskoordinaten stehen dieselben Gln. (3.07) und (3.08) zur Verfügung wie für offene Profile. Der einzige Unterschied im Berechnungsgang gegenüber den offenen Profilen besteht darin, dass zunächst der endgültige Schubfluss im geschlossenen Querschnitt unter Berücksichtigung der unbekannten Kreisschubflüsse zu ermitteln ist. Erst dann können die Teilresultierenden R gebildet werden.

An Hand des folgenden Beispieles, vergleiche Bild 4-5, wird dies verdeutlicht.

Mit der Annahme, dass $t_1 = 3 \cdot t$ ist, erhält man für den Kreisschubfluss T^1 nach Gleichung (4.6)

$$T_z = -\frac{1}{2} \cdot a^2 \cdot t \cdot \frac{t + 3 \cdot t}{t + 3 \cdot 3 \cdot t} = -\frac{1}{5} \cdot a^2 \cdot t$$

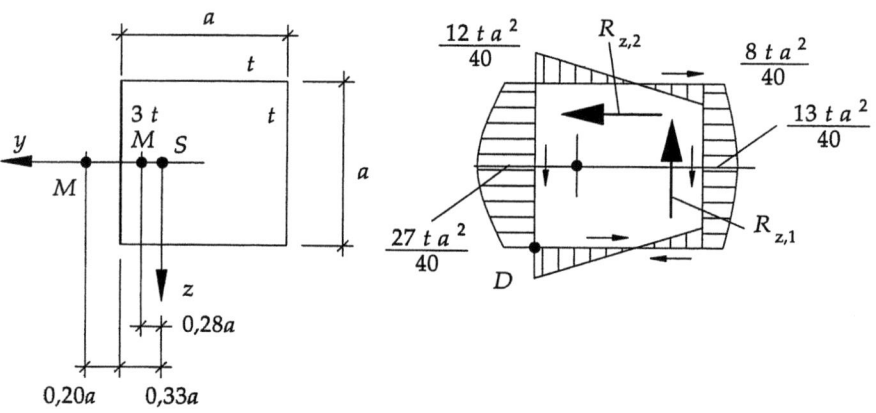

Bild 4-11 Schubmittelpunkt M in einem einfachsymmetrischen geschlossenen Querschnitt

4.6 Schubfluss in einem geschlossenen Verbundquerschnitt

Damit erhält man das in Bild 4-11 skizzierte endgültige Schubflussbild.

Wählt man den unteren Eckpunkt als Bezugspunkt D, so sind zwei Teilresultierende zu bestimmen:

$$R_{z,1} = -\frac{a}{6} \cdot \left(2 \cdot \frac{8}{40} \cdot a^2 \cdot t + 4 \cdot \frac{13}{40} \cdot a^2 \cdot t\right) = -\frac{17}{60} \cdot a^3 \cdot t$$

$$R_{z,2} = +\frac{a}{6} \cdot \left(\frac{12}{40} \cdot a^2 \cdot t - \frac{8}{40} \cdot a^2 \cdot t\right) = +\frac{3}{60} \cdot a^3 \cdot t$$

Das Flächenträgheitsmoment I_y ergibt sich zu

$$I_y = \frac{5}{6} \cdot a^3 \cdot t$$

Somit können die Koordinaten des Schubmittelpunktes berechnet werden. Da die y-Achse Symmetrieachse ist, ergibt sich

$$y_M^D = \frac{1}{I_y} \cdot (R_{z,1} \cdot a + R_{z,2} \cdot a) = -\frac{7}{25} \cdot a = -0{,}28 \cdot a$$

$$z_M^D = \phantom{\frac{1}{I_y} \cdot (R_{z,1} \cdot a + R_{z,2} \cdot a)} = -\frac{1}{2} \cdot a = -0{,}50 \cdot a$$

Damit liegt der Schubmittelpunkt auf der y-Achse und sehr nahe beim Schwerpunkt. Der Schubmittelpunkt M eines entsprechenden offenen Profils (mit der Öffnung in der rechten Stegmitte) liegt um

$$y_M^D = +\frac{1}{5} \cdot a = +0{,}2 \cdot a$$

außerhalb des Querschnitts. Man kann den Kreisschubfluss T^1, der einem inneren Torsionsmoment entspricht, als eine „Korrekturgröße" auffassen, durch die der Schubmittelpunkt in die Nähe des Schwerpunktes verschoben wird.

Es sei hier nochmals daran erinnert, dass die Berechnung der Schubflüsse und damit auch die Berechnung der Schubmittelpunktskoordinaten auf der Dübelformel beruhen, die ihrerseits die in Kap. 2.2 genannten Voraussetzungen enthält. Insbesondere die Vernachlässigung der Schubverzerrungen γ kann bei dünnwandigen, geschlossenen Profilen fraglich werden. Genauere Berechungsverfahren (*Heilig* 1961 u. a.) ergeben, dass bei Berücksichtigung der Schubverzerrungen der Schubmittelpunkt zu einem lastabhängigen Querschnittspunkt wird.

4.6 Schubfluss in einem geschlossenen Verbundquerschnitt

Bei einem Verbundquerschnitt ist – wie bei bewehrten Betonquerschnitten allgemein – zu berücksichtigen, dass die einzelnen Profilteile unterschiedliche Werkstoffeigenschaften aufweisen. Die unterschiedlichen Elastizitäts- und Schubmoduln für Stahl (Index a) und Beton (Index c) werden über die Verhältniswerte n erfasst:

$$n_E = \frac{E_a}{E_{c,m}} = \frac{E_a}{9500 \cdot \sqrt[3]{f_{c,k}+8}}$$
$$n_G = \frac{G_a}{G_{c,m}} = \frac{E_a}{E_{c,m}} \cdot \frac{(1+\mu_c)}{(1+\mu_a)}$$
(4.12)

Hinzu kommt das Problem, dass der Werkstoff Beton nur relativ kleine Zugspannungen aufnehmen kann. Sobald Zugrisse im Beton auftreten (Zustand II), fallen die gerissenen Querschnittsteile zur weiteren Lastabtragung von Zugbeanspruchungen aus. Die für den ursprünglichen Querschnitt ermittelte Verteilung der Schubspannungen wird dann hinfällig.

Hier wird zunächst der ungerissene Zustand I vorausgesetzt, weitergehende Hinweise siehe Kap. 5.2. Damit bleiben die hier entwickelten Gleichungen gültig, die Verteilung der Schubspannungen kann genau berechnet werden. Das Schwergewicht der Aufgabe liegt in der Berücksichtigung unterschiedlicher Werkstoffe.

Bild 4-12 zeigt den Querschnitt des Beispiels. Gesucht sind die Schubspannungen für eine Horizontallast F_y. Da der Querschnitt für diese Belastung keine Symmetrieachse aufweist, ist die Berechnung des Kreisschubflusses T_y^1 erforderlich. Bild 4-12 zeigt den angenommenen Schnitt der geschlossenen Zelle, den Umlaufsinn für T_y^1 und die Querschnittsstellen, für die der Schubfluss T_y zu berechnen ist.

Da der verformte Querschnitt weiterhin eben bleiben soll, ist der Verlauf der Dehnungen ε_x über die Profilhöhe linear. Die Größe der Normalspannungen σ_x in jedem Profilteil hängt vom jeweiligen Elastizitätsmodul ab. Da die Dübelformel zur Berechnung der Schubspannungen eines offenen Querschnitts eine reine Gleichgewichtsaussage darstellt, die die Veränderung der Normalspannungen σ_x in Stablängsrichtung erfasst, müssen auch die daraus resultierenden Schubspannungen vom Verhältnis der Elastizitätsmoduln abhängen.

Näherungsweise wird auch hier mit dem Profilmittellinienmodell gearbeitet. Die stählernen Seitenteile des Kastens enden an der Unterkante der Betonplatte, die bis zur Schwerlinie des Betons weiterlaufende Profilmittellinie erhält den Dickenparameter $t=0$. Die kleinere Elastizität des Betons wird dadurch berücksichtigt, dass mit einer um n_E verminderten Dicke der Betonplatte gerechnet wird. Da der Elastizitätsmodul des Betons von der charakteristischen Zylinderdruckfestigkeit $f_{c,k}$ abhängt wird für das folgende Beispiel eine Betongüte C20/25[4] angenommen.

---

[4] Die 1. Zahl der Betongüte ist die charakteristische Zylinderdruckfestigkeit $f_{c,k}$
Die Querdehnzahl für Beton beträgt $\mu_c = 0{,}2$

4.6 Schubfluss in einem geschlossenen Verbundquerschnitt

$$n_E = \frac{E_a}{E_{c,m}} = \frac{E_a}{9500 \cdot \sqrt[3]{f_{c,k}+8}} = \frac{21000}{9500 \cdot \sqrt[3]{20+8}} \approx 7,28$$

$$n_G = \frac{G_a}{G_{c,m}} = \frac{E_a}{E_{c,m}} \cdot \frac{(1+\mu_c)}{(1+\mu_a)} \approx 7,28 \cdot \frac{(1+0,2)}{(1+0,3)} \approx 6,72$$

(4.13)

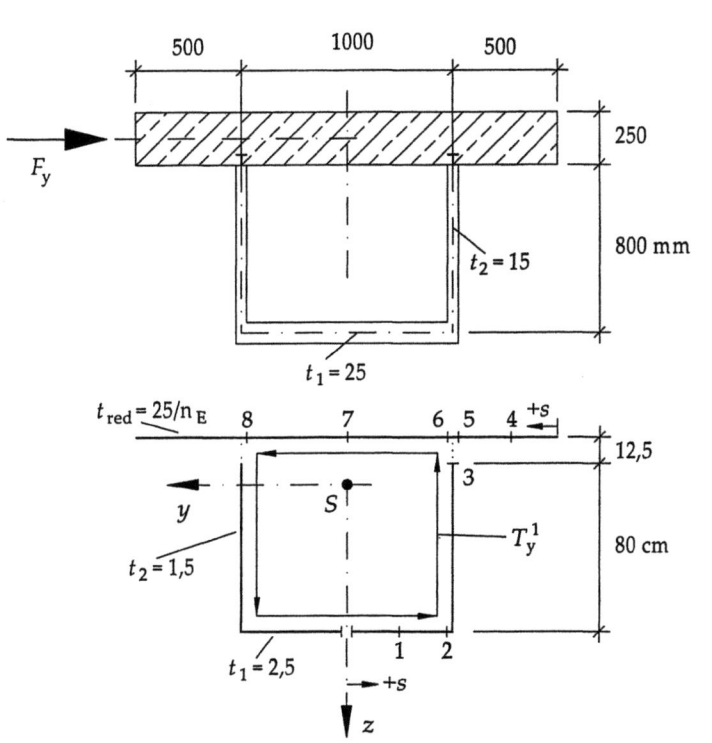

Bild 4-12 Verbundquerschnitt und Definition der Querschnittspunkte

Für den Einheitsschubfluss T_y^0 (siehe Bild 4-13) gilt:

$$T_{y,0}^0 = \qquad\qquad\qquad = \quad 0{,}00 \; [\text{cm}^3]$$

$$T_{y,1}^0 = +\frac{1}{2} \cdot 25 \cdot 25 \cdot 2{,}5 \qquad = \quad 781{,}25 \; [\text{cm}^3]$$

$$T_{y,2}^0 = +\frac{1}{2} \cdot 50 \cdot 50 \cdot 2{,}5 \qquad = \quad 3.125{,}00 \; [\text{cm}^3]$$

$$T_{y,3}^0 = T_{y,2}^0 + 50 \cdot 80 \cdot 1{,}5 \qquad = \quad 9.125{,}00 \; [\text{cm}^3]$$

$$T^0_{y,4} = +\frac{1}{2} \cdot 25 \cdot 175 \cdot 25 \cdot \frac{1}{n_E} \quad = \quad 7.512,02 \quad [\text{cm}^3]$$

$$T^0_{y,5} = +\frac{1}{2} \cdot 50 \cdot 150 \cdot 25 \cdot \frac{1}{n_E} \quad = \quad 12.877,75 \quad [\text{cm}^3]$$

$$T^0_{y,6} = T^0_{y,3} + T^0_{y,5} \quad = \quad 22.002,75 \quad [\text{cm}^3]$$

$$T^0_{y,7} = T^0_{y,6} + \frac{1}{2} \cdot 50 \cdot 50 \cdot 25 \cdot \frac{1}{n_E} \quad = \quad 26.295,33 \quad [\text{cm}^3]$$

$$T^0_{y,8} = T^0_{y,6} \quad = \quad 22.002,75 \quad [\text{cm}^3]$$

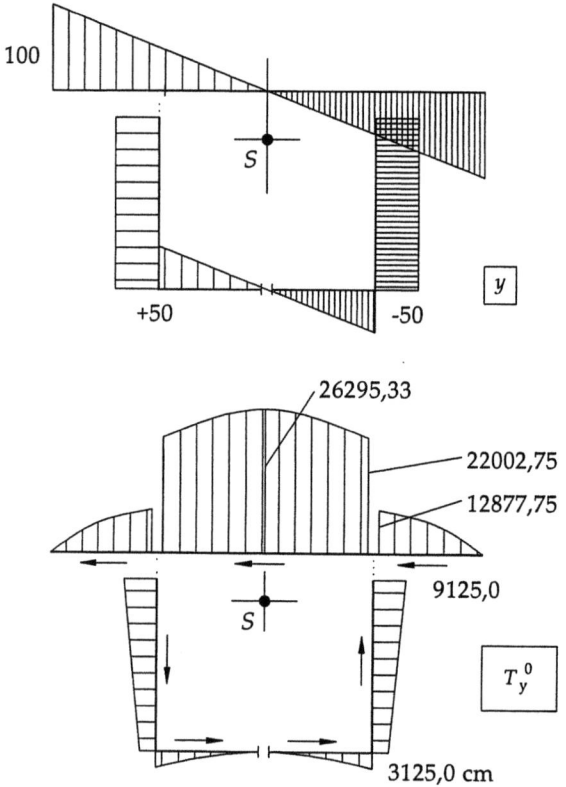

Bild 4-13 Koordinatenfläche y und Einheitsschubfluss T^0_y

4.6 Schubfluss in einem geschlossenen Verbundquerschnitt

Für die Teilresultierende R_y^0 gilt:

$R_{y,0-2}^0 = \frac{1}{6} \cdot 50 \cdot (4 \cdot 781,25 + 3.125,00)$ = 52.083,30 $\left[\text{cm}^4\right]$

$R_{y,2-3}^0 = \frac{1}{2} \cdot 80 \cdot (3.125,00 + 9.125,00)$ = 490.000,00 $\left[\text{cm}^4\right]$

$R_{y,0-5}^0 = \frac{1}{6} \cdot 50 \cdot (4 \cdot 7.512,02 + 12.877,75)$ = 357.715,25 $\left[\text{cm}^4\right]$

$R_{y,6-8}^0 = \frac{1}{6} \cdot 100 \cdot (4 \cdot 26.295,33 + 2 \cdot 22.002,75)$ = 2.486.447,00 $\left[\text{cm}^4\right]$

Kontrolle:

$-2 \cdot R_{y,0-2}^0 + 2 \cdot R_{y,0-5}^0 + R_{y,6-8}^0 = 3.097710,9 \; \left[\text{cm}^4\right] \triangleq I_z$

Bei der Berechnung von I_z ist zu beachten, dass auch hier die Betonplatte mit ihrer reduzierten Dicke zu berücksichtigen ist.

Bei der Berechnung des unbekannten Kreisschubflusses T_y^1 spielt das Verhältnis der Schubmoduln mit hinein, da die Berechnung des Kreisschubflusses nach Bild 4-3 auf den Gleitungen γ der Profilwände beruht.

$$\Delta u = \oint \frac{T_y^0(s)}{G \cdot t(s)} \cdot ds + T_y^1 \cdot \oint \frac{1}{G \cdot t(s)} \cdot ds =$$

$$= \frac{1}{G_a} \cdot \left(2 \cdot R_{y,0-2}^0 \cdot \frac{1}{2,5} + 2 \cdot R_{y,2-3}^0 \cdot \frac{1}{1,5} + R_{y,6-8}^0 \cdot \frac{1}{25 \cdot \frac{1}{n_G}} \right) +$$

$$+ T_y^1 \cdot \frac{1}{G_a} \cdot \left(\frac{2 \cdot 80}{1,5} + \frac{100}{2,5} + \frac{100}{25 \cdot \frac{1}{n_G}} \right) = 0$$

$\Leftrightarrow T_y^1 = -7.855,85 \; \left[\text{cm}^3\right]$

Bild 4-14 zeigt den endgültigen Einheitsschubfluss T_y.

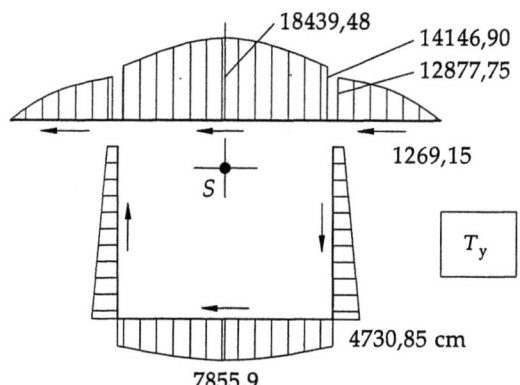

Bild 4-14 Einheitsschubfluss T_y für eine Querkraft V_y

Die Berechnung führt auf ein Ergebnis, das man weitgehend voraussagen konnte. Obwohl die rechnerische Dicke der Betonplatte nur bei etwa 34 mm liegt, ist dieser Teil des Verbundquerschnitts trotzdem so steif, dass die Horizontallast F_y fast vollständig von der Betonplatte abgetragen wird. Der Stahluntergurt übernimmt nur etwa 18 % der Horizontallast.

Die Betonplatte ist daher als Rechteckquerschnitt so zu bewehren, dass die Last F_y als Querkraft abgetragen werden kann, siehe Kap. 5.2.

5 Querkraftschubspannungen in dickwandigen und massiven Querschnitten

5.1 Genauer Verlauf der Querkraftschubspannungen in Rechteckquerschnitten

Bei der genauen Berechnung der Schubspannungen infolge Querkraftbiegung in einem Stab wird die Voraussetzung, dass die Schubverzerrungen vernachlässigbar klein seien, fallengelassen. Die Differentialgleichungen dieses Problems wurden u. a. von *Weber* (1924) hergeleitet, genaue Lösungen liegen jedoch nur für einige wenige Querschnittsformen vor. Ein numerisches Lösungsverfahren mit Hilfe der Potentialtheorie wurde von *Sauer* (1980) entwickelt.

Für den Rechteckquerschnitt hat *Weber* (1924) die genaue Lösung in Form einer unendlichen Reihe angegeben, aus der man die Schubspannungen in folgender Form erhält:

$$\tau_{xy} = \frac{V_z}{A} \cdot \left(\frac{6 \cdot \alpha^2 \cdot \mu}{\pi^2 \cdot (1+\mu)} \cdot \sum_{k=1}^{\infty} (-1)^k \cdot \frac{1}{k^2} \cdot \sin(k \cdot \pi \cdot \eta) \cdot \frac{\sinh\left(\frac{k \cdot \pi \cdot \xi}{\alpha}\right)}{\cosh\left(\frac{k \cdot \pi}{\alpha}\right)} \right)$$

$$\tau_{xz} = \frac{V_z}{A} \cdot \left(\frac{3}{2} \cdot (1-\xi^2) + \frac{3 \cdot \mu \cdot \alpha^2}{2 \cdot (1+\mu)} \cdot \left(\eta^2 - \frac{1}{3}\right) \right.$$

$$\left. - \frac{6 \cdot \mu \cdot \alpha^2}{\pi^2 \cdot (1+\mu)} \cdot \sum_{k=1}^{\infty} (-1)^k \cdot \frac{1}{k^2} \cdot \cos(k \cdot \pi \cdot \eta) \cdot \frac{\cosh\left(\frac{k \cdot \pi \cdot \xi}{\alpha}\right)}{\cosh\left(\frac{k \cdot \pi}{\alpha}\right)} \right) \quad (5.1)$$

mit

$A = b \cdot h$

$\eta = \dfrac{2 \cdot y}{b}$

$\xi = \dfrac{2 \cdot z}{h}$

$\alpha = \dfrac{b}{h}$

μ Querdehnzahl; für Stahl gilt $\mu_a = 0{,}3$

5 Querkraftschubspannungen in dickwandigen und massiven Querschnitten

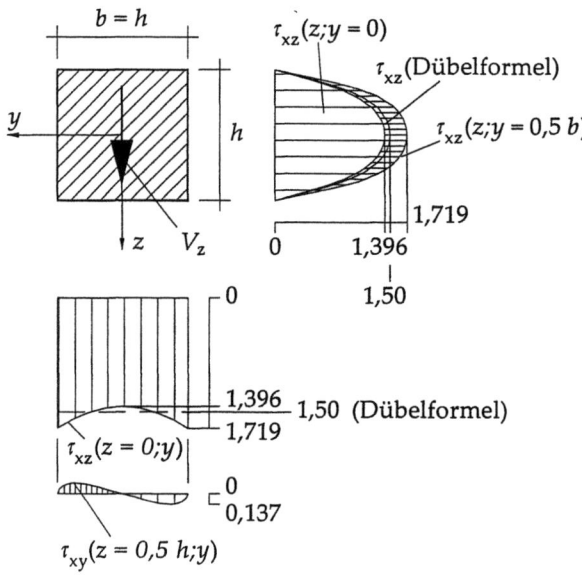

Bild 5-1 Schubspannungen in einem massiven Quadratquerschnitt, bezogen auf $V_z/A = 1$

Für einen quadratischen Querschnitt und für einen Rechteckquerschnitt mit $\alpha = 4$ wurden die Gleichungen (5.1) numerisch ausgewertet und in den Bild 5-1 und Bild 5-2 aufgetragen. Die Dübelformel nach Gleichung (2.17) liefert unter der Annahme einer konstanten Schubspannungsverteilung über die Breite b den Maximalwert

$$\max \tau_{xz} = 1{,}5 \cdot \frac{V_z}{A}$$

der mit zunehmendem α jedoch immer ungenauer wird:

$\alpha = \dfrac{b}{h}$	0	0,10	0,25	0,50	1	2	4	6
$\max \tau_{xz}$	1,500	1,502	1,514	1,558	1,719	2,186	3,210	4,238
$\max \tau_{xy}$	I0,000	0,001	0,009	0,034	0,137	0,518	1,608	2,796

$$\max \tau = \max \tau(\alpha) \cdot \frac{V_z}{A}$$

5.2 Querkraftschub in massiven Stahlbetonquerschnitten

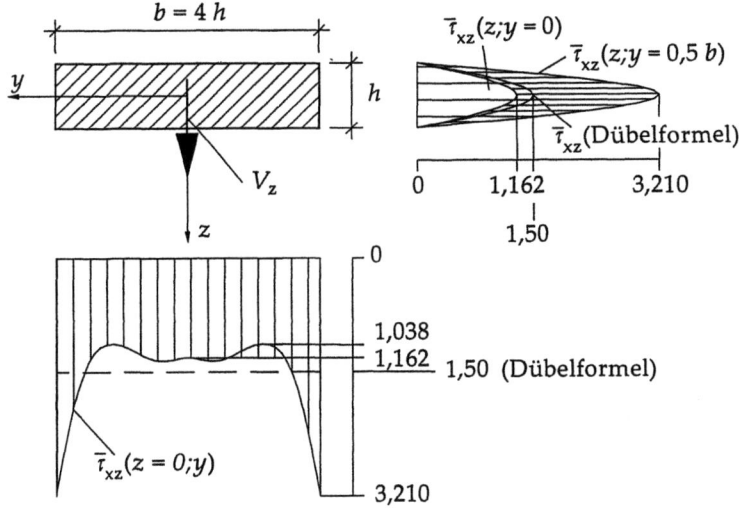

Bild 5-2 Schubspannungen in einem massiven Rechteckquerschnitt mit $\alpha = 4$, bezogen auf $V_z/A = 1$

5.2 Querkraftschub in massiven Stahlbetonquerschnitten

Die bedeutungsvollste Voraussetzung der Technischen Elastizitätstheorie ist die des linearelastischen Werkstoffgesetzes, auf dem folglich auch die Dübelformel beruht. Beim Werkstoff Beton ist diese Voraussetzung nur für geringe Beanspruchungen erfüllt. Hinzu kommt, dass der Beton nur eine geringe Zugfestigkeit aufweist. In den Zugbereichen eines Querschnitts treten sehr bald Zugrisse auf (Zustand II), für die weitere Lastübertragung fallen diese Querschnittsbereiche für Zugbeanspruchungen dann aus. Die wirksame Querschnittsform ist somit von der Höhe der Beanspruchung abhängig.

Bei massiven nicht vorgespannten Stahlbetonquerschnitten kann man daher nur bei sehr geringen Schubbeanspruchungen erwarten, dass sich die nach der Dübelformel (2.8) oder nach der genaueren Formel (5.1) berechneten Schubspannungen auch wirklich einstellen. Normalerweise geht man daher von einer anderen Abtragung der Querkräfte als ausschließlich über Schubkräfte im Querschnitt aus. Aus dem Zusammenspiel zwischen dem Beton und der Bewehrung wurde ein Tragmodell, das „Fachwerkmodell", entwickelt, das die Abtragung der Querkräfte übernimmt. Die Berechnung der „Stabkräfte" dieses Fachwerkmodells hat mit der Dübelformel nichts mehr zu tun.

102 5 Querkraftschubspannungen in dickwandigen und massiven Querschnitten

Die Dübelformel dient eigentlich nur noch dazu, die Entwicklung dieses Fachwerkmodells zu verstehen. Hier soll daher auch nur auf diese grundsätzliche Wirkungsweise des Fachwerkmodells eingegangen werden, ohne jedoch alle Details der Bemessung des Stahlbetonträgers nachzuvollziehen. Hinzu kommt, dass an mehreren Stellen im Nachweis mit empirisch getroffenen Annahmen zu arbeiten ist, die nichts mit den hier behandelten theoretischen Grundlagen zu tun haben.

Bei einem Rechteckquerschnitt stellen sich nach Bild 5-1 Querkraftschubspannungen τ_{xz} ein, die über die Querschnittsbreite nahezu konstant sind. Nach Bild 1-3 sind dann gleich große Schubspannungen in den zugehörigen Längsschnitten vorhanden. In Schnittebenen, die um den Winkel θ gegen die Stabachse geneigt sind, treten daher Hauptzug- und Druckspannungen auf, die ebenfalls die Größe von τ_{xz} haben, siehe Bild 5-3.

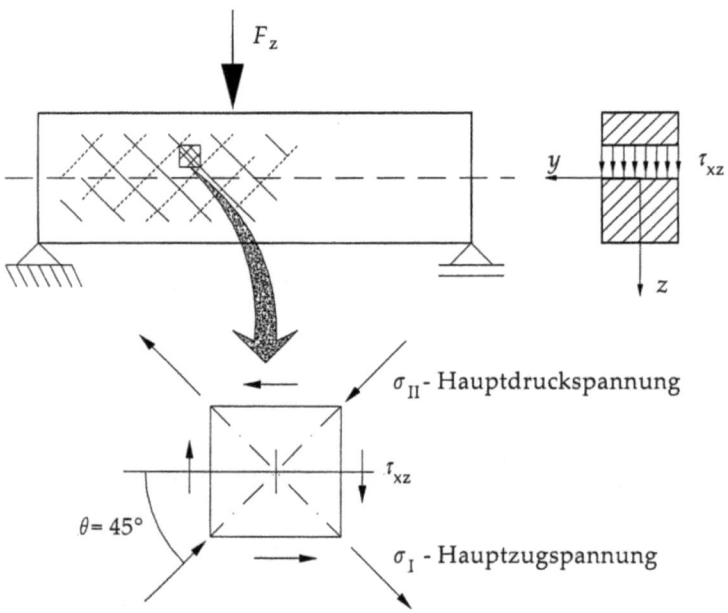

Bild 5-3 Richtung der Hauptzug- und Hauptdruckspannungen infolge Querkraftschub im Rechteckquerschnitt

Unter größeren Beanspruchungen sind daher schräg verlaufende Risse infolge der Schubbeanspruchung im Beton zu erwarten, die etwa rechtwinklig zur Richtung der Hauptzugspannungen verlaufen und ebenfalls unter dem Winkel θ gegen die Stabachse geneigt sind. Sie begrenzen bei unbewehrten Betonträgern die aufnehmbare

5.2 Querkraftschub in massiven Stahlbetonquerschnitten

Querkraft. Bei bewehrten Stahlbetonträgern wird von dieser Laststufe ab das Fachwerkmodell zur weiteren Lastabtragung wirksam.

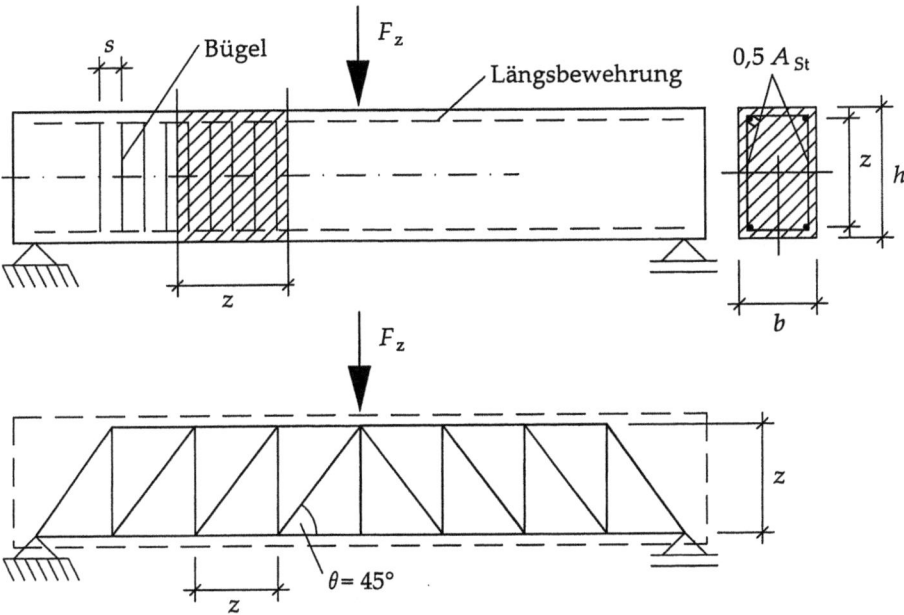

Bild 5-4 Definition des Fachwerkmodells zur Abtragung von Querkräften in bewehrten Stahlbetonträgern

Dieses Fachwerkmodell besteht nach Bild 5-4 aus Gurten, Vertikalen (Pfosten) und Diagonalen. Mit Ausnahme des Untergurtes, der mit der Zugbewehrung identisch ist, sind die übrigen „Stäbe" dieses Fachwerkträgers jedoch nicht direkt vorgegeben, sondern nur über die Tragwirkung des Trägers als solche zu interpretieren.

Der Obergurt entspricht der Resultierenden der Betondruckzone im Abstand z von der Zugbewehrung. Auch die Druckdiagonalen werden vom Beton gebildet, sie wurden von *Mörsch* (1923 – 1935), auf der sicheren Seite liegend, vereinfachend unter dem Winkel $\theta = 45°$ verlaufend angenommen, siehe Bild 5-4. Damit haben die gedachten Vertikalen einen Abstand, der mit dem inneren Hebelarm z übereinstimmt. Die Zugkraft in diesen Vertikalen wird der Querkraftbewehrung zugeordnet, die dann allerdings feiner verteilt wird.

Dabei muss beachtet werden, dass die Neigung θ der Diagonalen heute (siehe DIN 1045-1, Ausg. 2001) in gewissen Grenzen frei wählbar ist. Die untere Grenze ist in Abhängigkeit der übertragbaren Rissreibungskraft und einer eventuell einwirkenden

Längskraft bestimmt. In der DIN 1045-1 wird für den Neigungswinkel der Druckstreben θ folgender Bereich formuliert:

$$\cot\theta \leq \frac{1{,}2-1{,}4\cdot\dfrac{\sigma_{cd}}{f_{cd}}}{1-\dfrac{V_{Rd,c}}{V_{Ed}}} \leq \begin{cases} 3{,}0 & (18{,}5°) \text{ für Normalbeton} \\ 2{,}0 & (26{,}5°) \text{ für Leichtbeton} \end{cases} \qquad (5.2)$$

In der Regel braucht ein größerer Winkel als $\theta = 45°$ nicht angenommen zu werden, siehe *Betonkalender* 2001. Für weitere Informationen und den exakten Definitionen der einzelnen Komponenten in Gleichung (5.2) wird an dieser Stelle auf die DIN 1045-1 verwiesen. Im Folgenden wird vereinfachend für die Neigung der Druckstreben ein Winkel von $\theta = 45°$ angenommen und damit die Rissreibungskräfte, auf der sicheren Seite liegend, vernachlässigt.

Die Stabkräfte des Fachwerkmodells werden über Gleichgewichtsbedingungen ermittelt. Die Querkraft V_z wird von den Diagonalen D_c als Druckkraft übertragen, in den vertikalen Pfosten P muss dann eine Zugkraft vorhanden sein:

$$D_c = -V_z \cdot \sqrt{2} \qquad (Druck)$$
$$P = +V_z \qquad (Zug)$$

Die Zugkraft der vertikalen Posten muss von der Bewehrung aufgenommen werden. Als Bewehrung werden normalerweise Bügel angeordnet. Sie sind weniger aufwendig als Schrägbewehrungen, die auf Grund des Rissbildes eigentlich die optimale Bewehrung darstellen. Die Bügel haben den Abstand s, siehe Bild 5-4.

Die über die Strecke z vorhandenen Bügel werden zum Vertikalstab P zusammengezogen, der somit eine ideelle Fläche A_P erhält.

$$A_P = A_s \cdot \frac{z}{s}$$

mit

A_s Querschnittsfläche eines Bügels

Dabei ist zu beachten, dass die Bügel zweischnittig beansprucht werden, der Bügelquerschnitt ist zweifach einzusetzen. Bei mehrschnittiger Beanspruchung ist entsprechend vorzugehen. Über die Spannung σ_s

$$\sigma_s = \frac{P}{A_P} = \frac{V_z}{A_s}\cdot\frac{s}{z}$$

lässt sich bei vorgegebenem Abstand s die erforderliche Bügelbewehrung ermitteln.

Für die Druckdiagonale im Beton wird eine ideelle Breite h_D nach Bild 5-5 angenommen, so dass der Spannungsnachweis für den Beton lautet:

5.3 Querkraftschub im Flansch von Plattenbalken

$$\sigma_c = \frac{D_c}{h_D \cdot b} = \frac{V_z \cdot \sqrt{2}}{b \cdot z \cdot \frac{1}{2} \cdot \sqrt{2}} = \frac{2 \cdot V_z}{b \cdot z}$$

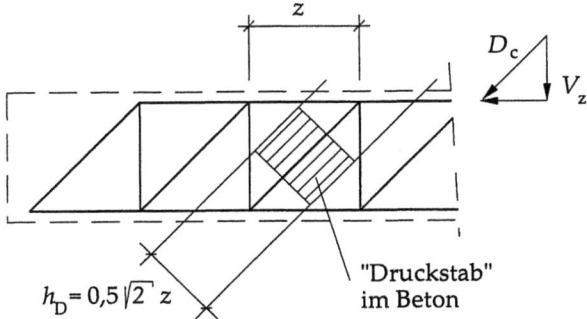

Bild 5-5 Definition des ideellen Betondruckstabes im Fachwerkmodell

Wie hoch die Druckfestigkeit des Betons für diesen Nachweis ausgenutzt werden kann, regelt die Vorschrift DIN 1045-1.

Dieser Nachweis der Querkraftbeanspruchung mit Hilfe des Fachwerkmodells wurde über Versuche bestätigt. Dabei zeigte sich, dass der ungerissene Biegedruckbereich des Betons einen Teil der Querkraft direkt zu den Lagern abträgt. Es wurde daher ein modifiziertes Fachwerkmodell für den nicht Querkraftbewehrten Balken entwickelt, dessen Obergurt ein durchlaufender biegesteifer Träger mit zusätzlicher Bogenwirkung ist. Für den Querkraftbewehrten Balken kann ein genaueres Lastabtragungsmodell, das auch Rissreibungskräfte beachtet, nach *Reineck* (1998) angesetzt werden, vgl. DIN 1045-1; ein Beispiel ist in Kap. 9.6.1.

5.3 Querkraftschub im Flansch von Plattenbalken

Flansche von Plattenbalken, I-Trägern oder auch von Hohlkästen übertragen Schubkräfte im Schnitt zwischen dem Flansch und dem Steg des Trägers, siehe Bild 5-6. Diese Schubkräfte sind nicht mit der Querkraft identisch, in diesem Fall muss im Zustand I die Dübelformel (2.8) zur Berechnung der Schubkraft T_1 im Schnitt 1-1 herangezogen werden. Gleichzeitig wird angenommen, dass der Neigungswinkel $\theta = 45°$ beträgt. Die Druckzone des Betons wird dabei näherungsweise mit der Gesamtfläche des Flansches gleichgesetzt. Diese Vorgehensweise gilt allerdings nur für den Zustand I. Im Zustand II wird das im Kap. 5.2 beschriebene Fachwerkmodell angewandt.

5 Querkraftschubspannungen in dickwandigen und massiven Querschnitten

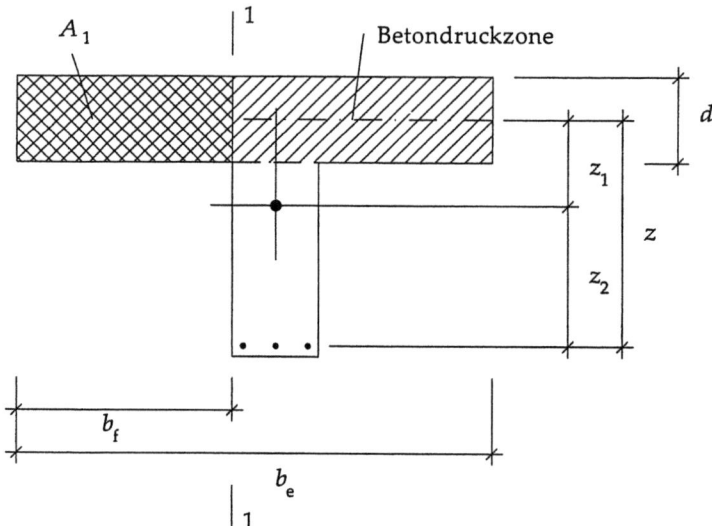

Bild 5-6 Ermittlung des Querkraftschubes im Anschnitt 1 eines Plattenbalkens

Im Zustand I gilt unter den zuvor getroffenen Annahmen folgende Aussagen. Für die Schwerpunktsabstände und für das Flächenmoment erhält man somit

$$A = A_c \cdot \frac{1}{n_E} + A_e \qquad (5.3)$$

mit

$$n_E = \frac{E_a}{E_{cm}}$$

$$z_1 = \frac{A_e}{A} \cdot z$$

$$z_2 = \frac{A_c}{A \cdot n_E} \cdot z$$

$$I_y = A_e \cdot z_2^2 + \frac{1}{n_E} \cdot A_c \cdot z_1^2$$

Die Dübelformel ergibt somit:

$$T_1 = V_z \cdot \frac{S_1}{I_y} = V_z \cdot \frac{A \cdot \frac{1}{n} \cdot z_1}{I_y}$$

Setzt man darin die Teilfläche

$$A_1 = b_f \cdot d$$

5.3 Querkraftschub im Flansch von Plattenbalken

und die Flanschfläche

$$A_c = b_e \cdot d$$

ein, erhält man die Schubkraft im Anschnitt 1-1 zu:

$$T_1 = V_z \cdot \frac{b_f}{b_e} \cdot \frac{1}{z}$$

Zur Abtragung dieser Schubkraft wird wiederum das Fachwerkmodell genutzt, siehe Bild 5-4. Auf einen horizontalen Bügel in der Platte im Abstand s entfällt die Kraft $T_1 \cdot s$, so dass seine Beanspruchung

$$\sigma_s = \frac{T_1 \cdot s}{A_s} = \frac{V_z}{A_s} \cdot \frac{b_f}{b_e} \cdot \frac{s}{z} \qquad (5.4)$$

beträgt.

Den Zustand II regelt auch hier wieder der Nachweis über die Vorschrift.

6 Torsion

6.1 Einführung

Eine Torsionsbeanspruchung eines Trägers liegt dann vor, wenn Verdrehungen $\vartheta(x)$ um seine Längsachse auftreten und wenn sich gleichzeitig die Größe dieser Verdrehungen mit der Längskoordinate x ändert, d. h., wenn der Träger um $\vartheta'(x)$ verdrillt oder verwunden wird.

Über die äußere Einwirkung ist eine Torsionsbeanspruchung nicht immer eindeutig gekennzeichnet. Nicht nur Querlasten, die außerhalb des Schubmittelpunktes M angreifen, sondern auch Axialkräfte oder Einzelmomente können einen Träger auf Torsion beanspruchen. Umgekehrt kann bei einem Kreisträger eine konstant außermittige Querbelastung eine reine Biegebeanspruchung hervorrufen („Krempelmomente").

Die Definition der Torsionsbeanspruchung über die Schnittgrößen des Trägers ist schwieriger, da außer dem Torsionsmoment M_T nach Bild 1-10 das Wölbmoment M_W als weitere Schnittgröße hinzukommen kann, die mit keiner der bekannten sechs Schnittgrößen der Technischen Elastizitätstheorie identisch ist und eine Erweiterung dieser Theorie erfordert.

Die Torsionsbeanspruchung eines Stabes ist jedoch immer mit Schubspannungen verbunden.

6.2 Voraussetzungen

1. Die Stabachse sei gerade.

   Bei gekrümmten Trägern sind Biegung und Torsion über die geometrischen Beziehungen miteinander gekoppelt. Lösungen hierzu siehe *Becker* (1965), *Vlassow* (1965), *Dabrowski* (1968) u. a.

2. Es treten nur Verdrehungen $\vartheta(x)$ des Stabes um seine Längsachse auf, wobei sich die Drehachse frei einstellen kann. Verschiebungen v und w rechtwinklig zur Stabachse sind nicht vorhanden.

   Zur Torsion von Stäben mit konstruktiv vorgegebener Drehachse siehe *Roik* (1978).

   Die Biegung des Stabes wird mit dieser Annahme als eine unabhängige Beanspruchung vorausgesetzt. Dies gilt jedoch nicht mehr, wenn der Stab nach Theorie II. Ordnung berechnet werden soll, d. h. bei der Lösung der Kipp- und Biegedrillknickprobleme, *Roik/Carl/Lindner* (1972) u. a.

3. Querschnittsverformungen im belasteten Zustand treten nicht auf.

   Bei sehr dünnwandigen Profilen kann diese Voraussetzung hinfällig werden, insbesondere unter örtlichem Lastangriff. Eine Reihe von Lösungen für solche speziellen Probleme ist in der Literatur zu finden, so z. B. für I-Träger bei *Scheer* (1955) und *Oxfort* (1963), für dünnwandige Kastenträger, siehe Literaturhinweise in Kap. 10.1.1, oder für dünnwandige gekrümmte Rohre bei *Klöppel/Friemann* (1963).

4. Es wird ein linear elastisches Werkstoffgesetz (*Hooke*'sches Gesetz) angenommen, so dass die Gleichungen der Mathematischen Elastizitätstheorie nach Kap. 1 gültig sind.

5. Es werden relativ kleine Verdrehungen vorausgesetzt, so dass alle geometrischen Beziehungen linearisiert werden können. Zur Torsionsbeanspruchung bei großen Verdrehungen siehe *Kreuzinger* (1969), *Klöppel/Bilstein* (1972).

6. Der Querschnitt des Trägers ist abschnittsweise prismatisch. Zur Torsion von Trägern mit kontinuierlich veränderlichen Querschnitten siehe *Lee/Szabo* (1967).

6.3 Grundlegende Beziehungen

Auf Grund der Voraussetzung 3 in Kap. 6.2 können die Verschiebungen eines beliebigen Querschnittspunktes, die sich aus einer Verdrehung des Querschnitts um einen Pol D ergeben, rein geometrisch ermittelt werden. Der Kreisbogen, auf dem sich der beliebige Punkt B um D dreht, kann aufgrund des sehr kleinen Winkels ϑ durch die Tangente an den Kreisbogen ersetzt werden, siehe Bild 6-1 so dass man folgende Verschiebungskomponenten in Richtung der Koordinatenachsen erhält:

$$-v = r \cdot \vartheta(x) \cdot \sin \varphi = (z - z_D) \cdot \vartheta(x) \tag{6.1}$$

$$w = r \cdot \vartheta(x) \cdot \cos \varphi = (y - y_D) \cdot \vartheta(x) \tag{6.2}$$

$$u = u(x, y, z) \tag{6.3}$$

Die Axialverschiebung u wird zunächst in ganz allgemeiner Form angesetzt. Es ist von der Anschauung her nur schwer einsichtig, dass überhaupt Axialverschiebungen im Querschnitt auftreten sollen, die mit der Verdrehung ϑ bzw. der Verdrillung ϑ' des Stabes gekoppelt sind.

Ein Beispiel für solche Axialverschiebungen oder Verwölbungen unter einer Torsionsbeanspruchung, das sich mit Hilfe eines gerollten Blattes Papier leicht nachvollziehen lässt, wurde in Bild 6-2 skizziert. Ein offenes und ein geschlossenes Kreisrohr verhalten sich sehr unterschiedlich gegenüber einer Torsionsbelastung: Abgesehen von der geringeren Drillsteifigkeit des offenen Querschnitts, die sich in der großen

6.3 Grundlegende Beziehungen

Verdrehung ϑ_1 bei gleicher Belastung äußert, treten bei diesem Querschnitt Verwölbungen u auf.

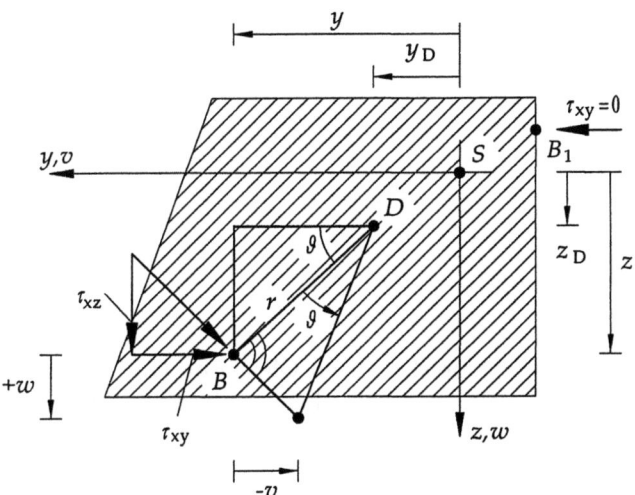

Bild 6-1 Verschiebungen v, w eines Querschnittspunktes B in der Querschnittsebene infolge ϑ

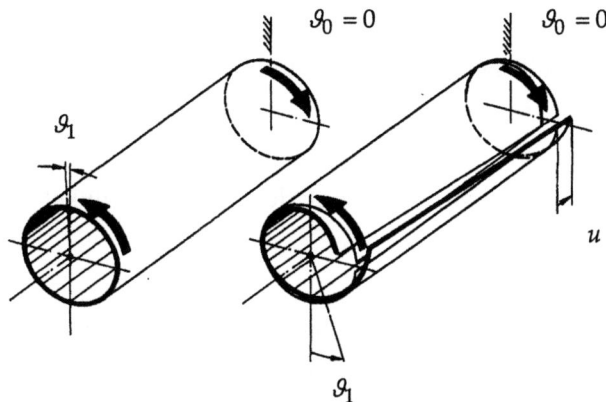

Bild 6-2 Gegenüberstellung der Torsionsverformungen bei einem geschlossenen und offenen Kreisrohr gleicher Abmessungen.

Die ursprünglich ebene Schnittfläche eines Stabes ist im Normalfall im verdrillten Zustand keine Ebene mehr, was mit der Bezeichnung Verwölbungen für die Axialverschiebungen infolge Torsion zum Ausdruck gebracht werden soll.

Für einen Stab mit einem massiven Querschnitt lässt sich allgemein nachweisen, dass die Verdrillung mit einer Verwölbung verbunden ist (*Marguerre* 1940). Greift man ein Stabelement der Länge dx heraus, so ändern sich vom negativen zum positiven Schnittufer hin die Verschiebungen v, w des Punktes B nach den Gleichungen (6.1) und (6.2) um

$$\frac{\mathrm{d}v}{\mathrm{d}x} = -(z-z_\mathrm{D})\cdot \vartheta'(x) \qquad (6.4)$$

$$\frac{\mathrm{d}w}{\mathrm{d}x} = +(y-y_\mathrm{D})\cdot \vartheta'(x) \qquad (6.5)$$

Diesen Zuwächsen der Verschiebungen entsprechen nach Gleichung (1.21) Gleitungen γ_{xy} und γ_{xz}, die über das *Hooke*'sche Gesetz (1.10) Schubspannungen τ_{xy} und τ_{xz} im Punkt B zur Folge haben, deren Resultierende rechtwinklig zum Radius $r = \widehat{DB}$ nach Bild 6-1 steht.

Für einen Punkt B_1 am Querschnittsrand jedoch kann nach der allgemeinen Aussage 1 in Kap. 2.1.1 nur eine randparallele Schubspannung vorhanden sein. Die rechtwinklig zum Rand gerichtete Komponente - für den Punkt B_1 nach Bild 6-1 die Spannung τ_{xy} - muss Null sein. Folglich kann das Element auch nicht in der x, y-Ebene verzerrt werden:

$$\gamma_{xy} = \frac{\partial u}{\partial y} + \frac{\partial v}{\partial x} = 0 \qquad (6.6)$$

Diese Bedingung kann nur dann erfüllt sein, wenn außer dem Teilwinkel

$$\gamma_2 = \frac{\partial v}{\partial x} \qquad (6.7)$$

nach Bild 1-9, der nach obiger Gleichung von ϑ' abhängt, der zweite Teilwinkel

$$\gamma_1 = \frac{\partial u}{\partial y} = -\gamma_2 \qquad (6.8)$$

vorhanden ist. Das Element B_1 dreht sich aus der x, y-Ebene heraus, wobei der Winkel γ_2 und damit auch die Verwölbung du für jeden Querschnittspunkt unterschiedlich ist.

Genauere Aussagen über Form und Größe der Verwölbungen werden an Beispielen in Kap. 7.5 gewonnen, hier wird $u(x, y, z)$ in dieser allgemeinen Form beibehalten.

Über die geometrischen Beziehungen (1.19) und (1.21) und über die *Hooke*'schen Gleichungen (1.9) und (1.10) erhält man folgende Spannungen für einen allgemeinen Querschnittspunkt B, wobei die Querdehnungszahl $\mu = 0$ gesetzt wurde:

6.3 Grundlegende Beziehungen

$$\sigma_x = E \cdot \frac{\partial u}{\partial x} \tag{6.9}$$

$$\sigma_y = E \cdot \frac{\partial v}{\partial y} = 0 \tag{6.10}$$

$$\sigma_z = E \cdot \frac{\partial w}{\partial z} = 0 \tag{6.11}$$

$$\tau_{xy} = G \cdot \left(\frac{\partial u}{\partial y} + \frac{\partial v}{\partial x} \right) = G \cdot \left(\frac{\partial u}{\partial y} - (z - z_D) \cdot \vartheta'(x) \right) \tag{6.12}$$

$$\tau_{yz} = G \cdot \left(\frac{\partial v}{\partial z} + \frac{\partial w}{\partial y} \right) = G \cdot (-\vartheta + \vartheta) = 0 \tag{6.13}$$

$$\tau_{xy} = G \cdot \left(\frac{\partial w}{\partial x} + \frac{\partial u}{\partial z} \right) = G \cdot \left(\frac{\partial u}{\partial z} + (y - y_D) \cdot \vartheta'(x) \right) \tag{6.14}$$

Die drei Gleichgewichtsaussagen (1.3) bis (1.5) schreiben sich dann in folgender Form:

$$\frac{\partial \sigma_x}{\partial x} + \frac{\partial \tau_{yx}}{\partial y} + \frac{\partial \tau_{zx}}{\partial z} = E \cdot \frac{\partial^2 u}{\partial x^2} + G \cdot \left(\frac{\partial^2 u}{\partial y^2} + \frac{\partial^2 u}{\partial z^2} \right) \tag{6.15}$$

$$\frac{\partial \tau_{xy}}{\partial x} = G \cdot \left(\frac{\partial^2 u}{\partial x \cdot \partial y} - (z - z_D) \cdot \vartheta''(x) \right) = 0 \tag{6.16}$$

$$\frac{\partial \tau_{xz}}{\partial x} = G \cdot \left(\frac{\partial^2 u}{\partial z \cdot \partial x} + (y - y_D) \cdot \vartheta''(x) \right) = 0 \tag{6.17}$$

Um das Torsionsproblem weiter lösen zu können, werden die Schubspannungen in zwei Komponenten aufgespalten. Die Gleichgewichtsbedingung Gleichung (6.15) zerfällt dann in zwei Teilausdrücke, die je für sich zu Null werden sollen:

$$\boxed{\frac{\partial \sigma_x}{\partial x} + \frac{\partial \tau_{xy,II}}{\partial y} + \frac{\partial \tau_{xz,II}}{\partial z}} + \boxed{\frac{\partial \tau_{xy,I}}{\partial y} + \frac{\partial \tau_{xz,I}}{\partial z}} = 0 \tag{6.18}$$

Mit dieser Aufspaltung der allgemeinen Torsionsbeanspruchung eines Stabes in zwei Teilspannungszustände wird hier ein mehr didaktisches Ziel verfolgt. Die Schubspannungen mit dem Index I beschreiben einen reinen Schubspannungszustand in der Querschnittsfläche, der ohne zusätzliche Normalspannungen σ_x im Gleichgewicht steht. Die *St. Venant'sche* Torsionstheorie nach Kap. 7 geht von der Voraussetzung aus, dass in einem torsionsbeanspruchten Stab eine reine Schubbeanspruchung vorherrscht, die Schubspannungen mit dem Index I entsprechen daher den *St. Venant'sche* Schubspannungen.

Nach Gleichung (6.18) sollte jedoch deutlich werden, dass diese Theorie nur für Sonderfälle, in denen die Wölbschubspannungen (mit dem Index II) vernachlässigbar klein sind oder überhaupt nicht auftreten, gültig sein kann. Im Allgemeinen sind beide Teilspannungszustände zu überlagern, wie dies in der übergeordneten Theorie der Wölbkrafttorsion geschieht.

In der Literatur werden die Gewichte normalerweise umgekehrt verteilt, indem man der historischen Entwicklung folgt, die *St. Venant'*sche Theorie als eigentliche Grundlage behandelt und die Theorie der Wölbkrafttorsion nur als einen Sonderfall anfügt.

Trotzdem wird auch hier die *St. Venant'*sche Torsionstheorie zunächst getrennt behandelt. Dies geschieht aus zwei Gründen, einmal kann sie für sehr viele praktische Fälle ausreichend genaue Ergebnisse liefern, und zum andern erleichtert sie den Einstieg in die allgemeinere Theorie der Wölbkrafttorsion.

7 St. Venant'sche Torsion für Vollquerschnitte

7.1 Ableitung der Differentialgleichung

Zusätzlich zu den in Kap. 6.2 genannten Voraussetzungen wird in der von *St. Venant* (1855) entwickelten Theorie der „reinen Torsion" eine weitere wesentliche Annahme getroffen:

Im torsionsbeanspruchten Träger herrscht ein reiner Schubspannungszustand vor, Normalspannungen σ_x sind nicht vorhanden:

$$\sigma_x \stackrel{\text{def.}}{=} 0 \tag{7.1}$$

Nach (6.9) muss die Verwölbung u des Querschnitts von x unabhängig werden:

$$\frac{\partial u}{\partial x} = 0 \quad \rightarrow \quad u = u(y,z) \tag{7.2}$$

In den zwei Gleichgewichtsbedingungen (6.16) und (6.17) werden damit die ersten Terme zu Null, so dass man für die *St. Venant*'schen Schubspannungen die folgenden Ausdrücke erhält:

$$\frac{\partial \tau_{xy,\mathrm{I}}}{\partial x} = -G \cdot (z - z_\mathrm{D}) \cdot \vartheta''(x) = 0 \tag{7.3}$$

$$\frac{\partial \tau_{xz,\mathrm{I}}}{\partial x} = +G \cdot (y - y_\mathrm{D}) \cdot \vartheta''(x) = 0 \tag{7.4}$$

Sie können nur dann erfüllt sein, wenn die zweite Ableitung der Verdrehung ϑ zu Null wird, d. h. wenn die Verwindung ϑ' konstant ist:

$$\vartheta'(x) = \text{konst.} \tag{7.5}$$

(7.5) enthält die wesentliche Bedingung der *St. Venant*'schen Torsion, die sich aus der Annahme (7.1) ergibt. Sie wird hier zunächst über die Verformung des Trägers ausgedrückt, in Kap. 7.3 jedoch auch über die Schnittgröße M_T.

Zur weiteren Ableitung steht noch die Gleichgewichtsbedingung (6.15) zur Verfügung, die – da der erste Term verschwindet – eine partielle Differentialgleichung 2. Ordnung für die Verwölbung $u(y, z)$ ergibt. In der *St. Venant*'schen Torsionstheorie spielt die Größe der Verwölbungen jedoch unmittelbar keine Rolle; sie treten auf, haben aber – sofern sie sich im Träger frei einstellen können – keinen Einfluss auf die Größe der Schubspannungen. Können sich die Verwölbungen nicht frei einstellen, verliert die Theorie ohnehin ihre Gültigkeit. Es erscheint daher sinnvoller, die

*St. Venant'*schen Schubspannungen nicht über den Umweg der Verwölbungen nach den (6.12) und (6.14) zu ermitteln, sondern einen direkteren Weg zu suchen. Dazu wird eine Spannungsfunktion (in der Literatur oft auch mit T bezeichnet; hier mit ψ, um eine Verwechselung mit dem Schubfluss zu vermeiden) definiert:

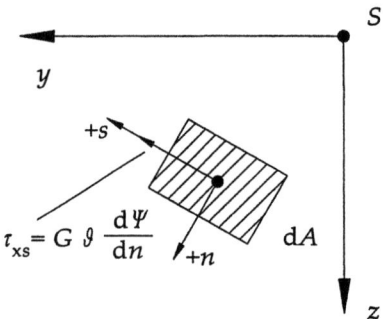

Bild 7-1 Definition der Schubspannungsfunktion ψ

$$\tau_{xs,\,I} = G \cdot \vartheta'(x) \cdot \frac{\partial \psi}{\partial n} = 0 \tag{7.6}$$

ψ(y, z) ist eine reine Querschnittsfunktion, deren partielle Ableitung nach n, multipliziert mit dem last- und werkstoffabhängigen Faktor $G \cdot \vartheta'(x)$, die Schubspannung in Richtung s liefert, siehe Bild 7-1. Die Achsen s, n, x bilden dabei ein Rechtskoordinatensystem, wobei x mit der Axialrichtung des Stabes identisch ist. Für die Spannungen in Richtung der Koordinatenachsen y, z gilt dann:

$$\tau_{xy,\,I} = G \cdot \vartheta'(x) \cdot \frac{\partial \psi}{\partial z} \tag{7.7}$$

$$\tau_{xz,\,I} = G \cdot \vartheta'(x) \cdot \frac{\partial \psi}{\partial y} \tag{7.8}$$

Die nach (7.7) und (7.8) definierten Schubspannungen der *St. Venant'*schen Torsinn erfüllen die Gleichgewichtsaussage (6.15) automatisch. Diese Besonderheit ist auch für andere Spannungsfunktionen typisch, die in der Mathematischen Elastizitätstheorie zur Berechnung von Platten, Scheiben, Schalen u. a. definiert werden.

Indem man die Schubspannungen τ_{xy} und τ_{xz} jeweils partiell nach z bzw. y differenziert und beide Ausdrücke voneinander subtrahiert, lässt sich die Verwölbung u eliminieren. Es verbleibt die folgende Differentialgleichung für ψ(y, z):

7.2 Randbedingung für die Spannungsfunktion

$$\frac{\partial(\tau_{xy,I})}{\partial z} = \frac{\partial\left(G \cdot \vartheta'(x) \cdot \frac{\partial \psi}{\partial z}\right)}{\partial z} = \frac{\partial\left(G \cdot \left[\frac{\partial u}{\partial y} - (z - z_D)\right]\vartheta'(x)\right)}{\partial z} \quad (7.9)$$

$$\frac{\partial(\tau_{xz,I})}{\partial y} = -\frac{\partial\left(G \cdot \vartheta'(x) \cdot \frac{\partial \psi}{\partial y}\right)}{\partial y} = \frac{\partial\left(G \cdot \left[\frac{\partial u}{\partial z} + (y - y_D)\right]\vartheta'(x)\right)}{\partial y} \quad (7.10)$$

$$\frac{\partial^2 \psi}{\partial y^2} + \frac{\partial^2 \psi}{\partial z^2} = \Delta \psi = -2 \quad (7.11)$$

Gleichung (7.11) wird als Potentialgleichung oder *Prandtl*'sche Spannungsfunktion bezeichnet, ihre Lösungsfunktionen werden daher als Potentialfunktionen definiert. Solche Potentialfunktionen sind in großer Zahl bekannt, die eigentliche Schwierigkeit stellt sich erst bei der Einarbeitung der Randbedingungen ein.

7.2 Randbedingung für die Spannungsfunktion ψ

Bei einem Träger, dessen Oberfläche spannungsfrei ist, müssen die Randschubspannungen in jedem Querschnitt parallel zum Querschnittrand verlaufen, siehe Bild 2-1. Diese Bedingung lässt sich hier so formulieren, dass die Komponenten beider Koordinatenspannungen nach (7.7) und (7.8) rechtwinklig zum Querschnittsrand in der Summe Null ergeben müssen, siehe Bild 7-2.

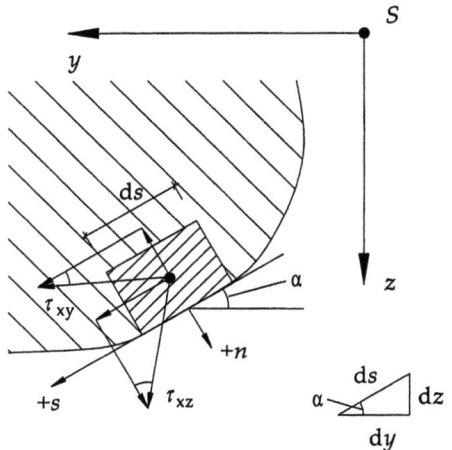

Bild 7-2 Schubspannungen am Querschnittsrand

$$\tau_{xy} \cdot \sin\alpha - \tau_{xz} \cdot \cos\alpha = 0 \tag{7.12}$$

Die zwei Winkelfunktionen lassen sich über die Komponenten dy und dz der Elementlänge ds, siehe Bild 7-2, ausdrücken, so dass man nach Einsetzen von (7.7) und (7.8) erhält:

$$G \cdot \vartheta'(x) \cdot \left(\frac{\partial \psi}{\partial z} \cdot \frac{dz}{ds} + \frac{\partial \psi}{\partial y} \cdot \frac{dy}{ds} \right) = 0 \tag{7.13}$$

Der Klammerausdruck entspricht dem vollständigen Differential der Funktion $\psi(s)$ auf dem Querschnittsrand:

$$\frac{d\psi(s)}{ds} = 0 \tag{7.14}$$

Diese Bedingung muss für jeden freien Rand eines Querschnitts erfüllt sein, was nur für

$$\psi_{Rand} = konst. \tag{7.15}$$

gegeben ist. Bei einem einfach-zusammenhängenden Querschnitt (d. h. ohne Löcher) tritt nur eine konstante Randgröße Rand auf, die zwar die absolute Größe von $\psi(y, z)$ über den ganzen Querschnitt beeinflusst, für die Berechnung der Schubspannungen nach (7.7) und (7.8) aus den Ableitungen von ψ jedoch ohne Bedeutung ist. Normalerweise wird daher für einen einfach-zusammenhängenden Querschnitt die Randbedingung mit

$$\psi_{Rand} = 0 \tag{7.16}$$

vorgegeben. Bei mehreren Querschnittsrändern wird ψ_{Rand} meist auf dem Außenrand nach (7.16) vorgegeben, auf allen Innenrändern müssen die Randwerte für ψ über zusätzliche Bedingungen berechnet werden, *Nemènyi* (1921).

7.3 Torsionswiderstand I_T und elastostatische Grundgleichung der *St. Venant'*schen Torsion

Das Torsionsmoment M_T muss als innere Schnittgröße mit der Resultierenden der *St. Venant'*schen Schubspannungen, bezogen auf den Drehpunkt D, identisch sein, siehe Bild 7-3:

7.3 Torsionswiderstand und elastostatische Grundgleichung

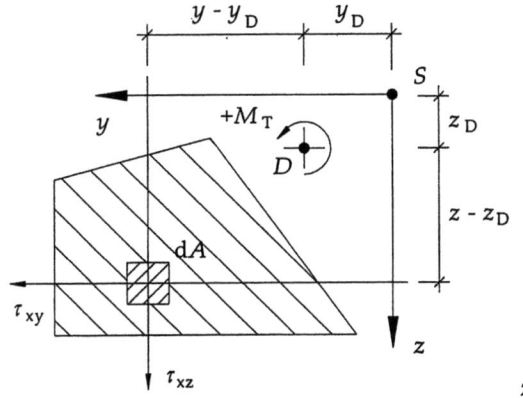

Bild 7-3 Torsionsmoment M_T als Resultierende aller Schubspannungen

$$M_{T,I} = \int_A \left[\tau_{xz,I} \cdot (y-y_D) - \tau_{xy,I} \cdot (z-z_D)\right] \cdot dA \qquad (7.17)$$

Setzt man darin die Definitionsgleichung (7.7) und (7.8) für die Schubspannungen ein, so spaltet sich der Momentenausdruck in zwei Faktoren auf, von denen der erste Faktor $G \cdot \vartheta'(x)$ wiederum last- und werkstoffabhängig ist, während das Integral eine Querschnittsgröße darstellt, die als *St. Venant*'scher Torsionswiderstand I_T definiert wird:

$$M_{T,I} = -\boxed{G \cdot \vartheta'} \cdot \boxed{\int_A \left[\frac{\partial \psi}{\partial y} \cdot (y-y_D) + \frac{\partial \psi}{\partial z} \cdot (z-z_D)\right] \cdot dA}$$

$$\downarrow \qquad\qquad\qquad \downarrow \qquad\qquad\qquad\qquad\qquad\qquad (7.18)$$

last- und werkstoffabhängige Größen

Querschnittsgröße I_T

Das Integral für I_T wird durch partielle Integration gelöst. Die Randterme, die man dabei erhält, werden aufgrund der Randbedingung (7.16) zu Null, so dass I_T unabhängig von der Lage der Drehachse D wird:

$$I_T = -\int_z \int_y \frac{\partial \psi}{\partial y} \cdot (y - y_D) \cdot dy \cdot dz - \int_y \int_z \frac{\partial \psi}{\partial z} \cdot (z - z_D) \cdot dz \cdot dy =$$

$$= -\int_z \left[\left[\psi \cdot (y - y_D) \right]_{y,\text{Rand}} - \int_y \psi \cdot dy \right] \cdot dz \qquad (7.19)$$

$$= -\int_y \left[\left[\psi \cdot (z - z_D) \right]_{z,\text{Rand}} - \int_z \psi \cdot dz \right] \cdot dy$$

St. Venant'scher Torsionswiderstand I_T:

$$I_T = 2 \cdot \int_y \int_z \psi(y,z) \cdot dy \cdot dz \qquad (7.20)$$

Damit lässt sich die (7.18) verkürzt schreiben:

$$M_{T,I} = +G \cdot I_T \cdot \vartheta' \qquad (7.21)$$

Diese Gleichung wird als elastostatische Grundgleichung der *St. Venant'*schen Torsion bezeichnet. Über (7.5) lässt sich die Bedingung formulieren, die für das Torsionsmoment M_T in der *St. Venant'*schen Torsionstheorie gelten muss:

$$M_{T,I} = M_T = \text{konst.} \qquad (7.22)$$

Die Theorie setzt eine Beanspruchung mit Einwirkung als konstante Torsionsmomente voraus. Der Schubspannungszustand, der sich unter dieser Einwirkung im Träger einstellt, ist in jedem Schnitt x gleich groß; Normalspannungen σ_x treten nicht auf. Die Verwölbungen u, die im Allgemeinen bei einer Torsionsbeanspruchung auftreten, müssen sich unbehindert in axialer Richtung einstellen können und sind dann ebenfalls für jeden Schnitt x gleich groß.

Insbesondere die Bedingung (7.2) für die Verwölbungen u engt die Gültigkeit der *St. Venant'*schen Torsionstheorie stark ein, jede Behinderung der Verwölbungen ruft Wölbspannungen hervor, so dass sich ein anderer Spannungszustand im Träger einstellt. Nur wenn der Querschnitt wölbfrei ist oder wenn die Wölbspannungen relativ klein bleiben, kann die *St. Venant'*sche Torsionstheorie auch dann angewandt werden, wenn die oben genannten Bedingungen nicht eingehalten sind.

Es sei hier auch auf die Voraussetzung 4 nach Kap. 6.2.1 hingewiesen: Große Verdrehungen rufen Längsdehnungen und Längsspannungen hervor, so dass selbst dann die *St. Venant'*sche Torsionstheorie ihre Gültigkeit verliert, wenn die Bedingung (7.22) eingehalten ist.

7.4 Beispiele für Vollquerschnitte

Die Lösung des *St. Venant'*schen Torsionsproblems zerfällt in zwei Teilaufgaben:

1. Berechnung der lastunabhängigen Querschnittsgrößen, insbesondere der Spannungsfunktion ψ und des Torsionswiderstandes I_T
2. Berechnung der lastabhängigen Verformungen ϑ und Spannungen τ_i infolge M_T

In der Literatur wird primär die erste Teilaufgabe als eigentliche Lösung des *St. Venant'*schen Torsionsproblems angesehen. Sie ist vergleichbar mit der Ermittlung der Flächenmomente oder der statischen Momente bei Biegeproblemen. Da die Spannungsfunktion ψ nur von der Querschnittsform abhängt, lassen sich die Ergebnisse in ähnlicher Form wie die übrigen Querschnittswerte für bestimmte Profile tabellieren.

Die zweite Teilaufgabe ist einer statisch bestimmten oder unbestimmten Berechnung eines Biegeträgers vergleichbar. Sie wird hier in einem Beispiel, siehe Kap. 8.3, miteinbezogen.

Die nachfolgenden Beispiele, siehe Bild 7-4, für die Berechnung von Spannungsfunktionen wurden der Literatur entnommen und werden hier ohne weitere Herleitung mitgeteilt. Für alle anderen massiven Querschnittsformen, die im Bauwesen oder auch im Maschinenbau vorkommen, existieren keine geschlossenen Lösungen für ψ. Der Torsionswiderstand I_T und die Verteilung der Schubspannungen τ_i werden nach numerischen Verfahren ermittelt, so z. B. über das Differenzverfahren oder über Energiemethoden (*Hofferberth* 1944, *Thadani* 1963), nach der Finite-Element-Methode (*Krahula/Lauterbach* 1969, *Noor/Andersen* 1975) oder mit Hilfe von Integralverfahren (*Mehlhorn* 1970, *Sauer* 1979).

Querschnitt	Spannungsfunktion ψ	Torsions-widerstand I_T	Schubspannung $\tau_{xz'l}$
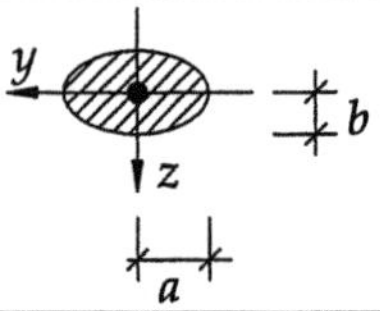 Ellipse (Halbachsen a, b)	$\dfrac{-a^2 \cdot b^2}{a^2+b^2} \cdot \left[\dfrac{y^2}{a^2}+\dfrac{z^2}{b^2}-1\right]$	$\dfrac{a^3 \cdot b^3 \cdot \pi}{a^2+b^2}$	$\dfrac{M_T}{a^3 \cdot b \cdot \pi} \cdot 2 \cdot y$
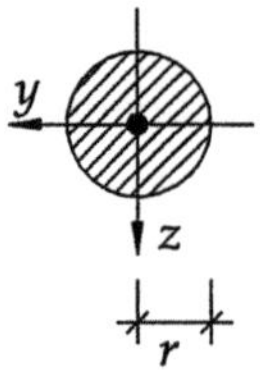 Kreis (Radius r)	$\dfrac{1}{2}\cdot\left[r^2-y^2-z^2\right]$	$\dfrac{1}{2}\cdot r^4 \cdot \pi$	$\dfrac{M_T}{r^4 \cdot \pi} \cdot 2 \cdot y$
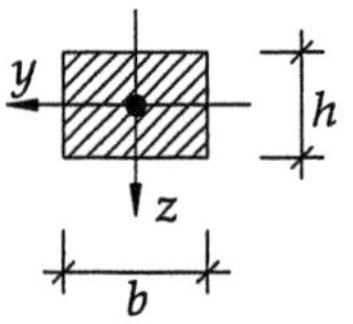 Rechteck (b, h)	$\dfrac{1}{4}\cdot b^2 - y^2 + \phi(y,z)$	$\dfrac{1}{3}\cdot b^3 \cdot h \cdot \eta$	$\dfrac{M_T}{I_T}\cdot\left[2\cdot y - \dfrac{\partial\phi}{\partial y}\right]$
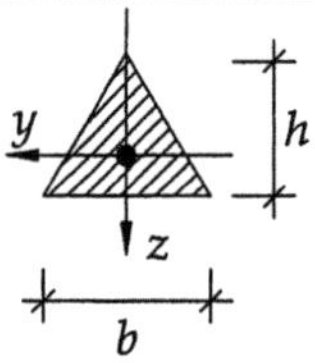 Dreieck (b, h), $h=\dfrac{b}{2}\sqrt{3}$	$\dfrac{1}{2}\cdot h^2 \cdot \left[\dfrac{-z^3}{h^3}-\dfrac{y^2}{h^2}-\dfrac{z^2}{h^2}+3\cdot\dfrac{y^2\cdot z}{h^3}+\dfrac{4}{27}\right]$	$\dfrac{1}{80}\cdot b^4 \cdot \sqrt{3}$	$\dfrac{-M_T}{b^5}\cdot 160\cdot\left[y\cdot z - \dfrac{h\cdot y}{3}\right]$

mit

$$\phi(y,z) = 8\cdot b^2 \cdot \sum_{n=0}^{\infty} \dfrac{(-1)^{n+1}}{\alpha_n^3 \cdot \cosh\left(\alpha_n \cdot \dfrac{h}{2\cdot b}\right)}\cdot\cos\left(\alpha_n\cdot\dfrac{y}{b}\right)\cdot\cosh\left(\alpha_n\cdot\dfrac{z}{b}\right)$$

$$\alpha_n = (2\cdot n + 1)\cdot \pi$$

η gemäß Bild 7-5

Bild 7-4 Torsionsfunktion ψ, Torsionswiderstand I_T und Schubspannung $\tau_{xz,l}$ für einige Querschnitte

7.5 Verwölbungen

$\dfrac{h}{b}$	1 1	1,5	2	3	4	5	6	8	10	∞
η	0,42	0,59	0,69	0,79	0,84	0,88	0,90	0,92	0,94	1,00

Bild 7-5 Hilfwerte η

7.5 Verwölbungen

Eine Torsionsaufgabe nach *St. Venant* kann gelöst werden, ohne dass überhaupt auf die Verwölbungen u eingegangen wird, da sie im üblichen Rechengang nicht mehr enthalten sind. Dadurch gerät die für die Gültigkeit der *St. Venant*'schen Torsionstheorie maßgebende Bedingung jedoch leicht in Vergessenheit, siehe Kap. 7.3. Um diesem Fehler vorzubeugen, werden hier auch im Kapitel zur *St. Venant*'schen Torsion die Verwölbungen ausführlich behandelt. Eine gute Vorkenntnis der Verwölbungen erleichtert außerdem den späteren Übergang auf die Theorie der Wölbkrafttorsion.

Aus den (7.9) und (7.10) lässt sich ein direkter Zusammenhang zwischen den Verwölbungen u und der Spannungsfunktion ψ herleiten, wobei die Werkstoffgröße G herausfällt:

$$\frac{\partial u}{\partial y} = \vartheta'(x)\cdot\frac{\partial \psi}{\partial z}+(z-z_D)\cdot\vartheta'(x) \quad = +\vartheta'(x)\cdot\left[\frac{\partial \psi}{\partial z}+(z-z_D)\right] \qquad (7.23)$$

$$\frac{\partial u}{\partial z} = -\vartheta'(x)\cdot\frac{\partial \psi}{\partial y}-(y-y_D)\cdot\vartheta'(x) \quad = -\vartheta'(x)\cdot\left[\frac{\partial \psi}{\partial y}+(y-y_D)\right] \qquad (7.24)$$

Da $\psi = \psi(y, z)$ ist, sind die Klammerausdrücke unabhängig von x, so dass sich die Verwölbung u in zwei Teilfunktionen aufspalten lässt:

$$u(x,y,z) = \vartheta'(x)\cdot \omega^D(y,z) \qquad (7.25)$$

Darin ist die Funktion $\omega^D(y, z)$ wie auch die Spannungsfunktion ψ eine reine Querschnittsgröße. Sie wird als Einheitsverwölbung bezeichnet und beschreibt die relative Größe der Wölbfläche, wenn die lastabhängige Verwindung zu $\vartheta'(x) = 1$ vorgegeben wird. Der hochgestellte Index „D" bei ω^D weist darauf hin, dass die Verwölbungen auf die Drehachse D bezogen sind.

Die Einheitsverwölbungen ω^D lassen sich durch Integration über die (7.23) und (7.24) aus der Spannungsfunktion ψ bestimmen:

$$\frac{\partial \omega^D}{\partial y} = \frac{\partial \psi}{\partial z} + (z - z_D) \tag{7.26}$$

$$\frac{\partial \omega^D}{\partial z} = -\frac{\partial \psi}{\partial y} - (y - y_D) \tag{7.27}$$

Man integriert z. B. die erste dieser zwei Gleichungen:

$$\omega^D = \int \frac{\partial \psi}{\partial z} \cdot dy + (z - z_D) \cdot y + f(z) \tag{7.28}$$

und setzt das Ergebnis für ω^D in die (7.27) ein, um die Integrationsfunktion $f(z)$ zu bestimmen:

$$\frac{\partial}{\partial z}\left[\int \frac{\partial \psi}{\partial z} \cdot dy + (z - z_D) \cdot y + f(z)\right] = -\frac{\partial \psi}{\partial y} - (y - y_D) \tag{7.29}$$

Für die in Bild 7-4 aufgeführten Querschnitte lassen sich mit Hilfe der (7.28) und (7.29) die Verwölbungen bestimmen:

Querschnitt	Einheitsverwölbungen ω^D
Ellipse	$\dfrac{b^2 - a^2}{b^2 + a^2} \cdot y \cdot z + y_D \cdot z - z_D \cdot y$
Kreis	$0 + y_D \cdot z - z_D \cdot y$
Rechteck	$y \cdot z + 8 \cdot b^2 \cdot \sum_{n=0}^{\infty} \dfrac{(-1)^{n+1}}{\alpha_n^3 \cdot \cosh\left(\alpha_n \cdot \dfrac{h}{2 \cdot b}\right)} \cdot \sin\left(\alpha_n \cdot \dfrac{y}{b}\right) \cdot \sinh\left(\alpha_n \cdot \dfrac{z}{b}\right) + y_D \cdot z - z_D \cdot y$

Bild 7-6 Einheitsverwölbung ω^D

Alle bisherigen Ergebnisse der *St. Venant*'schen Torsionstheorie (Spannungsfunktion ψ, Torsionswiderstand I_T, Verwindung ϑ, Schubspannungen τ) waren unabhängig von der Lage der Drehachse, so dass sich theoretisch jede Drehachse D im Träger einstellen könnte. Durch die Verwölbungen wird jedoch eine zusätzliche elastische Formänderungsenergie in den Träger eingebracht, deren Größe von der Lage der Drehachse abhängt. Die Drehachse wird sich daher so einstellen, dass diese Formän-

7.5 Verwölbungen

derungsenergie zu einem Minimum wird. Diese spezielle Drehachse wird als natürliche Drillruheachse bezeichnet und ist mit der Schubmittelpunktsachse M nach Kap. 3 identisch (*Kollbrunner/Basler* 1966, *Roik* 1978), siehe auch (8.29). Diese Identität gilt jedoch nicht grundsätzlich, sondern ist an die Voraussetzung gebunden, dass die Gleitungen γ aus den Querkraftschubspannungen einerseits und aus den Wölbschubspannungen andererseits vernachlässigbar klein bleiben. Hier wird von dieser Identität ausgegangen.

Daraus ergeben sich zwei Folgerungen:

1. Der Schubmittelpunkt M kann auch über die Verwölbungen ω ermittelt werden, siehe Kap. 8.4.3, so dass ein von der Querkraftmethode unabhängiges Berechnungsverfahren zur Verfügung steht.
2. Im Normalfall sind die Verwölbungen eines Trägers auf seinen Schubmittelpunkt M zu beziehen, sofern ihm nicht durch konstruktive Maßnahmen eine andere Drehachse aufgezwungen wird.

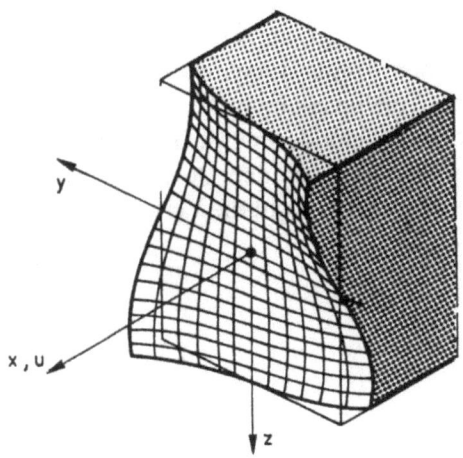

Bild 7-7 Auf den Schwerpunkt bezogene Einheitsverwölbung eines Rechteckquerschnitts

Bei doppeltsymmetrischen Querschnitten ist der Schubmittelpunkt M immer mit dem Schwerpunkt S identisch, siehe Kap. 3.1; so dass für die Gleichungen in Bild 7-6 aufgeführten Querschnitte die von D abhängigen Terme entfallen. Bild 7-7 zeigt die auf den Schubmittelpunkt $M = S$ bezogenen Einheitsverwölbungen ω^M eines Rechteckquerschnitts, die folgende Gesetzmäßigkeit erkennen lassen.

Bei einfach- und doppeltsymmetrischen Profilen ist die Wölbfläche ω^M antimetrisch zu den Symmetrieachsen, auf den Achsen selbst ist $\omega^M = 0$. Eine Sonderstellung nimmt das Kreisprofil ein; für den Schubmittelpunkt $M = S$ als Drehpunkt treten keine Verwölbungen auf. Man bezeichnet diesen Querschnitt daher als wölbfrei, die Bedingungen (7.1) und (7.2) sind immer automatisch erfüllt. Ein Träger mit einem wölbfreien Querschnitt kann auch dann nach der *St. Venant*'schen Torsionstheorie berechnet werden, wenn das Torsionsmoment M_T veränderlich ist, d. h., wenn einzelne oder verteilte Torsionsmomente am Träger angreifen. Allerdings ist dann auch die Verwindung ϑ' nicht mehr konstant, so dass die Gleichgewichtsbedingungen für das einzelne Volumenelement nicht erfüllt sind, sondern nur noch im Mittel für den gesamten Querschnitt. Die Technische Elastizitätstheorie kann über die genaue Lasteinleitung am Querschnitt keine Aussage machen.

7.6 Lagerungsbedingungen bei der *St. Venant*'schen Torsion

Um die unbehinderte Verwölbung eines torsionsbeanspruchten Trägers zu gewährleisten, wird eine spezielle Lagerung, das Gabellager, eingeführt. Bild 7-8 zeigt einen infolge M_T = konst. verdrillten und verwölbten Träger mit einem Rechteckquerschnitt. Das Stabende 1 soll das bei 2 eingeleitete Torsionsmoment M_T über seine Lagerung abtragen können, ohne dass seine Verwölbung behindert wird. Die dazu erforderliche Lagerung kann man sich als eine Gabel vorstellen, die den Querschnitt reibungsfrei umfasst und so die Verdrehung an dieser Stelle, aber nicht die Verwölbung behindert.

7.6 Lagerungsbedingungen bei der St. Venant'schen Torsion

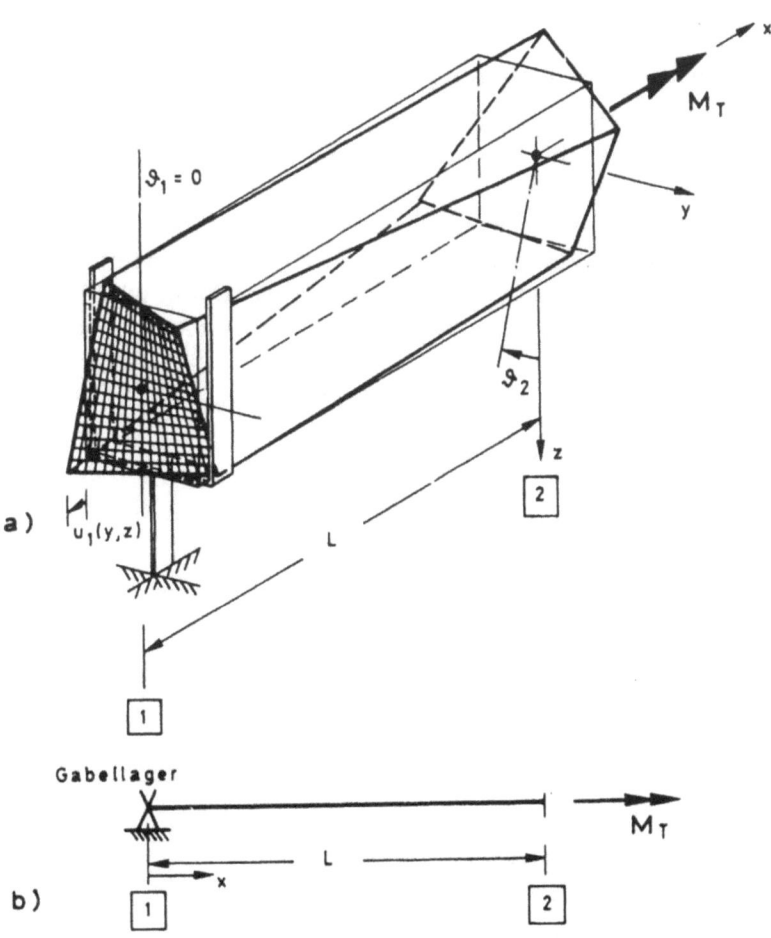

Bild 7-8 a) Verdrillung und Verwölbung eines gabelgelagerten Trägers (die Wölbfläche wurde näherungsweise linearisiert)
b) Symbolische Darstellung eines Gabellagers

In realen Konstruktionen sind normalerweise anstelle eines solchen Gabellagers Anschlüsse an andere Träger vorhanden, die die freie Verwölbung mehr oder weniger behindern. Die realistische Beurteilung der Lagerung eines torsionsbeanspruchten Trägers in einer größeren Konstruktion bereitet daher oft erhebliche Schwierigkeiten, ohne dass bis heute allgemeingültige Lösungen vorliegen. Man behilft sich in vielen

Fällen mit Grenzwertuntersuchungen, indem man einmal die unbehinderte Verwölbung voraussetzt, zum anderen eine starre Wölbeinspannung annimmt, siehe Kap. 10.

Gabellager – konstruktive Ausführung

Für die praktische Anwendung stellt sich die Frage: Welche Konstruktionen gelten als Gabellager? Die nachfolgende Zusammenstellung stellt beispielhaft eine Sammlung von Lagerungen eines I-Profils aus Stahl dar und kann auf andere Querschnittsgeometrien und Materialien übertragen werden. Wesentlicher Gesichtspunkt einer Gabellagerung ist, dass sie die Verdrehung ϑ im Lagerpunkt verhindert wird, zusätzlich können noch weitere Freiheitsgrade verhindert werden. Damit wird bei einer Gabellagerung als Lagerreaktion mindestens ein Torsionsmoment M_T vorhanden sein, siehe Kap. 10.3.3.

Beispiele für Gabellagerungen (*Schneider* 2000):

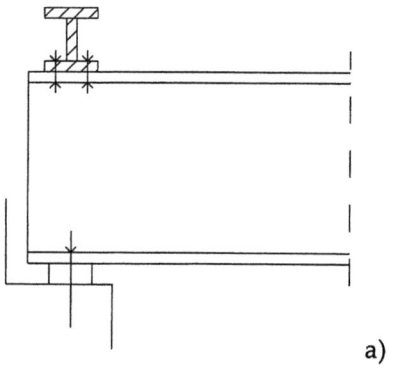 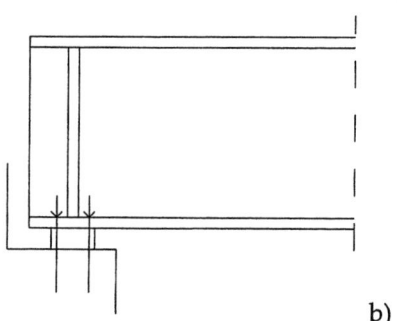

a) b)

Bild 7-9 a) Unter- und Oberflansch gehalten
b) Unterflansch gehalten und Vollsteife

7.6 Lagerungsbedingungen bei der St. Venant'schen Torsion

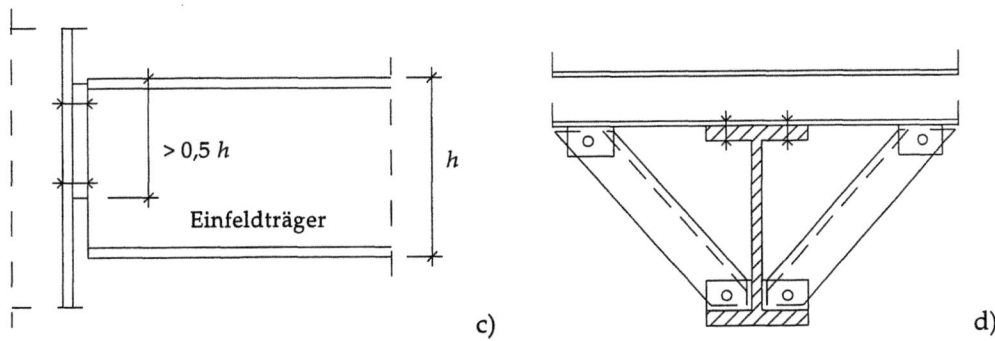

Bild 7-10 c) Gelenkiger Stirnplatteanschluss
d) Kopfband oder Kopfstrebe

Beispiele für Lagerungen, die keine Gabellager darstellen (*Schneider* 2000)

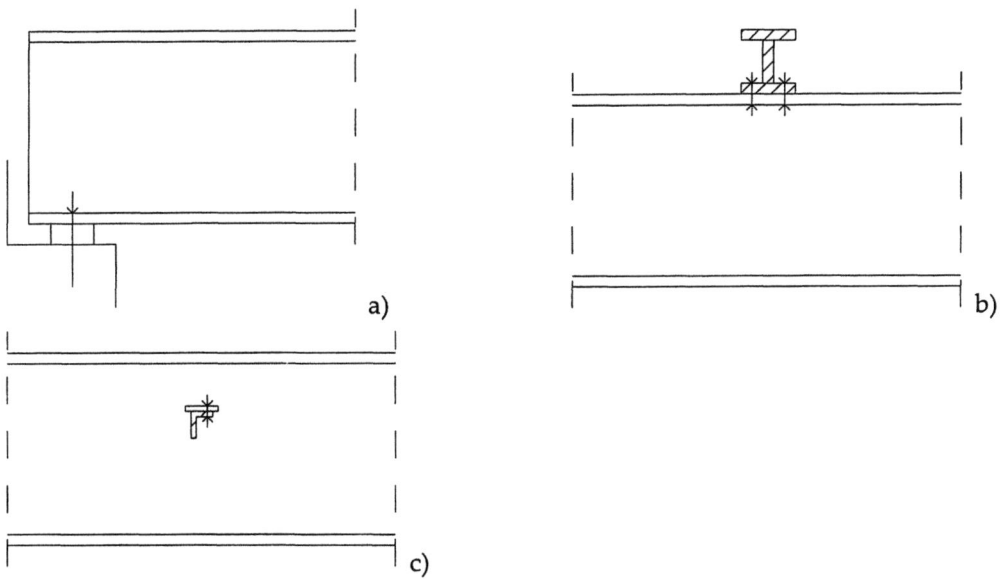

Bild 7-11 a) Unterflansch gehalten <u>ohne</u> Vollsteife
b) Oberflansch gehalten
c) Seitliche Halterung am Steg

7.7 St. Venant'sche Torsion bei rechteckigen Stahlbetonquerschnitten

Das Problem, das sich schon bei der Querkraftbeanspruchung von Stahlbetonquerschnitten einstellte, siehe Kap. 5.2, wiederholt sich bei der Torsionsbeanspruchung. Der Werkstoff Beton kann die Zugbeanspruchungen, die sich in Längsschnitten unter $\theta = 45°$ – Annahme – gegen die Stabachse einstellen, nur begrenzt verkraften. Die Zugkräfte müssen über die Bewehrung abgefangen werden.

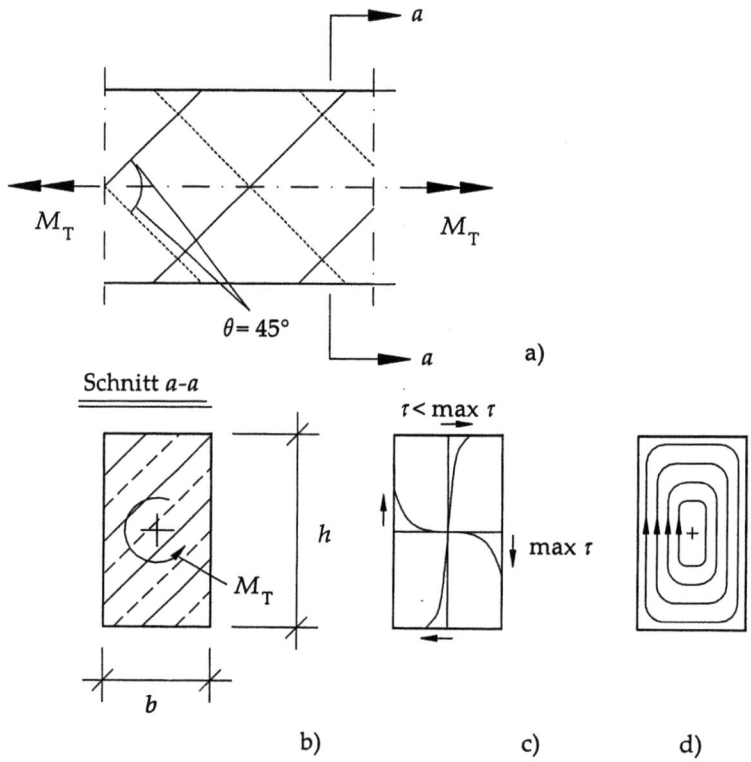

Bild 7-12 a) Neigung θ der Zugstreben infolge einer Torsionsbeanspruchung
  b) Schnitt a-a des rechteckigen Stahlbetonquerschnittes
  c) Schubspannungen im massiven Rechteckquerschnitt
  d) Verlauf des Schubflusses infolge einer Torsionsbeanspruchung im massiven Rechteckquerschnitt

Die in einem rechteckigen Stahlbetonquerschnitt im Zustand I auftretenden Beanspruchungen infolge Torsion sind in Bild 7-11 dargestellt. In Folge einer Schubspan-

7.7 St. Venant'sche Torsion bei rechteckigen Stahlbetonquerschnitten

nungsverteilung für einen massiven Rechteckquerschnitt gemäß Bild 7-4 ergibt sich ein im Querschnitt umlaufender Schubfluss, siehe Bild 7-11d).

Versuche an Stahlbetonträgern haben ergeben, dass die Abtragung einer Torsionsbeanspruchung weitgehend über die Außenschale des Querschnitts erfolgt, der Betonkern trägt fast nichts für die Lastabtragung bei und wird daher vernachlässigt. Die Bewehrungsstäbe in Längsrichtung bilden zusammen mit den Bügeln und mit der Betonaußenschale quasi einen Hohlquerschnitt, siehe Bild 7-13. Der umlaufende Schubfluss infolge der Torsionsbeanspruchung bewirkt umlaufende schräge Risse, Bild 7-14, auf allen vier Oberflächen eines Kastenträgers. Für die Berechnung des Querschnittes wird daher ein räumliches Fachwerkmodell, siehe Bild 7-15, zu Grunde gelegt, das aber deutliche Unterschiede zum Fachwerkmodell bei einer Querkraftbeanspruchung aufweist, siehe Kap. 5.2. Die Profilmittellinien verlaufen durch die Längsbewehrungen, womit auch die Dicke dieser Außenschale definiert ist.

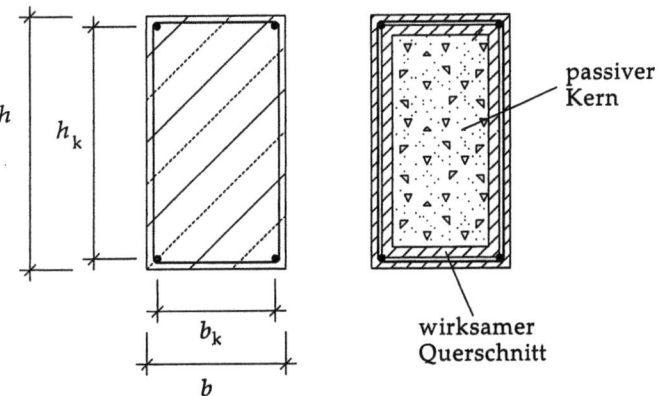

Bild 7-13 Wirksamer Querschnittsteil eines Stahlbeton-Rechteckquerschnitts unter Torsionsbeanspruchung

Die Berechnung dieses idealisierten Hohlquerschnitts für eine Torsionsbeanspruchung erfolgt wie für geschlossene Profile, siehe Kap. 9.6. Die genaue Berechnung und den Nachweis der Schubbeanspruchung infolge Torsion regelt die Vorschrift DIN 1045-1; ein Beispiel ist in Kap. 9.6.1.

7 St. Venant'sche Torsion für Vollquerschnitte

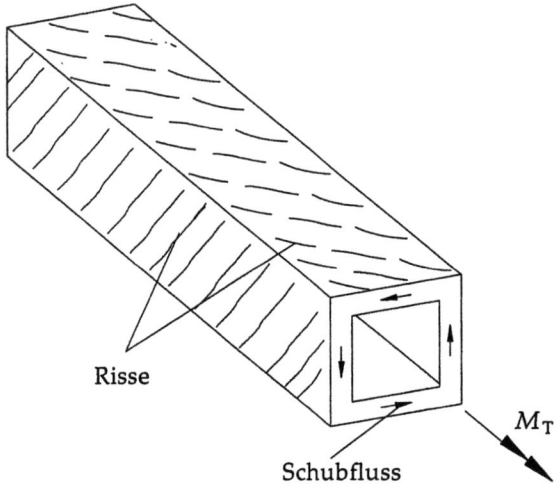

Bild 7-14 Rissbild infolge einer Torsionsbeanspruchung am ideellen Hohlkasten

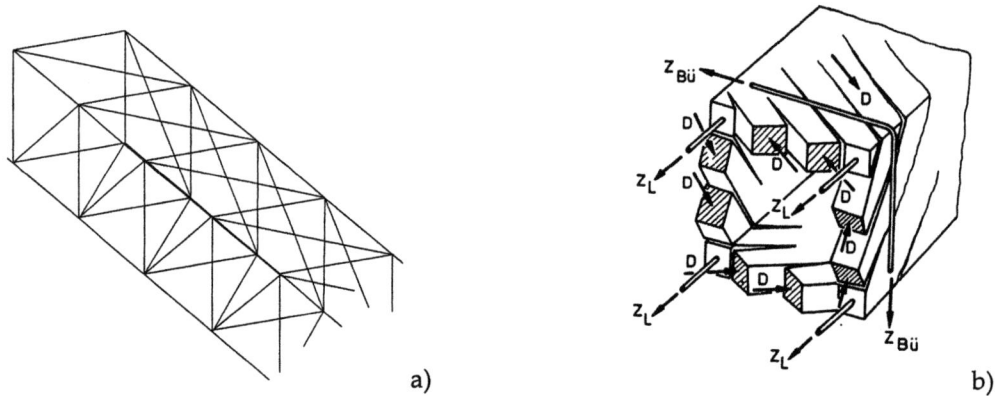

Bild 7-15 a) Fachwerkmodell
b) Innere Querschnittskräfte am Fachwerkmodell, *Fuchssteiner* (1969)

8 St. Venant'sche Torsion dünnwandiger, offener Profile

8.1 Das schmale Rechteckprofil

Ein Querschnitt wird als dünnwandig bezeichnet, wenn die Wanddicken t klein gegen die übrigen Querschnittsabmessungen sind. Ein Rechteck mit $b \ll h$ fällt unter diese Definition, wenn man die Breite b als die Wanddicke t auffasst, siehe Bild 8-1.

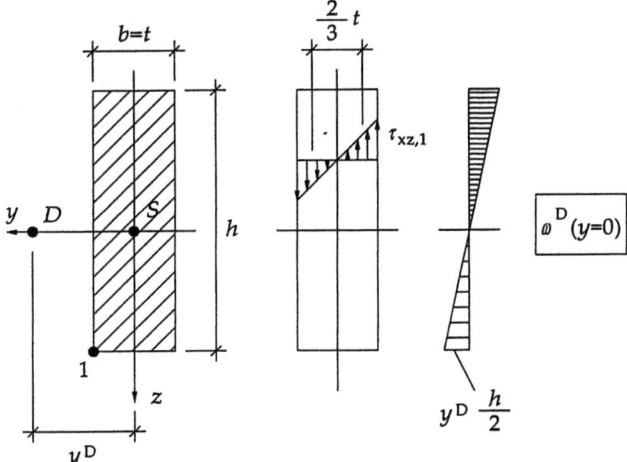

Bild 8-1 Verlauf der Schubspannungen und Verwölbungen in einem schmalen Rechteckquerschnitt

Zur Lösung des *St. Venant'schen* Torsionsproblems wird die Spannungsfunktion ψ aus der des Rechtecks nach Bild 7-4 hergeleitet, indem das Verhältnis $b/h = 0$ gesetzt wird. Durch diesen Grenzübergang wird die in Bild 7-4 definierte Hilfsfunktion $\phi = 0$, so dass man folgende Ergebnisse für den schmalen Rechteckquerschnitt erhält:

$$\psi = \frac{1}{4} \cdot t^2 - y^2 \tag{8.1}$$

$$I_T = \frac{1}{3} \cdot h \cdot t^3 \tag{8.2}$$

$$\tau_{xy,\mathrm{I}} = 0 \tag{8.3}$$

$$\tau_{xz,\mathrm{I}} = \frac{M_\mathrm{T}}{I_\mathrm{T}} \cdot 2 \cdot y \tag{8.4}$$

$$\omega^\mathrm{D} = y \cdot z + y_\mathrm{D} \cdot z - z_\mathrm{D} \cdot y \tag{8.5}$$

Die Schubspannungen $\tau_{xz,\mathrm{I}}$ sind linear über die Wanddicke t verteil, ihr Maximalwert tritt am Profilrand auf. Die Profilmittellinie ist spannungsfrei. Torsionsschubspannungen rechtwinklig zur Profilmittellinie sind nach dieser Näherungslösung nicht vorhanden. Da der Querschnitt jedoch nur endlich lang ist, führt die Näherungslösung zu den folgenden zwei Widersprüchen:

1. Die Schubspannungen $\tau_{xz,\mathrm{I}}$ sind auch an den Schmalrändern $z = \pm h/2$ vorhanden, obwohl sie dort aufgrund der allgemeinen Randbedingung für Querschnittsränder zu Null werden müssten, siehe Bild 2-1. Dieser Widerspruch lässt sich nur über die genaue Lösung für ψ nach Bild 7-4 beseitigen, ist jedoch für praktische Nachweise ohne Belang, da die Abweichungen der Näherungslösung von der genauen Lösung nur örtlich an den Profilenden auftreten.

2. Summiert man die Schubspannungen $\tau_{xz,\mathrm{I}}$ nach Bild 8-1 zum resultierenden Moment

$$\int_h \left(\frac{1}{2} \cdot \max \tau_{xz,\mathrm{I}} \cdot \frac{t}{2}\right) \cdot \left(\frac{2}{3} \cdot t\right) \cdot \mathrm{d}z = \frac{1}{6} \cdot \frac{M_\mathrm{T}}{I_\mathrm{T}} \cdot t^3 \cdot \int_h \mathrm{d}z$$

$$= \frac{1}{6} \cdot \frac{M_\mathrm{T}}{I_\mathrm{T}} \cdot t^3 \cdot h$$

auf, so fehlt beim Einsetzen von I_T nach (8.2) der Faktor 2! Die Schubspannungen $\tau_{xz,\mathrm{I}}$ entsprechen nur dem halben Torsionsmoment.

Auch dieser Widerspruch lässt sich nur über die genaue Reihenlösung für den Rechteckquerschnitt nach Bild 7-4 beheben: Sie ergibt an beiden Profilenden Schubspannungen $\tau_{xy,\mathrm{I}}$ in Dickenrichtung y, die auf der Profilmittellinie etwa die Größe von $\max \tau_{xz,\mathrm{I}}$ erreichen. Diese Schubspannungen werden mit zunehmender Entfernung von den Profilenden rasch zu Null und sind daher für den Spannungsnachweis ohne Bedeutung. Sie entsprechen insgesamt einer relativ kleinen resultierenden Schubkraft T_y an beiden Profilenden. Diese zwei Schubkräfte wirken jedoch an dem sehr viel größeren Hebelarm h und sind in der Gleichgewichtsaussage den gesamten übrigen Schubspannungen $\tau_{xz,\mathrm{I}}$ genau gleichwertig.

Die maximale Verwölbung ω^D nach (8.5) tritt in den Eckpunkten des schmalen Rechtecks auf und hat z. B. für den Punkt 1 die Größe:

$$\max \omega_1^\mathrm{D} = \frac{h}{2} \cdot \frac{t}{2} + y_\mathrm{D} \cdot \frac{h}{2} - z_\mathrm{D} \cdot \frac{t}{2} \tag{8.6}$$

8.2 Beliebige dünnwandige, offene Querschnitte

Aufgrund der Annahme $\frac{t}{h} \to 0$ für das schmale Rechteck ist der Unterschied zwischen den Verwölbungen der Profilmittellinie s und denen der Profilaußenkante $y = \pm\frac{t}{2}$ jedoch so gering, dass er normalerweise vernachlässigt werden kann. Die zwei von y abhängigen Terme in (8.5) können daher gestrichen werden, so dass für die Verwölbungen des schmalen Rechteckquerschnitts gilt:

$$\omega^D = y_D \cdot z \tag{8.7}$$

Verwölbungen der Profilmittellinie treten nur dann auf, wenn der Drehpunkt D außerhalb der Profilmittellinie liegt. Für $y_D = 0$ ist das schmale Rechteck quasi wölbfrei.

Diese Näherung wird in der Torsionstheorie auf alle dünnwandigen Querschnitte ausgedehnt: Die Verwölbungen ω werden ausschließlich für die Profilmittellinien s der Querschnitte berechnet und über die Profildicken t als konstant vorausgesetzt.

8.2 Beliebige dünnwandige, offene Querschnitte

In der *St. Venant*'schen Torsionstheorie werden alle dünnwandigen Profile so aufgefasst, als seien sie aus einzelnen schmalen Rechtecken mit jeweils konstanten Wanddicken t zusammengesetzt, siehe Bild 8-2.

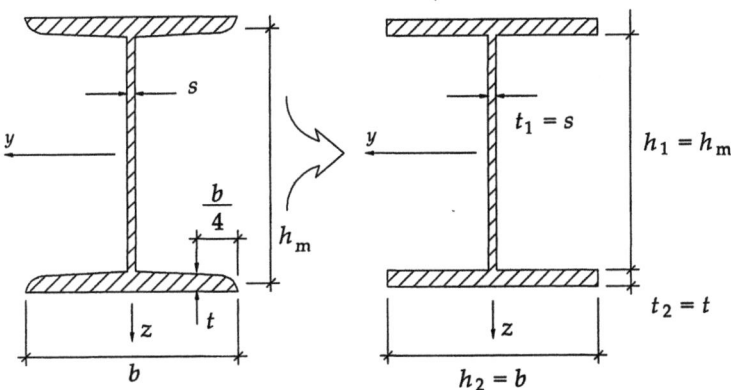

Bild 8-2 Idealisierung eines allgemeinen dünnwandigen Querschnitts zur Berechnung der Torsionskenngrößen

Jeder Teil des Querschnitts erfährt – da die Querschnittsform erhalten bleiben soll – die gleiche Verwindung ϑ' und nimmt einen seiner Torsionssteifigkeit entsprechenden Anteil des Torsionsmomentes auf:

$$M_T = \sum_i M_{T,i} = G \cdot \vartheta'(x) \cdot \sum_i I_{T,i} = G \cdot \vartheta'(x) \cdot I_{T,\text{Ges.}} \tag{8.8}$$

mit

$$I_{T,\text{Ges.}} = \frac{1}{3} \cdot \sum_i h_i \cdot t_i^3 \tag{8.9}$$

Bei Walzprofilen sind die Wanddicken meist veränderlich, außerdem erhöhen die Ausrundungsradien zwischen Steg und Flansch die Torsionssteifigkeit I_T um einen Faktor k_η, der durch Versuche von *Föppl* (1917) u. a. ermittelt wurde, siehe *Roik* (1978), *Petersen* (1982). Für Träger, deren Gurte aus genieteten oder miteinander verschweißten Blechpaketen bestehen, kann die Torsionssteifigkeit nach *Barbre* (1953), *Roik* (1978) ermittelt werden.

Die Größe der Randschubspannungen hängt von der jeweiligen Blechdicke t_i ab und wird im dicksten Querschnittsteil maximal:

$$\max \tau_{xs,I} = \frac{M_T}{I_T} \cdot \max t \tag{8.10}$$

Profil	L	C	T	I
Korrekturfaktor k_η	0,99	1,12	1,12	1,30

Bild 8-3 Korrekturfaktor k_η

8.3 Beispiel

Bei einem L-Profil liegt der Schubmittelpunkt M im Schnittpunkt beider Profilmittellinien, so dass der Querschnitt nach (8.9) quasi wölbfrei ist und auch für ein veränderliches Torsionsmoment $m_T(x)$ nach der St. Venant'schen Torsionstheorie berechnet werden kann, siehe Bild 8-4.

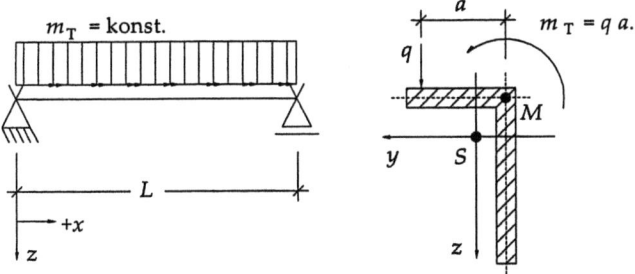

Bild 8-4 Beispiel zur Torsionsberechnung eines Stabes: System, Querschnitt und Belastung

Das System ist einfach statisch unbestimmt, da zur Berechnung der zwei Torsionsmomente an den Lagern nur eine Gleichgewichtsbedingung zur Verfügung steht. Das Torsionsmoment des rechten Lagers wird als statisch Überzählige Y_1 eingeführt. Die δ_{ik}-Werte können aus den jeweiligen M_T Flächen mit Hilfe der elastostatischen Grundgleichung (8.21) oder durch Koppeln mit Hilfe der Kopplungswerte aus Bild 2-10 ermittelt werden:

$$\delta_{ik} = \int_L \frac{M_{T,i}(x) \cdot M_{T,k}(x)}{G \cdot I_T} \cdot dx \qquad (8.11)$$

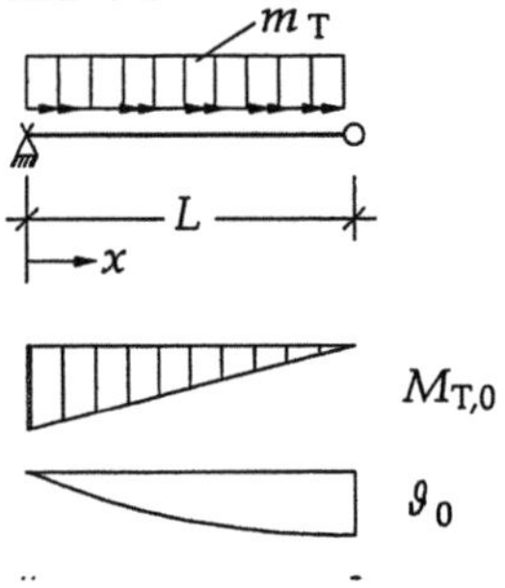 (diagram: m_T load, length L, $M_{T,0}$, ϑ_0)	$M_{T,0}(x) = m_T \cdot L \cdot \left(1 - \dfrac{x}{L}\right)$ $\vartheta_0(x) = \displaystyle\int_0^x \dfrac{M_{T,0}(x)}{G \cdot I_T} \cdot dx = \dfrac{m_T \cdot L}{G \cdot I_T} \cdot \left(x - \dfrac{x^2}{2 \cdot L}\right)$ $\vartheta_0(L) = \dfrac{1}{2} \cdot \dfrac{m_T \cdot L^2}{G \cdot I_T} = \vartheta_{10}$
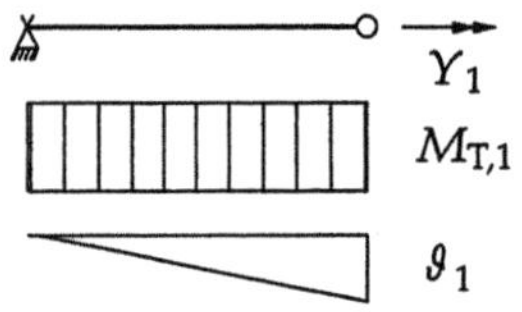 (diagram: Y_1, $M_{T,1}$, ϑ_1)	$M_{T,1}(x) = +1$ $\vartheta_1(x) = \dfrac{x}{G \cdot I_T}$ $\vartheta_1(L) = \dfrac{L}{G \cdot I_T} = \vartheta_{11}$
Verträglichkeitsbedingung:	$\vartheta_0(L) + Y_1 \cdot \vartheta_1(L) = 0$ $\rightarrow Y_1 = -\dfrac{\vartheta_{10}}{\vartheta_{11}} = -\dfrac{1}{2} \cdot m_T \cdot L$
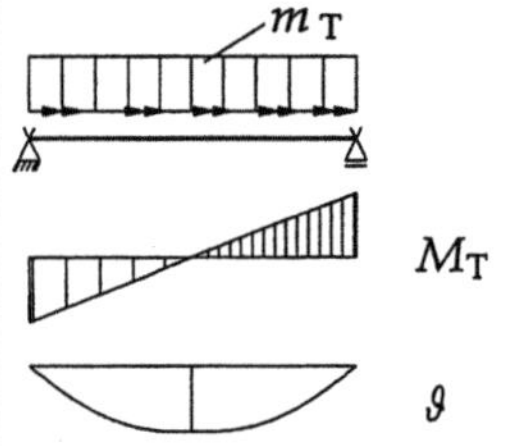 (diagram: m_T, M_T, ϑ)	$M_T(x) = m_T \cdot L \cdot \left(\dfrac{1}{2} - \dfrac{x}{L}\right)$ $\vartheta_0(x) = \dfrac{m_T \cdot L^2}{2 \cdot G \cdot I_T} \cdot \left(\dfrac{x}{L} - \dfrac{x^2}{L^2}\right)$
Schubspannung:	$\tau_{I,\max} = \dfrac{1}{2} \cdot m_T \cdot L \cdot \dfrac{t}{I_T}$

Bild 8-5 Beanspruchungen und Verformungen des Beispiels nach Bild 8-4

8.4 Verwölbungen dünnwandiger, offener Querschnitte

8.4.1 Grund- und Hauptverwölbungen

Bei allgemeinen dünnwandigen Querschnitten, die aus mehreren schmalen Rechtecken zusammengesetzt sind, stellen sich immer Verwölbungen ein, sobald kein ge-

8.4 Verwölbungen dünnwandiger, offener Querschnitte

meinsamer Schnittpunkt aller Profilmittellinien existiert, der gleichzeitig mit dem Drehpunkt D identisch ist.

Die Verwölbungen werden für die Profilmittellinie s berechnet und als konstant über die Profildicke t vorausgesetzt, siehe Kap. 8.1. Bei der Berechnung nutzt man das Ergebnis, dass die *St. Venant*'schen Schubspannungen τ_1 auf der Profilmittellinie s Null sind, siehe Bild 8-1. Alle Elemente der Profilmittellinie müssen daher verzerrungsfrei bleiben, es tritt keine Gleitung γ_{xs} auf. Verschiebungen in der Querschnittsebene infolge ϑ bzw. ϑ', siehe die Bild 6-1 und 6-2, können daher nur mit einer Drehung dieser Elemente verbunden sein.

Die Koordinate $+s$ wird von einem gewählten Anfangspunkt $s = 0$ zu allen freien Profilenden hin positiv eingeführt. Die Verschiebung eines Elementes auf der Profilmittellinie in Richtung $+s$ wird mit v_t bezeichnet. Dreht sich der Querschnitt um D, so hat v_t nach Bild 8-6 die Größe:

$$v_t = r^D \cdot \vartheta^D \cdot \cos \alpha = r_t^D \cdot \vartheta \tag{8.12}$$

r_t^D ist darin der senkrechte Abstand der Profilmittellinie im betrachteten Punkt vom Drehpunkt D. Der Abstand r_t^D ist positiv, wenn der Vektor $+s$, bezogen auf D, den gleichen Drehsinn hat wie $+\vartheta$.

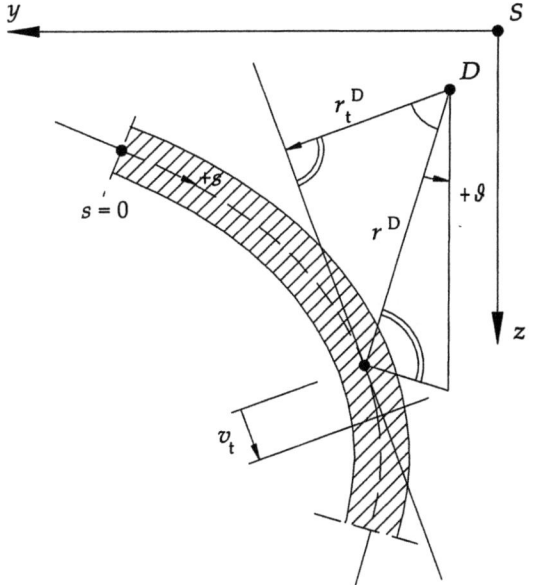

Bild 8-6 Verschiebung v_t eines Elementes auf der Profilmittellinie infolge ϑ

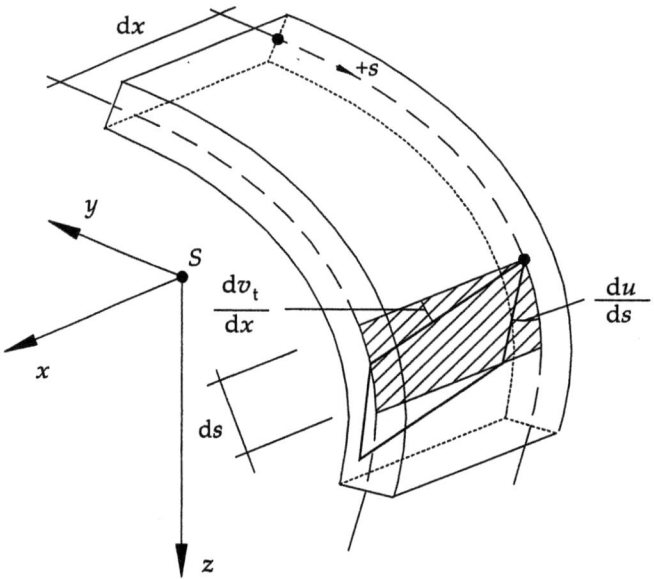

Bild 8-7 Gleitung γ_{xs} eines Elementes auf der Profilmittellinie s

Die Gleitung dieses Elementes, die nach Bild 8-7 über die Verschiebungen u und v_t ausgedrückt werden kann, muss Null sein.

$$\gamma_{xs} = \frac{\partial u}{\partial s} + \frac{\partial v_t}{\partial x} = \frac{\partial}{\partial s}\left[\vartheta'(x) \cdot \omega^D(s)\right] + \frac{\partial}{\partial x}\left[\vartheta(x) \cdot r_t^D(s)\right] = 0$$

$$\rightarrow \omega^D(s) = -\int r_t^D \cdot ds \tag{8.13}$$

Die bei der Lösung der (8.13) auftretende Integrationskonstante ω_0^D ist identisch mit der Verwölbung am Koordinatenanfangspunkt $s = 0$. Die zunächst ohne Berücksichtigung dieser Integrationskonstanten berechneten Wölbordinaten werden als Grundverwölbungen definiert:

$$\omega^D(s) = -\int_{s=0}^{s} r_t^D \cdot ds \tag{8.14}$$

Über die Integrationskonstante erhält man daraus die Hauptverwölbungen, die durch einen Querstrich gekennzeichnet sind:

$$\bar{\omega}^D(s) = \omega^D + \omega_0^D = -\int_{s=0}^{s} r_t^D \cdot ds + \omega_0^D \tag{8.15}$$

8.4.2 Umrechnung der Verwölbungen für verschiedene Drehachsen

Ändert sich der Drehpunkt, so ändern sich die Abstände r_t. Die geometrische Umrechnung zwischen zwei Abständen r_t^D und r_t^M wurde bereits in Kap. 3.2 angegeben. Mit Hilfe der Gleichungen (3.2) und (3.3) – wobei hier zunächst nur vorausgesetzt wird, dass (y, z) die Schwerpunktskoordinaten, aber nicht die Hauptkoordinaten $(\tilde{y}, \tilde{z})$ sind – erhält man:

$$r_t^M = r_t^D - (y_M - y_D) \cdot \frac{dz}{ds} + (z_M - z_D) \cdot \frac{dy}{ds} \tag{8.16}$$

Mit Hilfe dieser Umrechnungsformel kann man gemäß (8.13) die auf den Schubmittelpunkt M bezogenen Verwölbungen über r_t^D berechnen, wobei y_M und z_M zunächst unbekannt sind:

$$\omega^M(s) = -\int_{s=0}^{s} r_t^M \cdot ds = -\int_{s=0}^{s} r_t^D(s) \cdot ds + (y_M - y_D) \cdot z - (z_M - z_D) \cdot y \tag{8.17}$$

Setzt man feste Integrationsgrenzen ein, so erhält man folgende Umrechnungsformel für die Hauptverwölbungen:

$$\bar{\omega}^M(s) = \bar{\omega}^D(s) + (y_M - y_D) \cdot z - (z_M - z_D) \cdot y \tag{8.18}$$

und entsprechend für die Grundverwölbungen:

$$\omega^M(s) = \omega^D(s) + (y_M - y_D) \cdot z - (z_M - z_D) \cdot y + \left(\omega_0^D - \omega_0^M\right) \tag{8.19}$$

8.4.3 Bestimmung der Integrationskonstanten ω_0 und der Schubmittelpunktskoordinaten y_M und z_M

In Kap. 7.5 war darauf hingewiesen worden, dass sich ein torsionsbeanspruchter Träger normalerweise um seine natürliche Drillruheachse, die Schubmittelpunktsachse M, verdreht. Im Querschnitt stellen sich daher die auf den Schubmittelpunkt M bezogenen Hauptverwölbungen $\bar{\omega}^M$ ein, sofern dem Träger keine andere Drehachse aufgezwungen wird.

Diese Aussage ist in mechanische Bedingungen umzusetzen, die die Wölbfläche $\bar{\omega}^M$ erfüllen muss. Sie laufen auf die Berechnung der Integrationskonstanten ω_0 und auf die Verschiebung des beliebig gewählten Drehpunktes D in den Schubmittelpunkt M hinaus. Am leichtesten lassen sich diese Bedingungen durch einen Vorgriff auf die Theorie der Wölbkrafttorsion herleiten.

Die wesentlichste Voraussetzung der *St. Venant*'schen Torsion war nach (7.1) gewesen, dass die Normalspannungen $\sigma_x = 0$ sind. Wird diese Voraussetzung fallengelassen, wie dies in der Theorie der Wölbkrafttorsion geschieht, so werden nach (6.9) durch Einsetzen der Axialverschiebung u nach (7.25) die Normalspannungen σ_x proportional zur Einheitsverwölbung, wobei – wie oben angedeutet – die Hauptverwölbung $\bar{\omega}^M$ einzusetzen ist:

$$\sigma_x = E \cdot \frac{\partial u}{\partial x} = E \cdot \vartheta''(x) \cdot \bar{\omega}^M(y,z) \tag{8.20}$$

Normalspannungen dieser Art treten auf, sobald sich die Verwölbungen nicht mehr frei einstellen können, z. B. an einer starren Einspannung des Trägers. Da die Beanspruchung des Trägers ausschließlich aus einer Torsionsbelastung (Torsionsmoment M_T) bestehen soll, kann man für dieses Spannungsdiagramm σ_x folgende allgemeine Aussagen formulieren: Es darf als resultierende Schnittgrößen weder eine Längskraft N noch die Biegemomente M_y oder M_z enthalten:

$$N = \int_A \sigma_x \cdot dA = E \cdot \vartheta''(x) \cdot \int_A \bar{\omega}^M(s) \cdot dA = 0 \tag{8.21}$$

$$\begin{aligned} M_{\bar{y}} &= \int_A \sigma_x \cdot \bar{z} \cdot dA = E \cdot \vartheta''(x) \cdot \int_A \bar{\omega}^M(s) \cdot \bar{z} \cdot dA = 0 \\ M_{\bar{z}} &= -\int_A \sigma_x \cdot \bar{y} \cdot dA = -E \cdot \vartheta''(x) \cdot \int_A \bar{\omega}^M(s) \cdot \bar{y} \cdot dA = 0 \end{aligned} \tag{8.22}$$

Für $E \cdot \vartheta'' \neq 0$ sind die gesuchten Bedingungen, denen die Wölbfläche $\bar{\omega}^M$ genügen muss, rein querschnittsspezifisch.

Man kann diese Bedingungen auch geometrisch herleiten, ohne den Vorgriff auf die Theorie der Wölbkrafttorsion auszunutzen. Die Wölbfläche $\bar{\omega}^M$, die sich im torsionsbeanspruchten Querschnitt einstellt, darf weder eine mittlere Axialverschiebung noch Drehungen der Querschnittsebene um die y- bzw. z-Achse enthalten, da die mit diesen Verformungen gekoppelten Schnittgrößen im Träger nicht vorhanden sind.

Die erste Bedingung führt auf die Integrationskonstante ω_0:

$$\begin{aligned} \int_A \bar{\omega}^M \cdot dA &= \int_A \left(\omega^M + \omega_0^M \right) \cdot dA = 0 \\ \rightarrow \omega_0^M &= -\frac{1}{A} \cdot \int_A \omega^M(s) \cdot dA \end{aligned} \tag{8.23}$$

Über (8.18) erhält man die entsprechende Bedingung für die auf D bezogenen Verwölbungen:

8.4 Verwölbungen dünnwandiger, offener Querschnitte

$$\int_A \left(\omega^D + \omega_0^D\right) \cdot dA + (\tilde{y}_M - \tilde{y}_D) \cdot \int_A \tilde{z} \cdot dA - (\tilde{z}_M - \tilde{z}_D) \cdot \int_A \tilde{y} \cdot dA = 0$$

$$\Leftrightarrow \int_A \left(\omega^D + \omega_0^D\right) \cdot dA + (\tilde{y}_M - \tilde{y}_D) \cdot S_{\tilde{y}} - (\tilde{z}_M - \tilde{z}_D) \cdot S_{\tilde{z}} = 0 \quad (8.24)$$

$$\rightarrow \omega_0^D = -\frac{1}{A} \cdot \int_A \omega^D(s) \cdot dA$$

Die Addition der Konstanten ω_0^D zur Grundverwölbung kann man als eine Verschiebung der Bezugsfläche, von der aus die Wölbordinaten gemessen werden, deuten, so dass die positiven und negativen Teile der Wölbfläche $\bar{\omega}^D$ jeweils gleich groß werden. Dieser Flächenausgleich, der als 1. Normierung bezeichnet wird (*Roik/Carl/Lindner* 1972), kann für jede Drehachse durchgeführt werden, wobei ω_0^D sowohl von D als auch von der Wahl des Integrationsanfangspunktes $s = 0$ abhängt. ω_0^D wird zu Null, wenn bei einem symmetrischen Querschnitt der Drehpunkt D und auch der Anfangspunkt $s = 0$ auf der Symmetrieachse liegen.

Die zwei weiteren Bedingungen (8.22) können zur Berechnung der Schubmittelpunktskoordinaten herangezogen werden. Die Umrechnung der Verwölbungen auf den Schubmittelpunkt M wird als 2. Normierung bezeichnet. Mit der Transformationsgleichung (8.18), bezogen auf die Hauptachsen, erhält man:

$$\int_A \bar{\omega}^M \cdot \tilde{z} \cdot dA = \underbrace{\int_A \bar{\omega}^D \cdot \tilde{z} \cdot dA}_{=R_{\tilde{y}}^D} + (\tilde{y}_M - \tilde{y}_D) \cdot \underbrace{\int_A \tilde{z}^2 \cdot dA}_{=I_{\tilde{y}}} - (\tilde{z}_M - \tilde{z}_D) \cdot \underbrace{\int_A \tilde{y} \cdot \tilde{z} \cdot dA}_{=I_{\tilde{y}\tilde{z}}} = 0$$

(8.25)

$$\int_A \bar{\omega}^M \cdot \tilde{y} \cdot dA = \underbrace{\int_A \bar{\omega}^D \cdot \tilde{y} \cdot dA}_{=R_{\tilde{z}}^D} + (\tilde{z}_M - \tilde{z}_D) \cdot \underbrace{\int_A \tilde{y}^2 \cdot dA}_{=I_{\tilde{z}}} - (\tilde{y}_M - \tilde{y}_D) \cdot \underbrace{\int_A \tilde{y} \cdot \tilde{z} \cdot dA}_{=I_{\tilde{y}\tilde{z}}} = 0$$

Das Deviationsmoment $I_{\tilde{y}\tilde{z}}$ wird zu Null, da bei der Formulierung der Bedingungen (8.22) zunächst von den Hauptachsen ausgegangen wurde. Die ersten zwei Querschnittsintegrale werden neu definiert (*Marguerre* 1940, *Bornscheuer* 1952 u. a.) und mit R abgekürzt. Sie können sowohl über die Hauptverwölbungen als auch über die Grundverwölbungen berechnet werden, da die statischen Momente $S_{\tilde{y}}$ und $S_{\tilde{z}}$ für den Gesamtquerschnitt Null sind:

$$R^D_{\tilde{y}} = \int_A \bar{\omega}^D(s) \cdot \tilde{z} \cdot dA = \int_A \omega^D(s) \cdot \tilde{z} \cdot dA + \omega^D_0 \cdot \int_A \tilde{z} \cdot dA$$

$$= \int_A \omega^D(s) \cdot \tilde{z} \cdot dA \tag{8.26}$$

$$R^D_{\tilde{z}} = \int_A \bar{\omega}^D(s) \cdot \tilde{y} \cdot dA = \int_A \omega^D(s) \cdot \tilde{y} \cdot dA$$

Damit erhält man für die Schubmittelpunktskoordinaten im Hauptsystem des Querschnitts:

$$\tilde{y}_M - \tilde{y}_D = -\frac{R^D_{\tilde{y}}}{I_{\tilde{y}}}$$

$$\tilde{z}_M - \tilde{z}_D = +\frac{R^D_{\tilde{z}}}{I_{\tilde{z}}} \tag{8.27}$$

Man hat somit eine von der Querkraftmethode nach Kap. 3.2 unabhängige Möglichkeit, die Lage des Schubmittelpunktes zu berechnen.

Dabei lassen sich zudem noch einige Vorteile gegenüber der ersteren Methode erkennen:

1. Man kann den Drehpunkt D so günstig legen, dass die r_t^D- und die ω^D-Flächen möglichst einfach werden.

2. Da die Integrationskonstante ω_0^D die Größen R^D nicht beeinflusst, brauchen die Hauptverwölbungen $\bar{\omega}^D$ nicht bestimmt zu werden.

3. Die Bedingung (8.22), dass das σ_x-Diagramm keine resultierenden Biegemomente enthält, braucht nicht auf die Hauptachsen bezogen zu werden. Als Bezugsachsen für die Momente können zwei beliebige Schwerachsen y, z gewählt werden. Damit entfällt die vorherige Berechnung der Hauptachsen, was bei der Querkraftmethode immer erforderlich war. Allerdings werden die entsprechenden Gleichungen für die Schubmittelpunktskoordinaten komplizierter, da das Deviationsmoment I_{yz} nicht mehr verschwindet:

$$y_M - y_D = -\frac{R^D_y \cdot I_z - R^D_z \cdot I_{yz}}{I_y \cdot I_z - I_{yz}^2}$$

$$z_M - z_D = +\frac{R^D_z \cdot I_y - R^D_y \cdot I_{yz}}{I_y \cdot I_z - I_{yz}^2} \tag{8.28}$$

8.5 Beispiele

Die Identität zwischen Querkraftmittelpunkt und natürlicher Drillruheachse M lässt sich auch formal zeigen, indem man (8.22) durch partielle Integration umformt:

$$\int_0^A \overline{\omega}^M \cdot \overline{z} \cdot dA = \left(\overline{\omega}^M \cdot \int_0^s \overline{z} \cdot t \cdot ds \right)_0^{S_e} - \int_0^{S_e} \frac{\partial \overline{\omega}^M}{\partial A} \cdot \int_0^s \overline{z} \cdot t \cdot ds \cdot ds$$

$$= \left[\overline{\omega}^M \cdot T_{\overline{z}}(s) \right]_0^{S_e} + \int_A r_t^M \cdot T_{\overline{z}}(s) \cdot ds = 0 \qquad (8.29)$$

Da das statische Moment $S_{\overline{y}} = T_{\overline{z}}$ an den Profilenden zu Null wird, verbleibt nur das Integral selbst als Bedingungsgleichung, die mit (3.1) übereinstimmt.

8.5 Beispiele

Bei allen nachfolgenden Beispielen bestehen die Querschnitte aus zwei oder mehr schmalen Rechtecken, so dass die r_t-Flächen abschnittsweise konstant sind. Die Bestimmung der ω-Flächen durch Integration der r_t-Flächen vom Punkt $s = 0$ an erfordert daher keinen großen Berechnungsaufwand, die Ergebnisse können ohne Angabe einer Zwischenrechnung aufgetragen werden. Dabei sind jedoch die folgenden Gesetzmäßigkeiten über den Verlauf der Wölbordinaten zu beachten:

- An den Knoten des Querschnitts, siehe Bild 2-2, müssen die Wölbordinaten aller dort zusammenlaufenden Querschnittsteile gleich groß sein.
- Durch die Verwölbung ω wird die Axialverschiebung des Querschnitts beschrieben, die keine Sprünge aufweisen kann, wenn die Kontinuität des Profils gewahrt sein soll.
- Bei offenen, dünnwandigen Querschnitten muss $\omega(s)$ außerdem in allen geraden Profilteilen linear verlaufen, nur bei gemischt offen/geschlossenen Profilen können in geraden Profilteilen Knicke in der Wölbfläche auftreten (*Roik* 1978).

8.5.1 Wölbflächen eines I-Querschnitts

Bild 8-8 zeigt die Wölbflächen eines I-Querschnitts bei unterschiedlicher Lage der Drehachse D. Da der Integrationsanfangspunkt $s = 0$ in den Schwerpunkt gelegt wurde, ist bei diesem doppeltsymmetrischen Profil die Integrationskonstante ω_0^D in allen drei Fällen gleich Null.

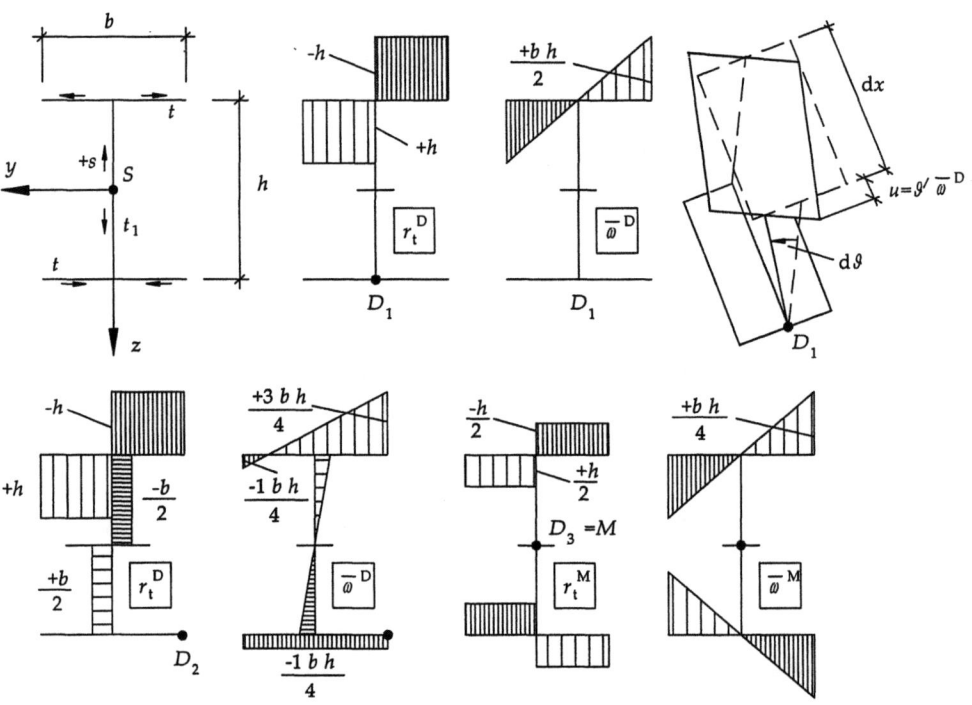

Bild 8-8 r_t^D-Flächen und Einheitsverwölbungen $\bar{\omega}_0^D$ bei unterschiedlicher Lage der Drehachse D in einem I-Profil

8.5 Beispiele

8.5.2 Wölbfläche eines C-Profils

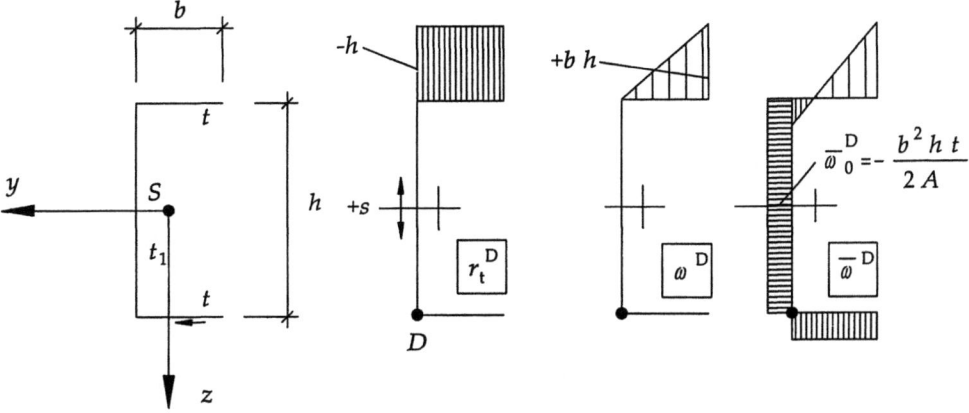

Bild 8-9 Einheitsverwölbung $\bar{\omega}_0^D$ eines C-Profils bei beliebiger Lage von D

8.5.3 Wölbfläche eines Z-Profils für $D = M = S$

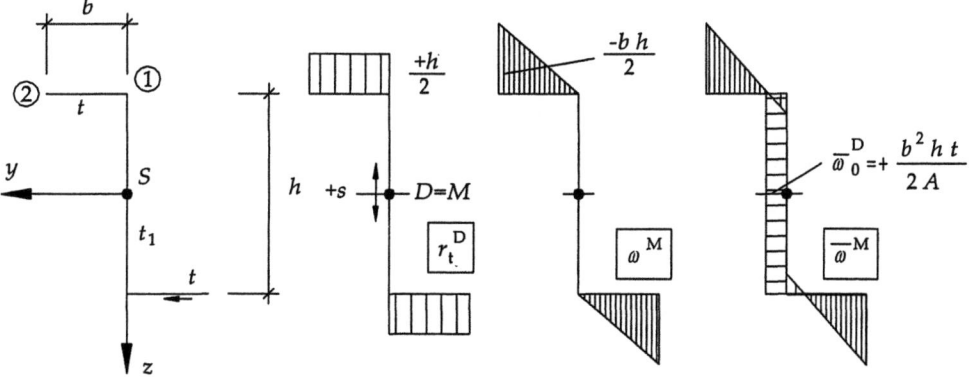

Bild 8-10 Auf den Schubmittelpunkt bezogene Wölbfläche eines Z-Profils

Am Beispiel des Z-Profils sollen die Verwölbungen nochmals veranschaulicht werden.

Bild 8-11 zeigt zunächst nur die Verdrillung des Profils. Dabei wird das Stegelement der Länge dx an seiner Vorderkante um dϑ verdreht, die rückseitige Kante bleibt fest. Da die Querschnittsformen erhalten bleiben sollen, werden auch die Vorderkanten der Flansche um den gleichen Winkel dϑ verdreht; und weil der Punkt 1 um v_1 in der Querschnittsebene verschoben wird, werden die Flansche zusätzlich in ihrer Ebene um den Winkel φ verdreht. Die daraus resultierenden Verschiebungen der Vorderkanten der Flansche in x-Richtung ergeben die Grundverwölbungen ω^M.

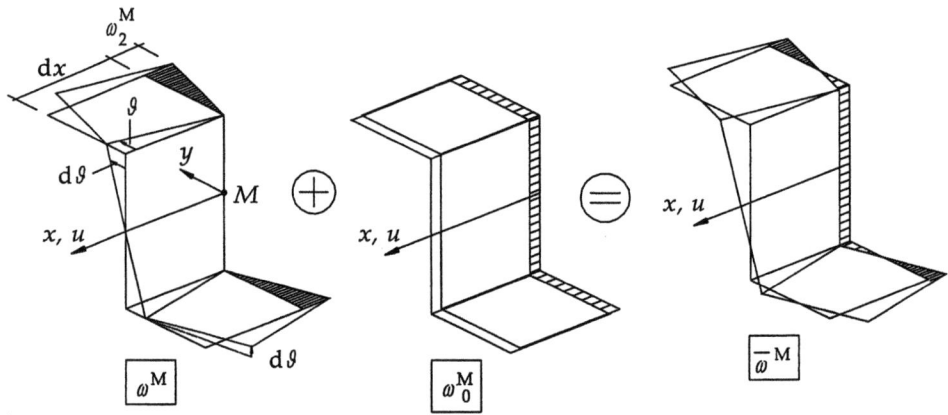

Bild 8-11 Grundverwölbungen ω^M, Integrationskonstante ω_0^M und Hauptverwölbungen $\bar{\omega}_0^M$

Diese Grundverwölbungen enthalten nur negative Anteile. Damit die Bedingung (8.21) erfüllt ist, muss ihnen die konstante Axialverschiebung ω_0^M überlagert werden, um die Hauptverwölbungen zu erhalten. Die Integrationskonstante ω_0^M ist demnach eine Starrkörperverschiebung des gesamten Querschnitts, aber keine elastische mittlere Dehnung.

8.5.4 Schubmittelpunkt eines längsgeschlitzten Rechteckrohres

Diese Aufgabe wurde bereits in Kap. 3.3.3 gelöst, so dass man den Rechenaufwand gegeneinander abwägen kann, wenn auch der Aufwand bei diesem Beispiel insgesamt gering ist.

8.5 Beispiele

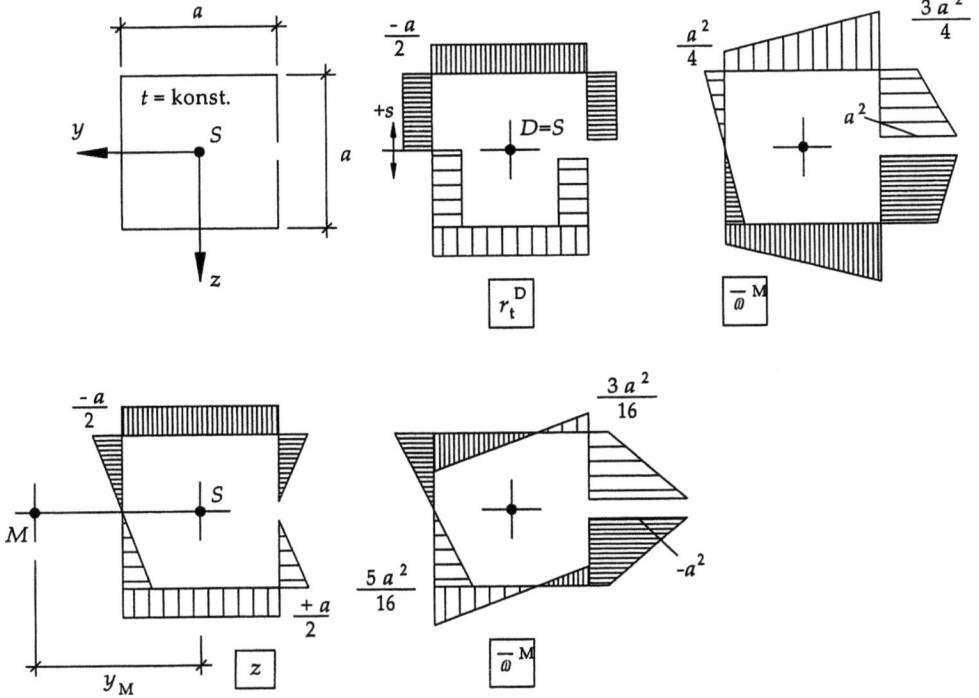

Bild 8-12 Wölbflächen eines längsgeschlitzten Quadratrohres

Bild 8-12 zeigt die über der Profilmittellinie aufgetragenen Flächen z, r_t^D und $\bar{\omega}^D$. Daraus erhält man die Größe R_y^D:

$$R_y^D = \int_A \bar{\omega}^D(s) \cdot z \cdot t \cdot ds$$

$$= -2 \cdot \left[\frac{1}{6} \cdot \frac{a}{2} \cdot t \cdot \frac{a}{2} \cdot \left(2 \cdot \frac{3}{4} \cdot a^2 + a^2\right)\right]$$

$$+ \frac{1}{2} \cdot a \cdot t \cdot \frac{a}{2} \cdot \left(\frac{3}{4} \cdot a^2 + \frac{1}{4} \cdot a^2\right) + \frac{1}{3} \cdot \frac{a}{2} \cdot t \cdot \frac{a}{2} \cdot \left(\frac{1}{4} \cdot a^2\right)$$

$$= -\frac{3}{4} \cdot a^3 \cdot t$$

und die Schubmittelpunktskoordinate y_M:

$$y_M = -\frac{R_y^D}{I_y} = +\frac{0,75 \cdot a^4 \cdot t}{0,66 \cdot a^3 \cdot t} = +1,125 \cdot a$$

$z_M = 0$ (Symmetrieachse)

Über die Transformationsgleichung (8.18) erhält man die auf den Schubmittelpunkt M bezogenen Verwölbungen, siehe Bild 8-12:

$$\bar{\omega}^M(s) = \bar{\omega}^D(s) + y_M \cdot z - z_M \cdot y = \bar{\omega}^D(s) + 1{,}125 \cdot a \cdot z$$

Für diese, auf M bezogene Wölbfläche müssen die R^M-Werte zu Null werden, was man zur Kontrolle durch Koppeln der $\bar{\omega}^M$-Fläche mit den Koordinatenflächen y bzw. z nachweisen kann.

8.5.5 Schubmittelpunkt bei einem Kammquerschnitt

Der Querschnitt, siehe Bild 8-13, ist unsymmetrisch. Die Querschnittswerte werden am Profilmittellinienmodell durch Koppeln der jeweiligen Koordinatenflächen ermittelt, ohne zuvor die Hauptachsen zu bestimmen:

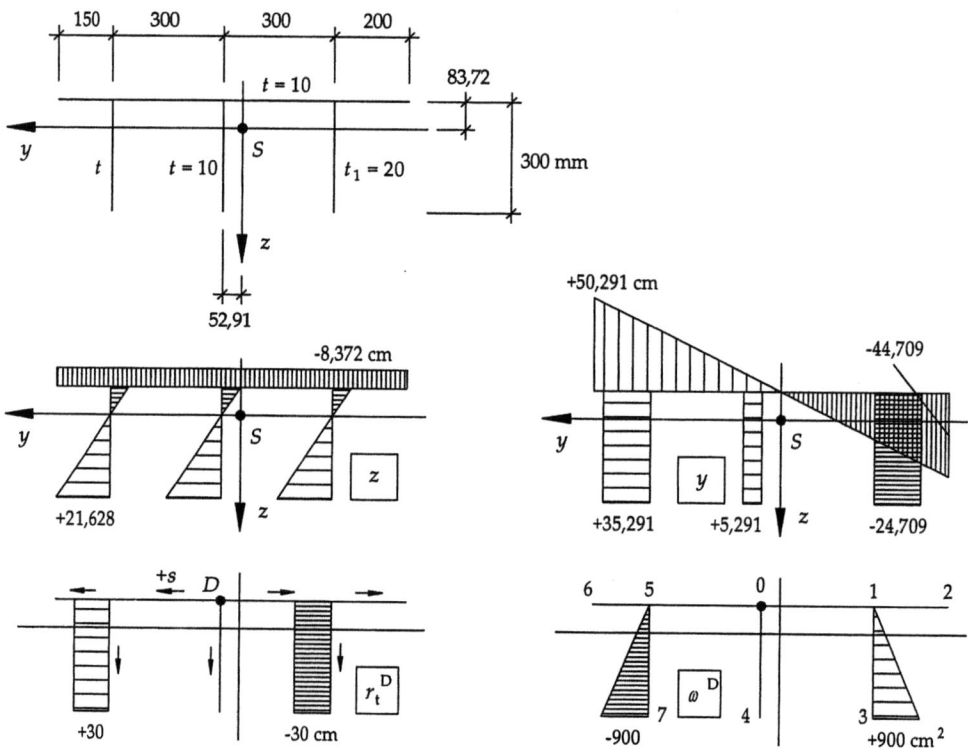

Bild 8-13 Beispiel eines unsymmetrischen Kammquerschnitts

$$I_y = \frac{1}{3} \cdot 30 \cdot \left(21,628^2 + 8,372^2 - 8,372 \cdot 21,628\right) \cdot (2 \cdot 1,0 + 2,0) + 95 \cdot 8,372^2 \cdot 1,0$$
$$= 20.930 \quad \left[\text{cm}^4\right]$$

$$I_z = 30 \cdot \left(35,291^2 \cdot 1,0 + 5,291^2 \cdot 1,0 + 24,709^2 \cdot 2,0\right)$$
$$+ \frac{1}{3} \cdot 95 \cdot 1,0 \cdot \left(50,291^2 + 44,709^2 - 50,291 \cdot 44,709\right)$$
$$= 147.024 \quad \left[\text{cm}^4\right]$$

$$I_{yz} = \frac{1}{2} \cdot 30 \cdot 1,0 \cdot (21,628 - 8,372) \cdot (35,291 + 5,291)$$
$$- \frac{1}{2} \cdot 30 \cdot 2,0 \cdot 24,709 \cdot (21,628 - 8,372)$$
$$+ \frac{1}{2} \cdot 90 \cdot 1,0 \cdot 8,372 \cdot (44,709 - 50,291)$$
$$= -3.977 \quad \left[\text{cm}^4\right]$$

Die R^D-Werte können über die Grundverwölbungen bestimmt werden:

$$R_y^D = -\frac{1}{6} \cdot 30 \cdot 900 \cdot (2 \cdot 21,628 - 8,372) \cdot (1,0 - 2,0) \qquad = \qquad 156.977 \quad \left[\text{cm}^5\right]$$

$$R_z^D = -\frac{1}{6} \cdot 30 \cdot 900 \cdot (35,291 \cdot 1,0 + 24,709 \cdot 2,0) \qquad = \qquad -1.143.576 \quad \left[\text{cm}^5\right]$$

Für die Koordinaten des Schubmittelpunkts ergibt sich nach (8.28):

$$y_M - y_D = -\frac{156.977 \cdot 147.024 - 1.143.576 \cdot 3.977}{20.930 \cdot 147.024 - 3.977^2} \qquad = \qquad -6,053 \quad \left[\text{cm}\right]$$

$$z_M - z_D = +\frac{-1.143.576 \cdot 20.930 + 156.977 \cdot 3.977}{20.930 \cdot 147.024 - 3.977^2} \qquad = \qquad -7,614 \quad \left[\text{cm}\right]$$

Um die auf M bezogene Wölbfläche anschreiben zu können, muss zunächst noch die Integrationskonstante ω_0^D nach (8.24) berechnet werden:

$$\omega_0^D = -\frac{1}{A} \cdot \int_A \omega^D(s) \cdot dA$$
$$= -\frac{1}{215} \cdot \left(\frac{1}{2} \cdot 900 \cdot 30 \cdot 2,0 - \frac{1}{2} \cdot 900 \cdot 30 \cdot 1,0\right) = -62,791 \quad \left[\text{cm}^2\right]$$

Damit kann nach (8.18) die Hauptverwölbung $\bar{\omega}^M$ berechnet werden, sie wurde in Bild 8-14 aufgetragen.

$$\bar{\omega}^M = \omega^D + \omega_0^D + (y_M - y_D) \cdot z - (z_M - z_D) \cdot y$$

$$\begin{bmatrix} \bar{\omega}_0^M \\ \bar{\omega}_1^M \\ \bar{\omega}_2^M \\ \bar{\omega}_3^M \\ \bar{\omega}_4^M \\ \bar{\omega}_5^M \\ \bar{\omega}_6^M \\ \bar{\omega}_7^M \end{bmatrix} = \begin{bmatrix} 0 \\ 0 \\ 0 \\ 900 \\ 0 \\ 0 \\ 0 \\ -900 \end{bmatrix} + \begin{bmatrix} -62{,}791 \\ -62{,}791 \\ -62{,}791 \\ -62{,}791 \\ -62{,}791 \\ -62{,}791 \\ -62{,}791 \\ -62{,}791 \end{bmatrix} -6{,}053 \cdot \begin{bmatrix} -8{,}372 \\ -8{,}372 \\ -8{,}372 \\ 21{,}628 \\ 21{,}628 \\ -8{,}372 \\ -8{,}372 \\ 21{,}628 \end{bmatrix} +7{,}614 \cdot \begin{bmatrix} 5{,}291 \\ -24{,}709 \\ -44{,}709 \\ -24{,}709 \\ 5{,}291 \\ 35{,}291 \\ 50{,}291 \\ 35{,}291 \end{bmatrix} = \begin{bmatrix} 28{,}170 \\ -200{,}250 \\ -352{,}530 \\ 643{,}742 \\ -153{,}420 \\ 256{,}59 \\ 370{,}800 \\ -825{,}000 \end{bmatrix} \begin{bmatrix} \text{cm}^2 \end{bmatrix}$$

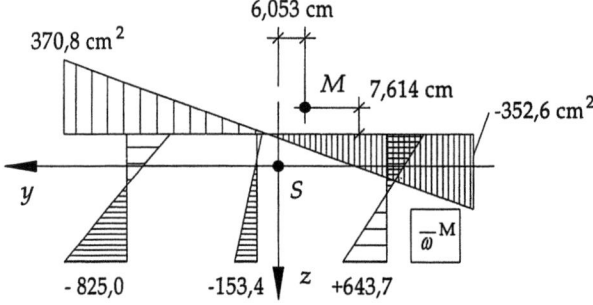

Bild 8-14 Auf den Schubmittelpunkt bezogene Hauptverwölbung

8.6 Verbundquerschnitt

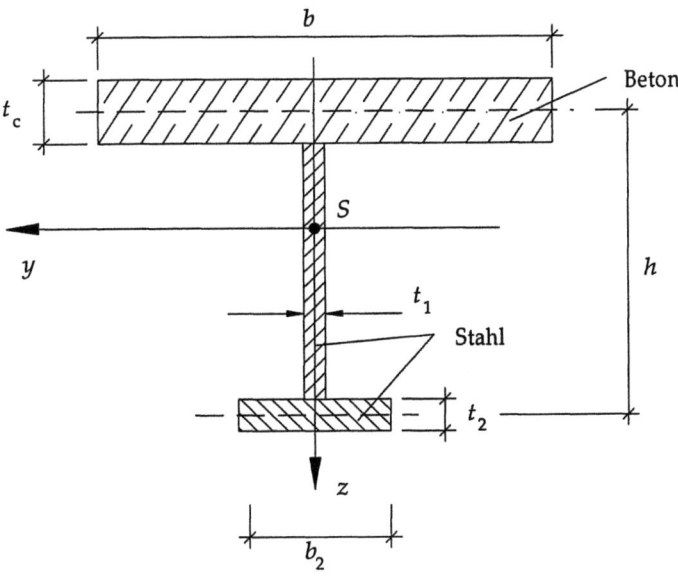

Bild 8-15 Offener Verbundquerschnitt

Alle Querschnittsteile werden als einzelne schmale Rechtecke aufgefasst, die gemäß der elastostatischen Grundgleichung (7.21) ihren Anteil des gesamten Torsionsmomentes aufnehmen:

$$M_T = M_{T,c} + M_{T,a} = G_c \cdot I_{T,c} \cdot \vartheta'_c + G_a \cdot I_{T,a} \cdot \vartheta'_a \tag{8.30}$$

mit

$$I_{T,c} = \frac{1}{3} \cdot b \cdot t_c^3$$

$$I_{T,a} = \frac{1}{3} \cdot \left(h \cdot t_{1,a}^3 + b_2 \cdot t_{2,a}^3 \right)$$

Da sich die Querschnittsform unter der Belastung nicht ändern soll, müssen die Verwindungen aller Querschnittsteile gleich sein:

$$\vartheta'_c = \vartheta'_a = \vartheta'$$

Bezeichnet man das Verhältnis der Schubmoduln mit

$$n_G = \frac{G_a}{G_c}$$

vgl. (4.13), so lässt sich der Torsionswiderstand des Verbundquerschnitts aus (8.30) herleiten, wenn man die Berechnung auf den Schubmodul von Stahl bezieht:

$$M_T = M_{T,c} + M_{T,a} = G_a \cdot \vartheta'_a \cdot \underbrace{\left[I_{T,a} + \frac{1}{n_G} \cdot I_{T,c} \right]}_{= I_{T,\text{Gesamt}}} \tag{8.31}$$

Auch bei der Berechnung der Schubspannungen im Betonteil ist der Faktor n_G zu berücksichtigen:

$$\tau_c = \frac{M_{T,c}}{I_{T,c}} \cdot t_c = \frac{M_T}{I_{T,\text{Gesamt}}} \cdot t_c \cdot \frac{1}{n_G} \tag{8.32}$$

9 St. Venant'sche Torsion dünnwandiger, geschlossener Profile

9.1 Einzelliger Hohlquerschnitt

Die Schubspannungen eines dünnwandigen, geschlossenen Querschnitts infolge Torsion werden in Analogie zur Berechnung von Schubflüssen infolge von Querkraft, siehe Kap. 4, berechnet. Man schneidet zunächst den Querschnitt, bis ein einfachzusammenhängender offener Querschnitt entsteht, für den die Torsionsschubspannungen τ_l und die Verwölbungen u^0 nach Kap. 8 ermittelt werden können. Anschließend werden mit Hilfe eines unbekannten Kreisschubflusses die Verschiebungen, die an der Schnittstelle auftreten, korrigiert. Die Schubspannungen aus diesem Kreisschubfluss werden dem Beanspruchungszustand des offenen Profils überlagert.

Der Anfangspunkt $s = 0$ wird an die Schnittstelle gelegt, $+s$ umläuft so den Querschnitt bis zum gegenüberliegenden Schnittufer, siehe Bild 9-1.

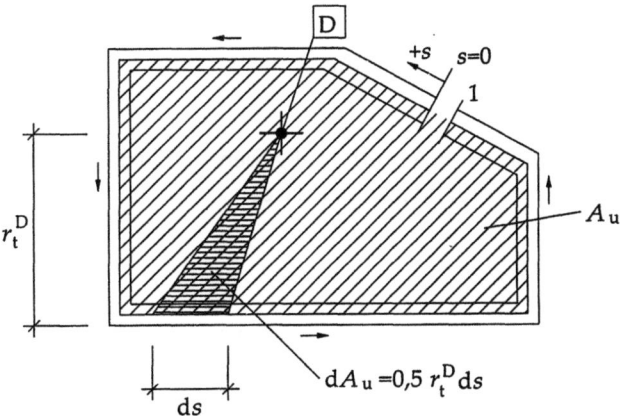

Bild 9-1 Einzelliger Hohlquerschnitt: Definition der von der Profilmittellinie umschlossenen Fläche A_u

Die Verwölbung $\bar{\omega}^D$ des offenen Querschnitts kann nach (8.15) berechnet werden, wobei ω_0^D die Anfangsverwölbung an der Schnittstelle $s = 0$ ist. Die Verschiebung des gegenüberliegenden Schnittufers erhält man, indem man die r_t^D-Fläche über den gesamten Querschnitt aufintegriert. Maßgebend ist hier jedoch nur die Differenz der Verschiebungen an beiden Schnittufern, so dass sich die Integrationskonstante heraushebt. Ferner muss man beachten, dass zur Berechnung der endgültigen Verschiebung die Einheitsverwölbung mit der Verwindung ϑ' zu multiplizieren ist:

$$\Delta u^0 = u_1^0 - u_0^0$$
$$= \vartheta' \cdot \left(\bar{\omega}_1^D - \bar{\omega}_0^D\right) = \vartheta' \cdot \omega_1^D = -\vartheta' \cdot \oint r_t^D \cdot ds \qquad (9.1)$$

Das Umlaufintegral entspricht dem doppelten Wert der von der Profilmittellinie umschlossenen Fläche A_u, siehe Bild 9-1. Damit wird die gegenseitige Verschiebung der zwei Schnittufer unabhängig von D:

$$\vartheta' \cdot \oint r_t^D \cdot ds = 2 \cdot A_u$$
$$\rightarrow \Delta u^0 = -2 \cdot A_u \cdot \vartheta' \qquad (9.2)$$

Zur Korrektur dieser Verschiebung wird im Längsschnitt eine Schubkraft aufgebracht, die als konstanter Kreisschubfluss T^1 den Querschnitt umläuft, siehe Bild 4-4. Die damit verbundenen Gleitungen haben nach (4.3) eine gegenseitige Verschiebung von

$$\Delta u^1 = \oint \frac{T^1(s)}{G \cdot (s)} \cdot ds \qquad (9.3)$$

der Schnittufer zur Folge. Aus der Kontinuitätsbedingung

$$\Delta u^0 + \Delta u^1 = 0 \qquad (9.4)$$

erhält man die für einen geschlossenen Querschnitt maßgebende Elastizitätsgleichung, die als *Bredt'scher Satz* (*Marguerre* 1940) bezeichnet wird:

$$\vartheta' = \frac{1}{2 \cdot A_u} \cdot \oint \frac{T^1(s)}{G \cdot (s)} \cdot ds \qquad (9.5)$$

Daraus kann der Kreisschubfluss T^1 berechnet werden, wobei hier ein konstanter Schubmodul vorausgesetzt wurde:

$$T^1 = \frac{2 \cdot A_u}{\oint \frac{ds}{t(s)}} \cdot G \cdot \vartheta' \quad \Leftrightarrow \quad \frac{T^1}{G \cdot \vartheta'} = \frac{2 \cdot A_u}{\oint \frac{ds}{t(s)}} \qquad (9.6)$$

Im torsionsbeanspruchten, dünnwandigen und geschlossenen Profil überlagern sich somit zwei unterschiedliche Beanspruchungen: einmal die linear über die Wanddicke t verteilten Schubspannungen des geschnittenen Querschnitts und zum andern die über t konstanten Schubspannungen aus dem Kreisschubfluss T^1. Beide Schubspannungen lassen sich zu resultierenden Torsionsmomenten zusammenfassen, die insgesamt dem äußeren Torsionsmoment M_T entsprechen müssen:

9.1 Einzelliger Hohlquerschnitt

$$M_T = \boxed{G \cdot I_{T,\,\text{offen}} \cdot \vartheta'} + \boxed{T^1 \cdot \oint r_t^M \cdot ds} \tag{9.7}$$

Der erste Teil der (9.7) stellt den Anteil des Torsionsmomentes des geschnittenen, offenen Profils nach (8.9) dar. Im zweiten Teil wird der Anteil des Kreisschubflusses im geschlossenen Profil berücksichtigt.

Das Umlaufintegral des zweiten Terms in (9.7) wurde zwar auf den Schubmittelpunkt M bezogen, entspricht jedoch nach (9.2) der doppelten Fläche A_u und ist somit unabhängig vom Bezugspunkt. Mit (9.6) lässt sich (9.7) umformen:

$$M_T = G \cdot \vartheta' \cdot \left(I_{T,\,\text{offen}} + \frac{4 \cdot A_u^2}{\oint \frac{ds}{t}} \right) \tag{9.8}$$

Der Klammerausdruck in (9.8) entspricht dem *St. Venant'*schen Torsionswiderstand des dünnwandigen, geschlossenen Profils in Anlehnung an die elastostatische Grundgleichung (7.21) der *St. Venant'*schen Torsion. Vergleicht man die Größenordnung beider Terme in (9.8) anhand von Beispielen, so wird deutlich, dass der Anteil des offenen Querschnitts am Gesamttorsionswiderstand in den meisten Fällen vernachlässigt werden kann. Ausnahmen sind nur dann gegeben, wenn der Querschnitt einzelne dickwandige Teile enthält, z. B. bei Verbundquerschnitten (Zahlenbeispiel siehe *Roik* 1978). Für einen einzelligen Hohlquerschnitt gilt daher näherungsweise folgende Formel für den *St. Venant'*schen Torsionswiderstand I_T:

$$I_T = \frac{4 \cdot A_u^2}{\oint \frac{ds}{t}} \tag{9.9}$$

Diese Näherung besagt, dass bei geschlossenen Querschnitten das Torsionsmoment fast ausschließlich von Kreisschubflüssen mit konstant über die Wanddicken verteilten Schubspannungen aufgenommen wird:

$$M_T \cong T^1 \cdot 2 \cdot A_u \tag{9.10}$$

Da T^1 = konst. ist, werden die Schubspannungen dort maximal, wo die kleinste Blechdicke vorhanden ist:

$$\max \tau_{xs} = \frac{T^1}{\min t} = \frac{1}{\min t} \cdot \frac{M_T}{2 \cdot A_u} \tag{9.11}$$

Dieses Ergebnis lässt den Unterschied zwischen dem Torsionsverhalten offener und geschlossener Querschnitte recht deutlich werden, vor allem was die unterschiedlichen Torsionssteifigkeiten anbetrifft. Die linear über die Wanddicke t verteilten Schubspannungen, die durch die Verwindung der einzelnen Profilteile immer auftreten, weisen ein vernachlässigbares resultierendes Torsionsmoment auf im Vergleich zu jenem aus dem Kreisschubfluss T^1, obwohl die Verformungen aus beiden Spannungszuständen gleich groß sind. Um die Verwölbungen des offenen Querschnitts zu erzeugen, die die Gleitungen γ_{xs} aus dem Kreisschubfluss T^1 kompensieren, genügt eine sehr kleine Torsionsbeanspruchung, die in der gesamten Gleichgewichtsbilanz außer Betracht bleiben kann. Hohlprofile sind demnach wesentlich drillsteifer als offene, dünnwandige Profile!

Besteht die Wand eines Hohlkastens nicht aus einer geschlossenen Fläche, sondern aus einem Stabwerk, z. B. aus einem Fachwerkverband, so kann für diese Wand eine ideelle Blechdicke t^* eingesetzt werden, die die Berechnung des Querschnitts wie für einen allseitig geschlossenen Hohlkasten ermöglicht, *Kollbrunner/Basler* (1966), *Roik* (1978), *Cornelius* (1951).

9.2 Mehrzellige Hohlquerschnitte

Die Längsschnitte sind so zu führen, dass ein einfach-zusammenhängender offener Querschnitt entsteht. Die Definition der Kreisschubflüsse T^1 und der zugehörigen Zellen i mit ihren Integrationswegen $+s_i$ erfolgt analog zur Berechnung der Querkraftschubspannungen in mehrzelligen Hohlquerschnitten, siehe Kap. 4.5. Für jede geschlossene Zelle i lässt sich der *Bredt*'sche Satz (9.5) formulieren, indem man den beim einzelligen Profil konstanten Kreisschubfluss T^1 durch die Summe aller Kreisschubflüsse, die den geschlossenen Integrationsweg $+s_i$ ganz oder teilweise durchlaufen, ersetzt:

$$\oint_i \frac{T(s_i)}{t(s_i)} \cdot ds_i - 2 \cdot A_{u,i} \cdot G \cdot \vartheta' = 0 \tag{9.12}$$

mit

$$T(s_i) = T^i + \sum_j T^j$$

T^j Schubflüsse aus Nachbarzellen j, die den Integrationsweg s_i mit durchlaufen

Da laut Voraussetzung keine Querschnittsverformung auftreten soll, muss die Verwindung ϑ' für alle Zellen i gleich sein, $G \cdot \vartheta'$ ist ein querschnittsunabhängiger Wert. Für die auf $G \cdot \vartheta'$ bezogenen Kreisschubflüsse T^i erhält man ein Gleichungssystem, das bis auf die rechten Seiten mit (4.10) übereinstimmt:

9.3 Verwölbungen von Hohlquerschnitten

$$\frac{T^i}{G \cdot \vartheta'} \cdot \oint_i \frac{ds_i}{t} + \sum_j \frac{T^j}{G \cdot \vartheta'} \cdot \int_{i,j} \frac{ds_i}{t} = 2 \cdot A_{u,i}$$

$$\downarrow \qquad\qquad \downarrow \qquad\qquad\qquad (9.13)$$

$$\frac{T^i}{G \cdot \vartheta'} \cdot \eta_{ii} + \sum_j \frac{T^j}{G \cdot \vartheta'} \cdot \eta_{ij} = 2 \cdot A_{u,i}$$

Die auf $G \cdot \vartheta'$ bezogenen Kreisschubflüsse T^i sind reine Querschnittsgrößen. Den lastabhängigen Vorfaktor $G \cdot \vartheta'$ erhält man über die Identitätsaussage, dass die Summe aller aus T^i gebildeten Torsionsmomente $M_{T,i}$ dem Gesamttorsionsmoment am Querschnitt entsprechen muss:

$$\begin{aligned} M_T &= \sum_i M_{T,i} \\ &= \sum_i T^i \cdot \oint r_t^M \cdot ds_i = \sum_i T^i \cdot 2 \cdot A_{u,i} \\ &= G \cdot \vartheta' \left(2 \cdot \sum_i \frac{T^i \cdot A_{u,i}}{G \cdot \vartheta'} \right) \end{aligned} \qquad (9.14)$$

Der Klammerausdruck ergibt den Torsionswiderstand I_T des mehrzelligen Hohlquerschnitts:

$$I_T = 2 \cdot \sum_i \frac{T^i \cdot A_{u,i}}{G \cdot \vartheta'} \qquad (9.15)$$

Um I_T berechnen zu können, muss zuvor das Gleichungssystem (9.13) gelöst werden. In sehr vielen Fällen erhält man einen sehr guten Näherungswert für I_T, wenn man alle inneren Zwischenstege im Querschnitt außer Betracht lässt und I_T nach (9.9) für die Außenkontur des Profils wie für einen einzelligen Hohlquerschnitt ermittelt. Bei symmetrischen Querschnitten sind Innenwände, die auf der Symmetrieachse liegen, ohne Einfuß auf die Größe von I_T.

Bei Querschnitten, die aus einer Hauptzelle und mehreren Nebenzellen (z. B. Hohlrippen einer ausgesteiften Platte) bestehen, kann I_T für die Hauptzelle unter Verwendung ideeller Blechdicken t^* für die ausgesteiften Wandteile ermittelt werden, *Kollbrunner/Basler* (1966), Roik (1978).

9.3 Verwölbungen von Hohlquerschnitten

Als Verwölbungen u werden auch beim geschlossenen Profil die Axialverschiebungen der Profilmittellinie s bezeichnet, wobei sich hier zwei Verwölbungskomponenten überlagern, deren Ursachen mechanisch sehr unterschiedlich sind. Zum einen sind dies die Verwölbungen des geschnittenen offenen Querschnitts nach (8.19), die auf die Drehung des Querschnitts um seine Drehachse D zurückzuführen sind. Hinzu kommen die Verschiebungen, die man durch Summierung aller Gleitungen infolge $T(s)$ erhält:

$$u(s) = \vartheta' \cdot \left(-\int_0^s r_t^D \cdot ds + \omega_0^D \right) + \frac{1}{G} \cdot \int_0^s \frac{T(s)}{t(s)} \cdot ds \qquad (9.16)$$

Die jeweils konstanten Kreisschubflüsse T^i kann man vor das zweite Integral ziehen und so die Grund- und Hauptverwölbungen ω angeben, indem man ϑ' ausklammert:

$$\bar{\omega}^D(s) = -\int_0^s r_t^D \cdot ds + \omega_0^D + \sum_i \frac{T^i}{G \cdot \vartheta'} \cdot \int_0^s \frac{1}{t(s)} \cdot ds \qquad (9.17)$$

Die Summe erstreckt sich über alle diejenigen Kreisschubflüsse T^i, die auf dem Integrationsweg $0 \rightarrow s$ in den einzelnen Querschnittsteilen erfasst werden. Die auf $G \cdot \vartheta'$ bezogenen Kreisschubflüsse müssen zuvor nach (9.13) berechnet werden, wobei auch auf die Fließrichtung zu achten ist: T^1 ist positiv einzusetzen, wenn seine Fließrichtung mit der hier neu gewählten Integrationsrichtung $+s$ übereinstimmt.

Für die Berechnung der Integrationskonstanten ω_0^D sowie der Schubmittelpunktskoordinaten gelten die für das offene Profil hergeleiteten (8.24) und (8.28).

Bei einem einfach- oder mehrfach geschlossenen Profil gibt es jeweils einen oder mehrere Querschnittspunkte, die als vorgegebene Endpunkte des Integrationsweges von zwei Seiten aus angelaufen werden, je nachdem, welchen Integrationsweg $\pm s$ man von $s = 0$ aus wählt. Die Übereinstimmung der Verwölbungen nach (9.17) für diese Punkte unter Verwendung verschiedener Integrationswege ist eine Kontrolle für die Berechnung der Kreisschubflüsse T^1 nach (9.13).

Nur wenige geschlossene Profile sind wölbfrei, so z. B. das Kreisrohr oder der doppeltsymmetrische quadratische Kasten. Allerdings hat bei geschlossenen Profilen das Problem der Verwölbungen meist eine geringere Bedeutung als bei offenen, dünnwandigen Profilen, die Verwölbungen bleiben relativ klein. Das äußere Torsionsmoment M_T wird aufgrund der großen Drillsteifigkeit I_T überwiegend gemäß der St. Venant'schen Torsionstheorie abgetragen.

Wölbfreie Querschnitte

Bei einigen Querschnitten kann man unmittelbar deren Wölbfreiheit voraussetzen, zu ihnen gehören:

a) Rotationssymmetrische Querschnitte (Vollkreis, Rohr).

9.4 Beispiele einzelliger Hohlquerschnitte

b) Profile die aus sich in einem Punkt kreuzenden dünnwandigen, geraden Abschnitten bestehen, z. B. L-, T-Profile, etc.

c) Polygonale Profile mit konstanter Wanddicke t, die einen Kreis umschließen, z. B. Quadrat.

d) Dünnwandige geschlossene Profile für die gilt:
Man betrachtet die Wanddicken t_i als Vektoren und zeichnet deren Resultierende in den Eckpunkt. Schneiden sich alle Resultierenden in einem Punkt, so ist der Querschnitt wölbfrei. Dieser Schnittpunkt ist auch der Schubmittelpunkt M; *Roik* (1978)

Alle wölbfreien Querschnitte verlieren sofort diese besondere Eigenschaft, wenn der Drehpunkt des Querschnittes nicht mehr der Schubmittelpunkt M ist, sondern ein beliebiger anderer Punkt ist und damit eine gebundene Drehachse vorliegt.

9.4 Beispiele einzelliger Hohlquerschnitte

9.4.1 Rechteckkasten mit unterschiedlichen Wanddicken

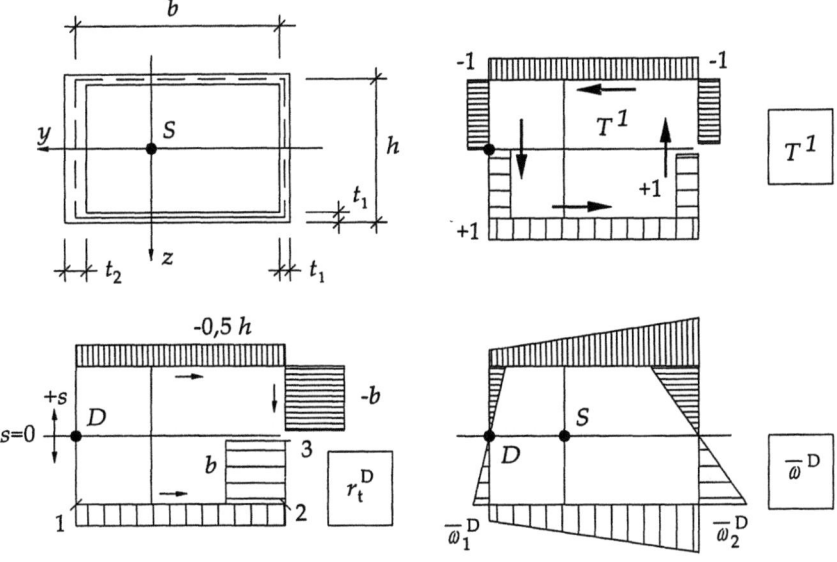

Bild 9-2 Beispiel eines einfachsymmetrischen Rechteckrohres

Querschnitt, r_t^D-Fläche, Kreisschubfluss T^1 und Wölbfläche $\bar{\omega}^D$ sind in Bild 9-2 angegeben. Bei den Berechnungen wird die Symmetrie des Querschnittes ausgenutzt. Es folgt:

$$A_u = b \cdot h$$

$$I_T = \frac{4 \cdot (b \cdot h)^2}{2 \cdot \dfrac{b}{t_1} + \dfrac{h}{t_1} + \dfrac{h}{t_2}} = \frac{4 \cdot b^2 \cdot h^2 \cdot t_1}{2 \cdot b + h + h \cdot \dfrac{t_1}{t_2}}$$

$$\max \tau_{xs} = \frac{M_T}{2 \cdot b \cdot h \cdot t_1}$$

Für die Berechnung der Verwölbungen gilt mit folgender Abkürzung:

$$\frac{T^1}{G \cdot \vartheta'} = \frac{2 \cdot A_u}{\oint \dfrac{ds}{t}} = \psi_1 = \frac{2 \cdot b \cdot h}{2 \cdot \dfrac{b}{t_1} + \dfrac{h}{t_1} + \dfrac{h}{t_2}}$$

$$\omega_0^D = 0 \qquad \text{(Symmetrieachse)}$$

$$\omega_1^D = \omega_0^D + 0 + \psi_1 \cdot \frac{h}{2} \cdot \frac{1}{t_2}$$

$$\omega_2^D = \omega_1^D - b \cdot \frac{h}{2} + \psi_1 \cdot \frac{b}{t_2}$$

$$\omega_3^D = \omega_2^D - \frac{h}{2} \cdot b + \psi_1 \cdot \frac{h}{2} \cdot \frac{1}{t_1} = 0 \qquad \text{(Kontrolle)}$$

Damit ergeben sich die Koordinaten des Schubmittelpunktes zu

$$R_y^D = \int_A \omega^D \cdot z \cdot dA$$

$$= 2 \cdot \left(\frac{1}{3} \cdot \frac{h}{2} \cdot \omega_1^D \cdot \frac{h}{2} \cdot t_2 + \frac{1}{3} \cdot \frac{h}{2} \cdot \omega_2^D \cdot \frac{h}{2} \cdot t_1 + \frac{1}{2} \cdot \frac{h}{2} \cdot \left(\omega_1^D + \omega_2^D \right) \cdot b \cdot t_1 \right)$$

$$y_M^D = y_M - y_D = -\frac{R_y^D}{I_y}$$

Für den einfachsymmetrischen quadratischen Kasten ($b = h = a$) nach Kap. 4.6 mit $t_1 = t$ und $t_2 = 3\,t$ erhält man:

$$\psi_1 = \frac{2 \cdot a^2 \cdot t}{2 \cdot a + a + \dfrac{a}{3}} = 0{,}60 \cdot a \cdot t$$

9.4 Beispiele einzelliger Hohlquerschnitte

$$\omega_0^D = \qquad\qquad\qquad\qquad = 0 \qquad \text{(Symmetrieachse)}$$

$$\omega_1^D = \omega_0^D + 0 + 0{,}60 \cdot a \cdot t \cdot \frac{a}{2} \cdot \frac{1}{3 \cdot t} = 0{,}10 \cdot a^2$$

$$\omega_2^D = \omega_1^D - a \cdot \frac{a}{2} + 0{,}60 \cdot a \cdot t \cdot \frac{a}{t} = 0{,}20 \cdot a^2$$

$$\omega_3^D = \omega_2^D - \frac{a}{2} \cdot a + 0{,}60 \cdot a \cdot t \cdot \frac{a}{2} \cdot \frac{1}{t} = 0 \qquad \text{(Kontrolle)}$$

$$R_y^D = 2 \cdot \left(\frac{1}{3} \cdot \frac{a}{2} \cdot \omega_1^D \cdot \frac{a}{2} \cdot 3 \cdot t + \frac{1}{3} \cdot \frac{a}{2} \cdot \omega_2^D \cdot \frac{a}{2} \cdot t + \frac{1}{2} \cdot \frac{a}{2} \cdot \left(\omega_1^D + \omega_2^D \right) \cdot a \cdot t \right)$$

$$= \frac{1{,}40}{6} \cdot a^4 \cdot t$$

$$y_M^D = - \frac{\dfrac{1{,}40}{6} \cdot a^4 \cdot t}{\dfrac{5}{6} \cdot a^2 \cdot t} = -0{,}28 \cdot a$$

Für Hauptverwölbungen ergibt sich, siehe Bild 9-3:

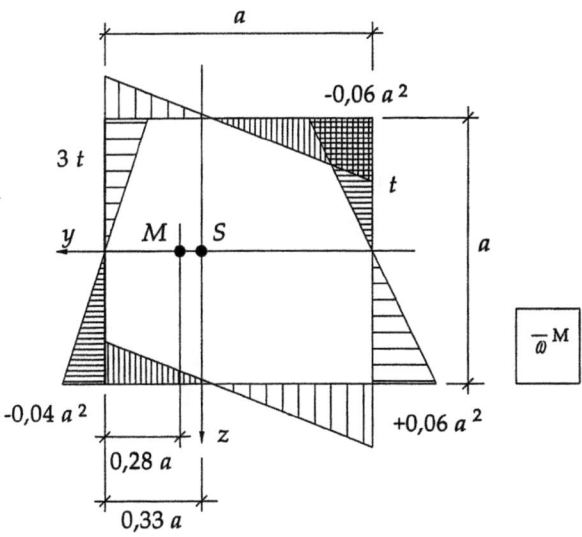

Bild 9-3 Auf den Schubmittelpunkt bezogene Hauptverwölbung des einfachsymmetrischen quadratischen Kastenprofils

$$\bar{\omega}_1^M = \omega_1^D + y_M^D \cdot z_1 = 0{,}10 \cdot a^2 - 0{,}28 \cdot a \cdot \frac{a}{2} = -0{,}04 \cdot a^2$$

$$\bar{\omega}_2^M = \omega_2^D + y_M^D \cdot z_2 = 0{,}20 \cdot a^2 - 0{,}28 \cdot a \cdot \frac{a}{2} = +0{,}06 \cdot a^2$$

9.4.2 Unsymmetrischer gemischt offen/geschlossener Kasten

r_t^D-Fläche, Kreisschubfluss T^1 und Wölbfläche ω^D sind in Bild 9-4 skizziert. Die Berechnung wird hier nur in den wichtigsten Schritten angegeben.

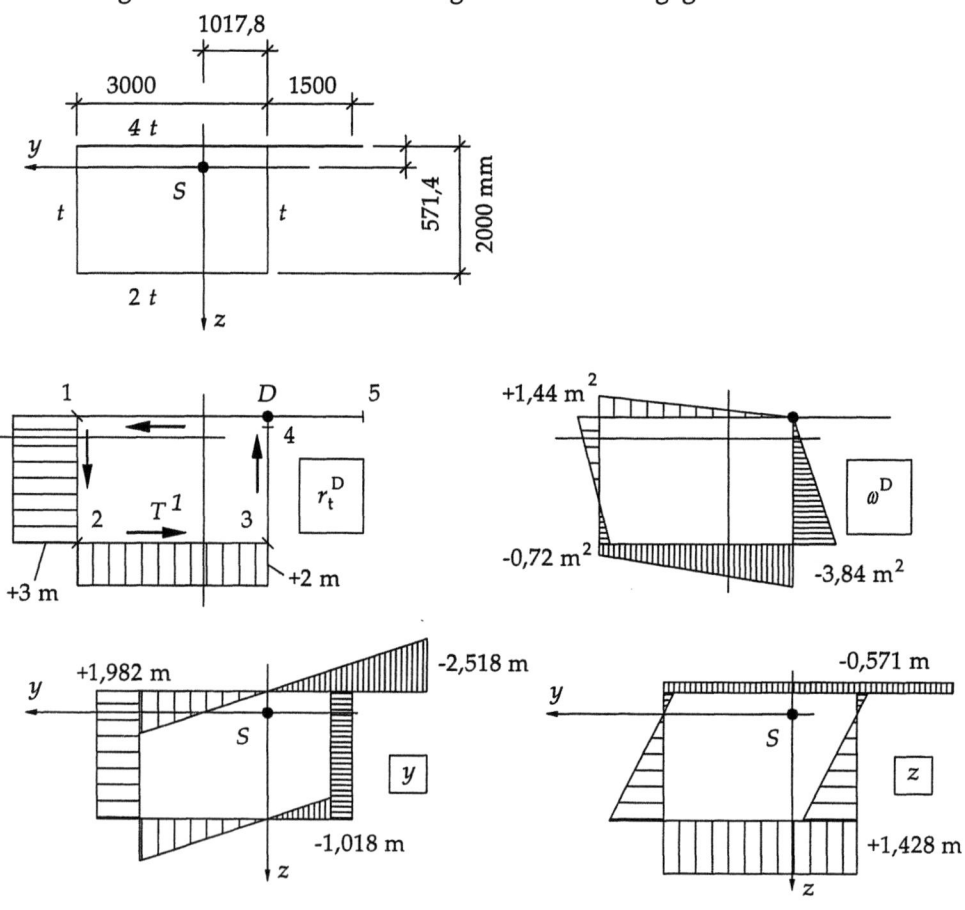

Bild 9-4 Beispiel eines gemischt offenen/geschlossenen Querschnittes

9.4 Beispiele einzelliger Hohlquerschnitte

Schwerpunkt, Flächen und Flächenmomente 2. Ordnung

$$y_s = 1{,}0178 \; [m]$$
$$z_s = 0{,}5714 \; [m]$$
$$A = 4{,}5 \cdot 4 \cdot t + 4 \cdot t + 3 \cdot 2 \cdot t = 28 \cdot t$$
$$A_u = 2 \cdot 3 \quad = 6{,}0 \; [m^2]$$
$$I_y = 20{,}1905 \cdot t \; [m^4]$$
$$I_z = 47{,}4911 \cdot t \; [m^4]$$
$$I_{yz} = 7{,}7143 \cdot t \; [m^4]$$

Berechnung der Verwölbungen mit dem Hilfswert ψ_1

$$\frac{T^1}{G \cdot \vartheta'} = \frac{2 \cdot A_u}{\oint \frac{ds}{t}} = \psi_1 = \frac{2 \cdot 2{,}0 \cdot 3{,}0}{2 \cdot \frac{2{,}0}{t} + \frac{3{,}0}{2 \cdot t} + \frac{3{,}0}{4 \cdot t}} = 1{,}92 \cdot t$$

$$\omega_1^D = \psi_1 \cdot \frac{3{,}0}{4 \cdot t} \qquad = 1{,}44 \; [m^2]$$

$$\omega_2^D = \omega_1^D - 3{,}0 \cdot 2{,}0 + \psi_1 \cdot \frac{2{,}0}{t} \qquad = -0{,}72 \; [m^2]$$

$$\omega_3^D = \omega_2^D - 2{,}0 \cdot 3{,}0 + \psi_1 \cdot \frac{3{,}0}{2 \cdot t} \qquad = -3{,}84 \; [m^2]$$

$$\omega_4^D = \omega_3^D + \psi_1 \cdot \frac{2{,}0}{t} \qquad = 0 \quad (\text{Kontrolle für } \psi_1)$$

$$\omega_5^D = \qquad = 0$$

Integrationskonstante

$$\omega_0^D = -\frac{1}{A} \cdot \int_A \omega^D(s) \cdot dA$$

$$= \frac{1}{28 \cdot t} \cdot \left[\frac{1}{2} \cdot 1{,}44 \cdot 3{,}4 \cdot 4 \cdot t + \frac{1}{2} \cdot (1{,}44 - 0{,}72) \cdot 2{,}0 \cdot t \right.$$

$$\left. - \frac{1}{2} \cdot (0{,}72 + 3{,}84) \cdot 3{,}0 \cdot 2 \cdot t - \frac{1}{2} \cdot 3{,}84 \cdot 2{,}0 \cdot t \right]$$

$$= 0{,}24 \; [m^2]$$

Die Integrationskonstante wird hier nicht zur Berechnung der R-Größen, sondern zur späteren Aufstellung der $\bar{\omega}^M$-Fläche benötigt.

R-Werte

$$R_y^D = \int_A \omega^D \cdot z \cdot dA$$

$$= -\frac{1}{2} \cdot 1,44 \cdot 0,5714 \cdot 3,0 \cdot 4 \cdot t - \frac{1}{2} \cdot (0,72+3,84) \cdot 1,4286 \cdot 3,0 \cdot 2 \cdot t$$

$$-\frac{1}{6} \cdot [0,5714 \cdot (2 \cdot 1,44 - 0,72)] \cdot t + 1,4286 \cdot (2 \cdot 0,72 - 1,44) \cdot 2,0 \cdot t$$

$$-\frac{1}{6} \cdot 3,84 \cdot (2 \cdot 1,4286 - 0,5714) \cdot 2,0 \cdot t$$

$$= -27,8171 \cdot t \quad [\text{m}^5]$$

$$R_z^D = \int_A \omega^D \cdot y \cdot dA$$

$$= +\frac{1}{6} \cdot 1,44 \cdot (2 \cdot 1,9821 - 1,0178) \cdot 3,0 \cdot 4 \cdot t - \frac{1}{6} \cdot [1,9821 \cdot (2 \cdot 0,72 + 3,84)] \cdot t$$

$$-1,0178 \cdot (2 \cdot 3,84 + 0,72) \cdot 3,0 \cdot 2 \cdot t + \frac{1}{2} \cdot 3,84 \cdot 1,0178 \cdot 2,0 \cdot t$$

$$+\frac{1}{2} \cdot (1,44 - 0,72) \cdot 1,9821 \cdot 2,0 \cdot t$$

$$= +11,9056 \cdot t \quad [\text{m}^5]$$

Damit folgt für die Schubmittelpunktskoordinaten

$$y_M^D = y_M - y_D = -\frac{-27,8171 \cdot 47,4911 - 11,9056 \cdot 7,7143}{20,1905 \cdot 47,4911 - 7,7143^2} = +1,5710 \ [\text{m}]$$

$$z_M^D = z_M - z_D = +\frac{11,9056 \cdot 20,1905 + 27,8171 \cdot 7,7143}{20,1905 \cdot 47,4911 - 7,7143^2} = +0,5059 \ [\text{m}]$$

Damit kann die auf den Schubmittelpunkt M bezogene Hauptverwölbung $\bar{\omega}^M$, siehe Bild 9-5, ermittelt werden:

$$\bar{\omega}^M = \omega^D + \omega_0^D + 1,5710 \cdot z - 0,5059 \cdot y$$

Punkt	ω^D	$+\omega_0^D$	$+1,5710 \cdot z$	$-0,5059 \cdot y$	$= \bar{\omega}^M$
0	± 0,00	0,24	- 0,8977	+ 0,5149	- 0,1428
1	+ 1,44	0,24	- 0,8977	- 1,0027	- 0,2205
2	- 0,72	0,24	+ 2,2443	- 1,0027	+ 0,7616
3	- 3,84	0,24	+ 2,2443	+ 0,5149	- 0,8408
4	± 0,00	0,24	- 0,8977	+ 0,5149	- 0,1428
5	± 0,00	0,24	- 0,8977	+ 1,2737	+ 0,6160

Verbundquerschnitt

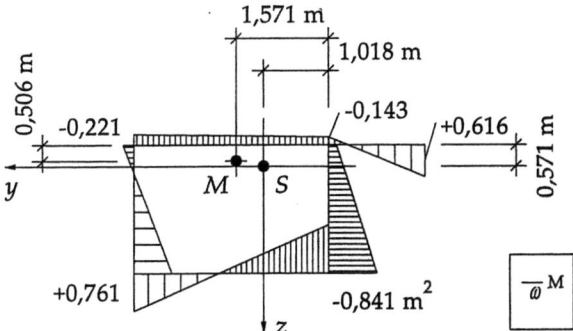

Bild 9-5 Auf den Schubmittelpunkt bezogene Hauptverwölbung

Eine letzte Kontrolle für die $\bar{\omega}^M$-Fläche erhält man, indem man diese Fläche mit den Koordinatenflächen y oder z koppelt, da die auf den Schubmittelpunkt M bezogenen Größen $R_y^M = R_z^M = 0$ sein müssen.

9.5 Verbundquerschnitt

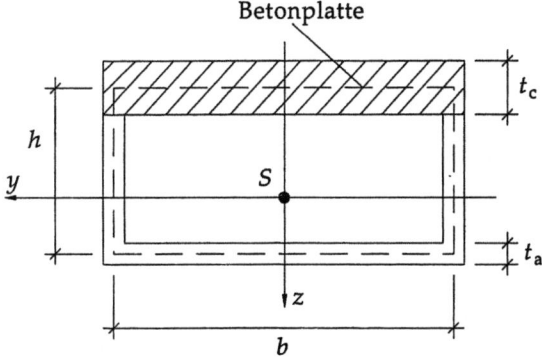

Bild 9-6 Einzelliger Verbundhohlquerschnitt

Die Besonderheit dieses Verbundquerschnitts, siehe Bild 9-6, besteht darin, dass nicht nur die Wanddicken t, sondern auch der Schubmodul G veränderlich ist und in allen entsprechenden Formeln mit unter das Integralzeichen zu ziehen ist. Wählt man den Schubmodul G_a für Stahl als Bezugsgröße, so ist bei der Berechnung von T^1 und I_T die Betondicke t_c um den Faktor

$$n_G = \frac{G_a}{G_c}$$

vgl. (4.13) abzumindern.

$$\frac{T^1}{G_a \cdot \vartheta'} = \frac{2 \cdot A_u}{\oint \frac{G_a}{G(s)} \cdot \frac{ds}{t(s)}} = \frac{2 \cdot b \cdot h}{\frac{2 \cdot h + b}{t_a} + \frac{b \cdot n_G}{t_c}}$$

$$I_T = 2 \cdot A_u \cdot \frac{T^1}{G_a \cdot \vartheta'}$$

(9.18)

Die Schubspannungen sind allerdings auf die originalen Wanddicken zu beziehen:

$$\tau_a = \frac{T^1}{t_a} = \frac{M_T}{2 \cdot A_u} \cdot \frac{1}{t_a}$$

$$\tau_c = \frac{T^1}{t_c} = \frac{M_T}{2 \cdot A_u} \cdot \frac{1}{t_c}$$

(9.19)

9.6 Torsionsnachweis von Stahlbeton-Hohlprofilen

Im Stahlbetonbau liegen meist gedrungene, dickwandige Querschnitte oder Hohlprofile vor. Die Bemessung solcher Profile für eine Torsionsbeanspruchung ist im Prinzip identisch. In beiden Fällen wird die *Bredt'*sche Formel (9.5) für geschlossene Profile genutzt, auch die massiven Rechteckquerschnitte werden wie Hohlprofile mit ideellen Wanddicken berechnet, siehe Kap. 7.7.

Die Theorie der Wölbkrafttorsion wird dagegen meistens vernachlässigt. Eine Ausnahme findet gelegentlich im Brückenbau statt. Die *St. Venant'*sche Torsionssteifigkeit solcher Profile überwiegt gegenüber der Wölbsteifigkeit $E \cdot C_M$, siehe Kap. 10.1, so stark, dass der Einfluss der Wölbkrafttorsion von untergeordneter Bedeutung bleibt und normalerweise auch nicht nachzuweisen ist.

Im Zustand I (ungerissener Beton) gelten alle bisher abgeleiteten Gleichungen, die Spannungen und Verformungen von Rechteckprofilen können gemäß Bild 7-4, wie diejenigen von Hohlprofilen nach Kap. 9.1 ermittelt werden. Solche Berechnungen sind erforderlich, um nachzuweisen, dass ein Träger unter Gebrauchslasten im Zustand I bleibt, um Risse und große Verformungen im Gebrauchszustand des Tragwerkes zu vermeiden. Denn beim Übergang in den Zustand II (gerissener Beton) verringert sich die *St. Venant'*sche Torsionssteifigkeit sehr stark, so dass plötzlich große Torsionsverformungen auftreten.

Nach (9.10) erhält man für den Kreisschubfluss T_1 des einzelligen Hohlquerschnitts:

$$T_1 = \frac{M_T}{2 \cdot A_k} = \frac{M_T}{2 \cdot b_k \cdot h_k}$$

(9.20)

9.6 Torsionsnachweis von Stahlbeton-Hohlprofilen

Darin ist A_u die Fläche innerhalb der Profilmittellinie, die durch die Längsbewehrung verläuft, siehe Bild 9-7.

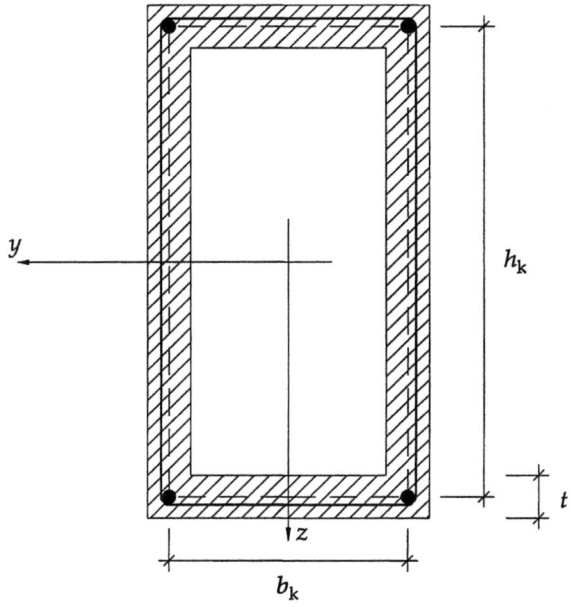

Bild 9-7 Wirksamer Querschnitt eines auf Torsion beanspruchten Stahlbeton-Rechteck- oder Hohlquerschnitts

Bild 9-8 zeigt, welche Spannungen in den Seitenwänden eines Hohlprofils infolge von Torsion auftreten und welcher Rissverlauf zu erwarten ist, wenn es sich um Betonhohlprofile handelt.

Im Zustand II laufen die Risse spiralförmig um das ganze Profil herum. Bei konstanten Wanddicken stellen sich die Risse in allen Seitenwänden des Hohlprofils gleichzeitig ein und begrenzen die Tragfähigkeit des reinen Betonquerschnitts.

Die günstigste Bewehrung wäre eine Spiralbewehrung in Richtung der Hauptzugspannungen. Sie ist jedoch viel zu aufwendig und wird durch Bügel und Längsbewehrungen ersetzt, Bild 9-7. Zur Abtragung der Torsionsschubkräfte wird wiederum ein Fachwerkmodell genutzt, das aber deutliche Unterschiede zum Fachwerkmodell zur Abtragung von Querkräften aufweist. Es gibt keinen Betondruckgurt, alle vier Gurte des Fachwerks werden daher durch Längsbewehrungen gebildet. Nur die Diagonalkräfte werden vom Beton aufgenommen, die Bügel werden wiederum als Vertikalen interpretiert. Ein weiterer Unterschied besteht in der Berechnung der „Stabkräfte" des Fachwerkmodells.

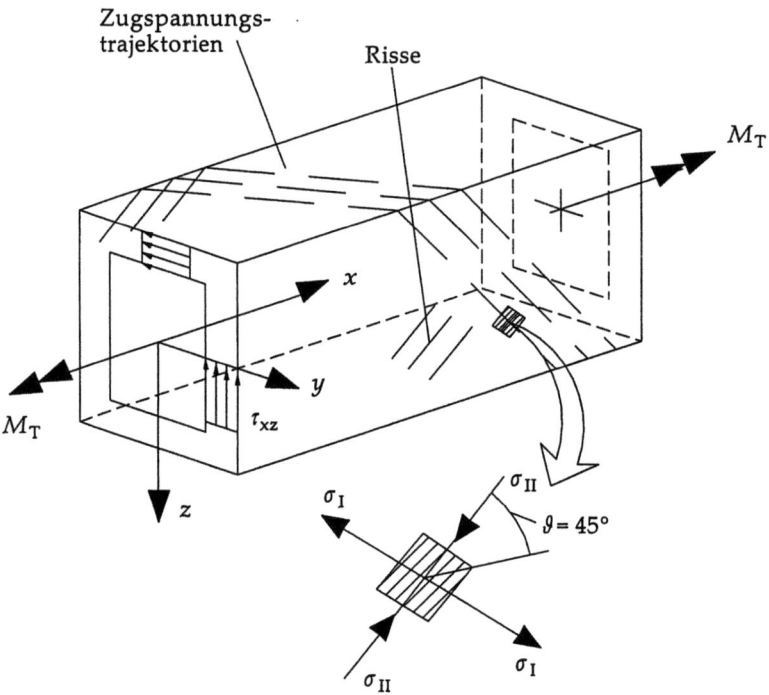

Bild 9-8 Richtung der Hauptzugspannungen und der daraus resultierenden Risse in einem torsionsbeanspruchten Betonhohlprofil

Da die Schubkräfte T_1 theoretisch in der ganzen Seitenwand eines Hohlprofils konstant sind, wird eine mehr kontinuierliche Abtragung dieser Kräfte angestrebt.

Bild 9-9 zeigt einen herausgeschnittenen Teil der Seitenwand eines Hohlprofils. Der linke Schnitt wurde dabei zickzackförmig geführt: Die stärker gezeichneten Flächen entsprechen den Druckflächen im Beton, die rechtwinklig dazu liegenden Schnittflächen folgen im Zustand II den Zugrissen und sind spannungsfrei.

Aus dem Kräftedreieck erhält man die resultierende Betondruckkraft, die der in diesem Schnitt vorhandenen Schubkraft $T_1 \cdot h_k$ entsprechen muss. Dabei bleibt eine resultierende Horizontalkraft in diesem Schnitt übrig, die als Zugkraft Z von der Längsbewehrung aufzunehmen ist. Dabei ist es günstig, die Längsbewehrung nicht nur in den Profilecken zu konzentrieren, sondern über die Wandhöhe h_k zu verteilen. Die erforderliche Längsbewehrung kann über Z ermittelt werden.

9.6 Torsionsnachweis von Stahlbeton-Hohlprofilen

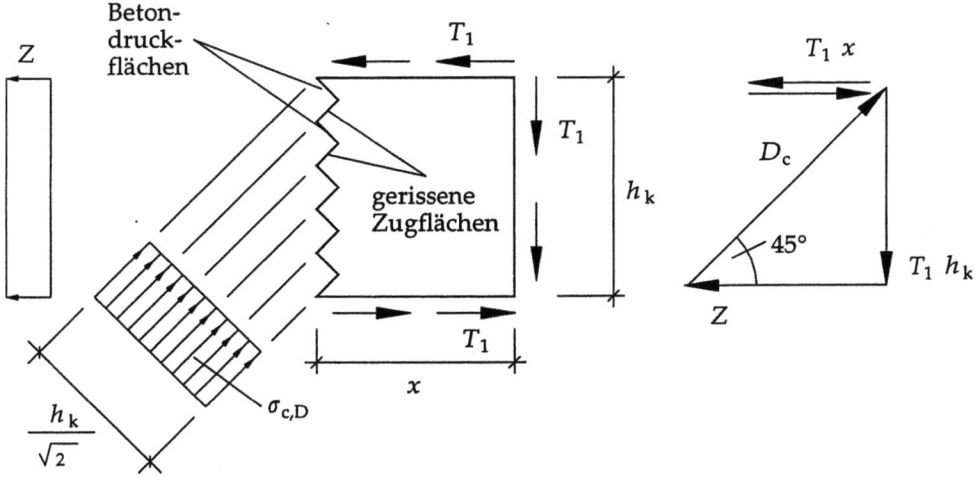

Bild 9-9 Gleichgewichtsbetrachtung für eine aus einem Betonhohlprofil herausgeschnittene Seitenwand

Die Druckspannung σ_c im Beton beträgt nach Bild 9-9:

$$\sigma_c = \frac{T_1 \cdot h_k \cdot \sqrt{2}}{t \cdot h_k \cdot \frac{1}{2} \cdot \sqrt{2}} = 2 \cdot \frac{T_1}{t} \qquad (9.21)$$

Die Dicke t des wirklichen oder gedachten Hohlprofils (bei massiven Querschnitten) geht in den Nachweis der Betondruckspannungen ein. Versuche haben gezeigt, dass bei diesem Nachweis nur eine verminderte Wanddicke t_{eff} eingesetzt werden kann, Einzelheiten sind in den Vorschriften enthalten.

Bild 9-10 zeigt die gleiche herausgeschnittene Seitenwand wie nach Bild 9-9, jetzt wurde der linksseitige Schnitt jedoch vollständig entlang eines Zugrisses gelegt. Dadurch werden die in dieser Risslinie liegenden Bügel durchschnitten.

Aus Gleichgewichtsgründen müssen die Bügelkräfte mit der Schubkraft identisch sein:

$$\sum Z_{Bü} = T_1 \cdot h_k \qquad (9.22)$$

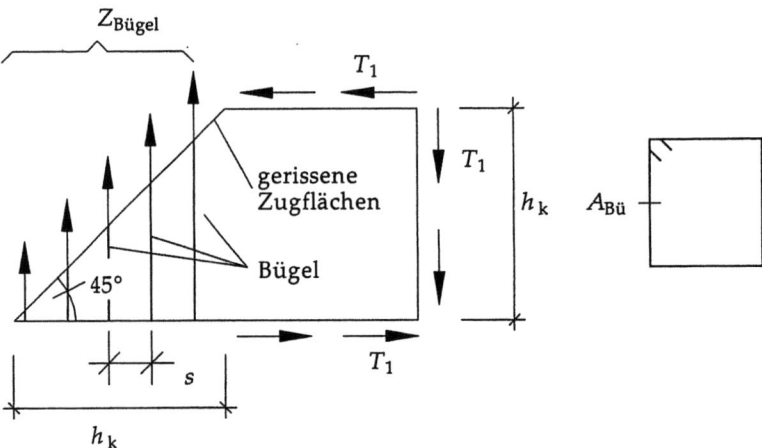

Bild 9-10 Gleichgewichtsbetrachtung für eine aus einem Betonhohlprofil herausgeschnittene Seitenwand, wobei mit der Schnittfläche unter 45° die Bügel geschnitten werden

Verteilt man die Fläche aller Bügel über die Schnittlinie, erhält man die Bügelspannung:

$$\sigma_{Bü} = \frac{T_1 \cdot h_k}{A_{Bü} \cdot \frac{h_k}{s}} = \frac{T_1 \cdot s}{A_{Bü}} \qquad (9.23)$$

Bei vorgegebenem Abstand s der Bügel lässt sich daraus die erforderliche Fläche $A_{Bü}$ ermitteln. Im Gegensatz zur Beanspruchung infolge Querkraft darf bei der Torsion die Schnittigkeit der Bügel nicht angesetzt werden, da der Schubfluss T_1 in jeder Seitenwand des Hohlquerschnittes wirkt.

Beispiel

In diesem Beispiel soll eine Bemessung der Bügelbewehrung und der Torsionslängsbewehrung für einen Balkenquerschnitt erfolgen. Das Beispiel konzentriert sich dabei auf die Beanspruchungen infolge Querkraft und Torsion, dass in der Regel ebenfalls vorhandene Biegemoment wird im Rahmen dieses Buches nicht betrachtet. Das Bemessungskonzept beruht auf der DIN 1045-1.

Da die Bezeichnungen im Massivbau und Stahlbau nicht einheitlich sind, werden hier aus Gründen der Verständlichkeit die bisherigen Konventionen des Stahlbaus beibehalten.

9.6 Torsionsnachweis von Stahlbeton-Hohlprofilen

Querschnitt und Material

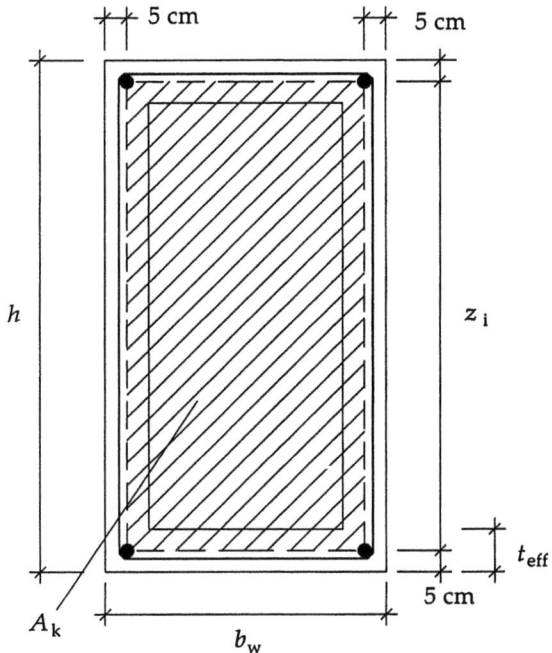

Bild 9-11 Bezeichnungen am Balkenquerschnitt

Querschnittsangaben:

Höhe:	$h = 0{,}60$ [m]	Breite:	$b = 0{,}60$ [m]
Kleinste Stegbreite:	$b_w = 0{,}60$ [m]	Effektive Dicke:	$t_{eff} = 0{,}10$ [m
Umschlossene Fläche:	$A_k = 0{,}25$ [m²]	Innerer Hebelarm:	$z_i = 0{,}50$ [m]

Umfang der umschlossenen Fläche A_k: $u_k = 2{,}00$ [m]

Materialangaben:

Beton   C35/40

$$f_{ck} = 35 \left[\frac{N}{mm^2}\right] \qquad f_{cd} = \frac{f_{ck}}{\gamma_c} = \frac{35}{1,5} = 23,3 \left[\frac{N}{mm^2}\right]$$

Betonstahl S500

$$f_{yk} = 500 \left[\frac{N}{mm^2}\right] \qquad f_{yd} = \frac{f_{yk}}{\gamma_s} = \frac{500}{1,15} = 435 \left[\frac{N}{mm^2}\right]$$

Einwirkungen

In diesem Beispiel stammen die Schnittgrößen aus einer exzentrischen Einwirkung, damit gehört die Querkraft V_k zu dem Torsionsmoment $M_{T,k}$; beide Größen wirken an derselben Trägerstelle x.

a) Charakteristische Werte

Schnittgröße	$M_{T,k}$ [kN m]	V_k [kN]
Eigengewicht	69	86
Verkehrslast	46	57

b) Bemessungsgrößen (DIN 1055, Teil 100)

Torsion: $\quad M_{T,d} = 1,35 \cdot 69 + 1,5 \cdot 46 = 0,162 \left[MN\right]$

Querkraft: $\quad M_{T,d} = 1,35 \cdot 86 + 1,5 \cdot 57 = 0,202 \left[MN\right]$

Bemessung

Da $b/h < 5$ ist, ist eine Schubbewehrung anzuordnen auch wenn rechnerisch keine erforderlich wäre (DIN 1045-1).

Infolge der Torsionsbeanspruchung ergibt sich im Ersatzhohlquerschnitt ein Schubfluss $T_{T,d}$, der mit Hilfe der *Bredt'*schen Gleichung (siehe Kap. 9.1) zu berechnen ist. Aus der Querkraft stellt sich in der gedachten Seitenwand eine zusätzliche Komponente $T_{V,d}$ ein, beide sind zu überlagern. Die Bemessung erfolgt anschließend mit der aufsummierten Schubkraft T_d.

$$T_{T,d} = \frac{M_{T,d}}{2 \cdot A_k} \cdot z_i \qquad = \frac{0,162}{2 \cdot 0,25} \cdot 0,50 \qquad = 0,162 \left[MN\right]$$

$$T_{V,d} = \frac{V_d}{b_w} \cdot t_{eff} \qquad = \frac{0,202}{0,60} \cdot 0,10 \qquad = 0,034 \left[MN\right]$$

$$T_d = T_{T,d} + T_{V,d} \qquad = 0,162 + 0,034 \qquad = 0,196 \left[MN\right]$$

Für die Bemessung ist der Neigungswinkel θ der Druckstrebe zu ermitteln. Da keine Normalkraft vorhanden ist vereinfacht sich (5.2) zu

9.6 Torsionsnachweis von Stahlbeton-Hohlprofilen

$$\cot\theta \leq \frac{1{,}2}{1-\dfrac{V_{Rd,c}}{V_{Ed}}}$$

mit

$V_{Rd,c}$ als übertragbare Rissreibungskraft

V_{Ed} als Gesamtschubfluss im Ersatzhohlquerschnitt, hier gilt: $V_{Ed} = T_d$

Die übertragbare Rissreibungskraft des Betons berechnet sich aus

$$V_{Rd,c} = \beta_{ct} \cdot \eta_1 \cdot 0{,}10 \cdot \sqrt[3]{f_{ck}} \cdot t_{eff} \cdot z_i$$

mit

$\beta_{ct} = 2{,}4$ Rauigkeitsbeiwert

$\eta_1 = 1{,}0$ Normalbeton

f_{ck} charakteristische Betondruckfestigkeit

und für dieses Beispiel ergibt sich

$$V_{Rd,c} = 2{,}4 \cdot 1{,}0 \cdot 0{,}10 \cdot \sqrt[3]{35} \cdot 0{,}10 \cdot 0{,}50 = 0{,}0393 \, [\text{MN}]$$

und für den Neigungswinkel θ folgt

$$\cot\theta \leq \frac{1{,}2}{1-\dfrac{0{,}0393}{0{,}196}} = 1{,}501 \Leftrightarrow \theta \geq 33{,}67 \, [°]$$

gewählt wird $\theta = 35 \, [°]$.

Bügelbewehrung

a) Infolge Torsion

$$\frac{A_{sw,T}}{s} = \frac{M_{T,d} \cdot \tan\theta}{2 \cdot A_k \cdot f_{ywd}} = \frac{0{,}162 \cdot \tan(35°)}{2 \cdot 0{,}25 \cdot \dfrac{500}{1{,}15}} = 0{,}522 \left[\frac{mm^2}{mm}\right]$$

b) Infolge Querkraft

$$\frac{A_{sw,V}}{s} = \frac{V_d \cdot \tan\theta}{z_i \cdot f_{ywd}} = \frac{0{,}202 \cdot \tan(35°)}{0{,}50 \cdot \dfrac{500}{1{,}15}} = 0{,}651 \left[\frac{mm^2}{mm}\right]$$

c) Infolge Torsion und Querkraft

Für den Querkraftanteil muss noch die Schnittigkeit beachtet werden, sie beträgt in diesem Beispiel zwei und liefert somit den Faktor 2 in der nachfolgenden Berechnung, siehe Bild 7-14.

$$\frac{A_{sw}}{s} = \frac{A_{sw,T}}{s} + \frac{A_{sw,V}}{2 \cdot s} = 0,522 + \frac{0,651}{2} = 0,848 \left[\frac{mm^2}{mm}\right]$$

mit einem gewählten Bügelabstand s = 125 [mm] ergibt sich eine erforderliche Bewehrungsfläche für die Bügel von

$$A_{sw} = A_{sw} \cdot s = 0,848 \cdot 125 = 106 \left[mm^2\right]$$

Dies entspricht z. B. ⌀ 12, 2-schnittig.

Längsbewehrung infolge Torsion

$$A_{sL,T} = \frac{M_{T,d} \cdot \cot\theta}{2 \cdot A_k \cdot f_{yd}} \cdot u_k = \frac{0,162 \cdot \cot(35°)}{2 \cdot 0,25 \cdot \frac{500}{1,15}} \cdot 2,0 = 2.129,0 \left[mm^2\right]$$

diese Bewehrungsfläche ist über den Umfang des Ersatzhohlquerschnittes gleichmäßig zu verteilen, d. h. auf die vier Wände:

$$A_{sL,T} = \frac{A_{sL,T}}{4} = 532 \left[mm^2\right] \text{ pro Seite}$$

Interaktionsnachweis

Für Vollquerschnitte gilt:

$$\left[\frac{M_{T,d}}{M_{T,Rd,max}}\right]^2 + \left[\frac{V_d}{V_{Rd,max}}\right]^2 \leq 1,0$$

die Beanspruchbarkeiten betragen:

$$M_{T,Rd,max} = \frac{2 \cdot \alpha_{c,red} \cdot f_{cd} \cdot A_k \cdot t_{eff}}{\cot\theta + \tan\theta}$$

$$= \frac{2 \cdot 0,7 \cdot 0,75 \cdot 0,85 \cdot \frac{35}{1,5} \cdot 0,25 \cdot 0,1}{\cot(35°) + \tan(35°)} \cdot = 0,245 \left[MN \cdot m\right]$$

9.6 Torsionsnachweis von Stahlbeton-Hohlprofilen

$$V_{Rd,max} = \frac{b_w \cdot z_i \cdot \alpha_c \cdot f_{cd}}{\cot \theta + \tan \theta}$$

$$= \frac{0,60 \cdot 0,5 \cdot 0,75 \cdot 0,85 \cdot \dfrac{35}{1,5}}{\cot(35°) + \tan(35°)} = 2,097 \,[\text{MN}]$$

Der Nachweis liefert:

$$\left[\frac{0,162}{0,245}\right]^2 + \left[\frac{0,202}{2,097}\right]^2 = 0,437 + 0,009 = 0,447 \leq 1,0$$

10 Wölbkrafttorsion für dünnwandige, offene Profile

10.1 Ableitung der Differentialgleichung

10.1.1 Einführung

Die Torsionsbeanspruchung von Stäben ist im Allgemeinen mit Verwölbungen der Querschnitte verbunden. Werden diese Querschnittsverwölbungen behindert, z. B. durch starre Randeinspannungen der Träger, durch Querschnittsänderungen oder auch durch veränderliche Torsionsbelastungen, so dass $M_T(x) \neq$ konst. ist, sind Längsspannungen σ_x die Folge. Damit wird die Voraussetzung der *St. Venant*'schen Torsion, $\sigma_x = 0$ hinfällig, der Träger muss streng genommen nach der Theorie der Wölbkrafttorsion berechnet werden.

Folgende Ausnahmen lassen sich anführen:

1. Träger mit wölbfreien oder quasiwölbfreien Querschnitten erfüllen immer die Voraussetzung der *St. Venant*'schen Torsionstheorie, sofern nicht konstruktiv eine andere Drehachse als die Schubmittelpunktsachse vorgegeben wird.

2. Dünnwandige, geschlossene Profile verwölben sich zwar unter Torsion, aber die Verwölbungen bleiben relativ klein. Aufgrund der großen *St. Venant*'schen Drillsteifigkeit I_T bleibt die Abtragung der Torsionsmomente über Wölbschubspannungen vernachlässigbar klein. Wölbnormalspannungen treten nur dort örtlich stark begrenzt auf, wo die Verwölbungen behindert werden. Im Allgemeinen ist daher eine Berechnung geschlossener dünnwandiger Profile nach der Theorie der Wölbkrafttorsion nicht erforderlich.
Dabei sind allerdings die Grenzfälle zu beachten, dass der Querschnitt so dünnwandig wird, dass Querschnittsverformungen zusätzlich in die Rechnung mit einzubeziehen sind, *Heilig* (1961), *Steinle* (1970), *Sedlacek* (1971), *Dittler* (1980) u. a.

3. Dickwandige und massive Querschnitte werden hier nicht behandelt, obwohl die Differentialgleichung der Wölbkrafttorsion auch für diese Querschnitte gilt (*Sauer* 1980). Bei den massiven Querschnitten handelt es sich jedoch normalerweise um Betonquerschnitte, bei denen zusätzliche werkstoffbedingte Probleme hinzukommen, *Mehlhorn* (1970), *Mehlhorn/Rützel* (1972), *Krpan/Collins* (1981).

10.1.2 Wölbnormalspannungen σ_W, und Wölbschubfluss T_W

Mit der Definition der Verwölbungen nach (7.25) erhält man aus (6.9) folgende Wölbnormalspannungen:

$$\sigma_x = \sigma_W = E \cdot \frac{\partial u}{\partial x} = E \cdot \vartheta''(x) \cdot \bar{\omega}^M(y,z) \tag{10.1}$$

Das Spannungsdiagramm für σ_W, ist affin zur Wölbfläche $\bar{\omega}^M$, bei dünnwandigen Querschnitten daher konstant über die Wanddicken t verteilt. Es enthält als resultierende Schnittgrößen weder eine Längskraft N noch Biegemomente M_y oder M_z, siehe Kap. 8.4.3. Zur Erfüllung der Gleichgewichtsbedingung (6.18) müssen im Querschnitt zusätzliche Wölbschubspannungen τ_{II}, vorhanden sein, die ebenfalls konstant über die Wanddicken t verteilt sind und zu resultierenden Wölbschubflüssen T_W zusammengefasst werden. Sie überlagern sich den linear über t veränderlichen St. Venant'schen Schubspannungen τ_I.

Damit wird die Voraussetzung zur Berechnung der Verwölbungen u nach Kap. 8.4, dass die Torsionsschubspannungen auf der Profilmittellinie Null sind, streng genommen hinfällig. Dennoch wird in der allgemeinen Theorie der Wölbkrafttorsion diese Voraussetzung unverändert beibehalten, da normalerweise die Wölbschubspannungen so klein sind, dass die zugehörigen Gleitungen γ_{II} vernachlässigt werden können. Somit können die im Rahmen der St. Venant'schen Torsion berechneten Verwölbungen u für dünnwandige, offene Querschnitte unverändert in die Wölbkrafttorsion übernommen werden.

Dies hat zur Folge, dass die Wölbschubspannungen τ_{II} - in Analogie zur Dübelformel für Querkraftschubspannungen - nur aus einer Gleichgewichtsaussage bestimmt werden können. Sie entspricht der noch offen stehenden Gleichgewichtsbedingung (6.18).

Für ein Querschnittselement, siehe Bild 10-1, liefert das Gleichgewicht in x-Richtung den resultierenden Schubfluss T_W in Abhängigkeit von den Wölbnormalspannungen σ_W.

10.1 Ableitung der Differentialgleichung

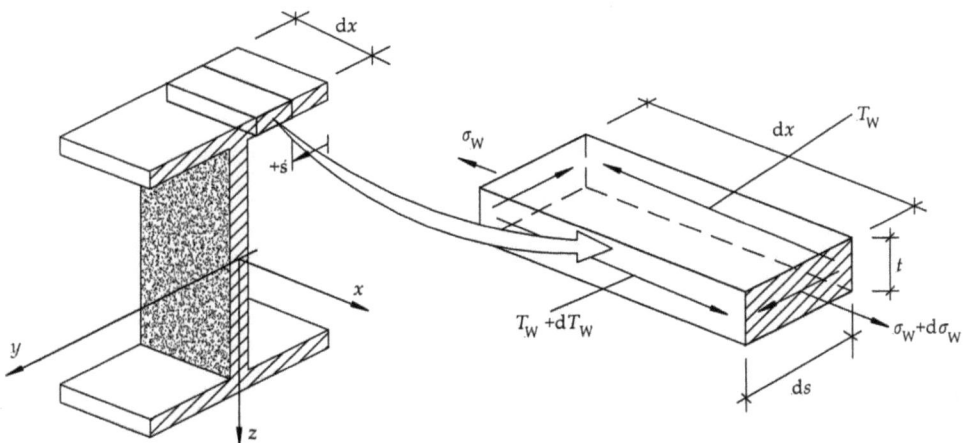

Bild 10-1 Gleichgewicht zwischen den Wölbspannungen am Querschnittselement

$$d\sigma_W \cdot t \cdot ds + dT_W \cdot dx = 0 \tag{10.2}$$

$$T_W(x,s) = -\int_0^s \frac{d\sigma_x}{dx} \cdot t \cdot ds + T_W\big|_{s=0} \tag{10.3}$$

Wird der Integrationsanfangspunkt $s = 0$ an das freie Profilende gelegt, so muss die Integrationskonstante $T_{W,0}$ aufgrund der allgemeinen Bedingung 4 in Kap. 2.1.1 Null sein. Mit (10.1) erhält man:

$$T_W(x,s) = -E \cdot \vartheta'''(x) \cdot \int_0^s \bar{\omega}^M(s) \cdot dA = -E \cdot \vartheta'''(x) \cdot S_W \tag{10.4}$$

Das Integral wird in Analogie zu den statischen Momenten mit S_W abgekürzt und kann auch in gleicher Weise berechnet werden, indem man nicht über die y- oder z-, sondern über die $\bar{\omega}^M$-Fläche integriert. Ein positiver Wölbschubfluss T_W verläuft in Richtung $+s$, die Wölbschubspannungen τ_W sind konstant über t verteilt:

$$\tau_{xs,II} = \frac{T_W}{t} \tag{10.5}$$

Bild 10-2 zeigt am Beispiel eines Z-Profils die Ermittlung der Wölbschubflüsse T_W aus der Wölbfläche $\bar{\omega}^M$, siehe Bild 8-9.

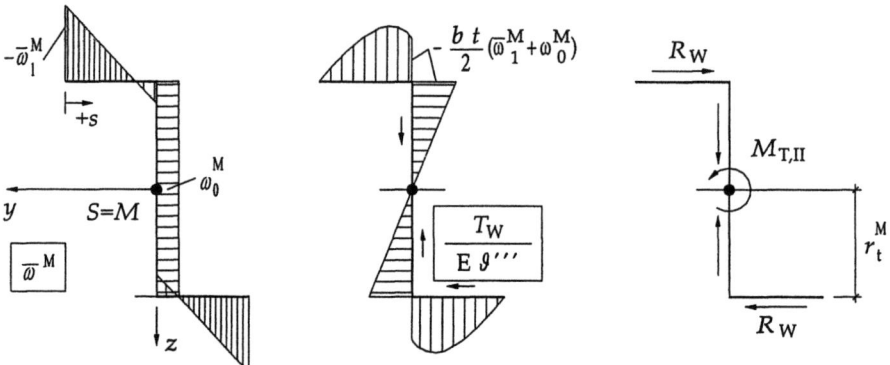

Bild 10-2 Wölbschubfluss T_W und resultierender Wölbmomentenanteil

10.1.3 Gesamttorsionsmoment

In allen geraden Profilteilen lassen sich die Wölbschubflüsse T_W zu Teilresultierenden R_W zusammenfassen, die – bezogen auf den Schubmittelpunkt M als natürliche Drillruheachse – einen zusätzlichen Anteil am Torsionsmoment ergeben:

$$M_T = M_{T,I} + M_{T,II} \tag{10.6}$$

wobei der erste Anteil mit dem Momentenanteil nach (7.21) der *St. Venant*'schen Schubspannungen τ_I identisch ist. Die Wölbschubspannungen sind zwar voraussetzungsgemäß sehr klein, so dass die Gleitungen γ_{II}, vernachlässigt werden können, aber der Hebelarm r_t^M zum Schubmittelpunkt M ist wesentlich größer als der für die *St. Venant*'schen Schubspannungen wirksame Hebelarm von $\frac{2}{3} \cdot t$ siehe Bild 8-1. In der Gleichgewichtsbilanz können beide Momentenanteile etwa gleich groß werden. Für einen allgemeinen Querschnitt erhält man den Anteil $M_{T,II}$ zu:

$$M_{T,II} = \int T_W(x,s) \cdot r_t^M(s) \cdot ds \tag{10.7}$$

Diese Gleichung lässt sich durch Teilintegration lösen:

10.1 Ableitung der Differentialgleichung

$$M_{T,II} = -E \cdot \vartheta'''(x) \cdot \int_A \left[\int_0^s \bar{\omega}^M(s) \cdot dA \right] \cdot r_t^M(s) \cdot ds$$

$$= -E \cdot \vartheta'''(x) \cdot \left\{ \left[\int_0^s \bar{\omega}^M(s) \cdot dA \cdot \int r_t^M(s) \cdot ds \right]_{s=0}^{s=s_e} - \int_A \bar{\omega}^M(s) \cdot t \cdot \left(\cdot \int r_t^M(s) \cdot ds \right) \cdot ds \right\}$$

$$= +E \cdot \vartheta'''(x) \cdot \int_A \bar{\omega}^M(s) \cdot \left(-\bar{\omega}^M(s) + \bar{\omega}_0^M \right) \cdot dA$$

$$= -E \cdot \vartheta'''(x) \cdot \int_A \left[\bar{\omega}^M(s) \right]^2 \cdot dA$$

Der erste Term mit den festen Grenzen $s = 0$ und $s = s_e$ muss zu Null werden, da T_W nach (10.4) an den Profilenden verschwindet. Das Integral über r_t^M kann nach (8.15) durch $\bar{\omega}^M$ ausgedrückt werden, wobei die Konstante ω_0^M herausfällt, da nach (8.21) die Integration der Hauptverwölbungen $\bar{\omega}^M$ über die gesamte Querschnittsfläche A den Wert Null ergibt. Es verbleibt ein Integral über das Quadrat der Verwölbungen, das als Wölbwiderstand C_M definiert wird:

$$C_M = \int_A \left[\bar{\omega}^M(s) \right]^2 \cdot dA \tag{10.8}$$

Damit erhält man für den sekundären Momentenanteil $M_{T,II}$

$$M_{T,II} = -E \cdot C_M \cdot \vartheta'''(x) \tag{10.9}$$

und entsprechend für das Gesamttorsionsmoment nach (10.6):

$$M_T = G \cdot I_T \cdot \vartheta'(x) - E \cdot C_M \cdot \vartheta'''(x) \tag{10.10}$$

Das Gesamttorsionsmoment M_T an einer beliebigen Trägerstelle x lässt sich durch die Anfangsgröße $M_T(0)$ und die Torsionseinwirkung $m_T(x)$ ausdrücken, siehe Bild 10-3:

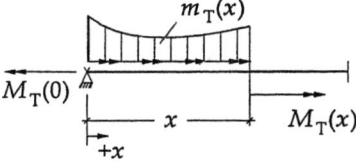

Bild 10-3 Gleichgewicht der Torsionsmomente am Trägerabschnitt x

Da $M_T(0)$ nur bei einer statisch bestimmten Lagerung des Trägers allein aus der Gleichgewichtsbedingung heraus zu berechnen ist, sonst zunächst aber noch unbekannt ist, wird (10.10) nochmals differenziert, um $\vartheta(x)$ in Abhängigkeit von der vorgegebenen Einwirkung zu erhalten:

$$G \cdot I_T \cdot \vartheta''(x) - E \cdot C_M \cdot \vartheta''''(x) = m_T(x) \tag{10.11}$$

Literatur hierzu: *Kappus* (1937), *Marguerre* (1940), *Bornscheuer* (1952), *Roik* (1978).

10.2 Wölbmoment M_W

Analog zu den Biegemomenten M_y und M_z wird eine als Wölbmoment M_W bezeichnete Spannungsresultierende definiert:

$$M_W = -\int_A \sigma_W \cdot \bar{\omega}^M \cdot dA \quad [kN \cdot m^2] \tag{10.12}$$

Setzt man darin die Wölbspannungen nach (10.1) ein, so erhält man eine Beziehung, die zur elastostatischen Grundgleichung der Biegung analog ist:

$$M_W = -E \cdot \vartheta''(x) \cdot \int_A \left[\bar{\omega}^M\right]^2 \cdot dA = -E \cdot C_M \cdot \vartheta''(x) \tag{10.13}$$

Umgekehrt lassen sich die Wölbnormalspannungen σ_W direkt aus dem Wölbmoment berechnen, indem man (10.13) in (10.1) einsetzt:

$$\sigma_W = \frac{M_W}{E \cdot C_M} \cdot \bar{\omega}^M \tag{10.14}$$

Diese eindeutige und umkehrbare Beziehung zwischen der Schnittgröße M_W und den Normalspannungen σ_W entspricht der allgemeinen Charakteristik einer Schnittgröße der Technischen Elastizitätstheorie nach Kap. 1.6, man kann M_W als „höhere Schnittgröße" bezeichnen (*Schardt* 1966). Eine Hauptschwierigkeit beim Berechnen mit dem Wölbmoment besteht darin, dass die Anschauung für diese neue Schnittgröße weitgehend fehlt. Allein bei einem I-Querschnitt lässt sich das Wölbmoment veranschaulichen:

Es entspricht dort dem Produkt aus dem Flanschmoment M_{Fl}, das in beiden Flanschen mit entgegengesetztem Vorzeichen auftritt, und der Profilhöhe h, worauf die häufig benutzte Bezeichnung des Wölbmomentes als Bimoment oder Wölbbimoment zurückzuführen ist, siehe Bild 10-4.

10.2 Wölbmoment

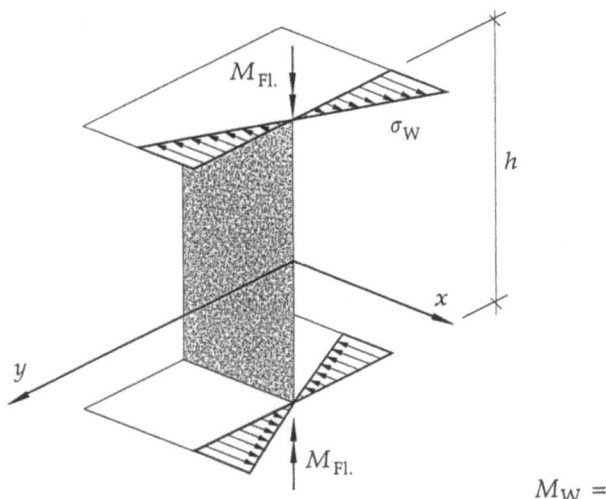

$$M_W = M_{Fl} \cdot h$$

Bild 10-4 Wölbnormalspannungen und anschauliche Darstellung des Wölbmoments am I-Querschnitt

Wölbmomente M_W können auch als Einwirkungen (äußere Lastgrößen) vorgegeben sein, z. B. als Randeinwirkung an den Trägerenden. Eine beliebig verteilte Randspannung $\sigma_x(s)$ kann nach (10.12) ein Wölbmoment ergeben. Eine über A konstante Normalspannung oder in y oder z lineare Spannungsdiagramme enthalten jedoch nach (8.21) und (8.22) kein resultierendes Wölbmoment.

Ein Wölbmoment kann auch dann auftreten, wenn örtlich am Querschnitt Einzellasten F_i in Axialrichtung x angreifen. Das Integral in (10.12) ist dann durch eine Summe zu ersetzen:

$$M_W = -\sum_i F_i \cdot \bar{\omega}_i^M \tag{10.15}$$

wobei für $\bar{\omega}_i^M$ die Ordinate der Verwölbung einzusetzen ist, die an dem Lastangriffspunkt von F_i am Querschnitt vorliegt. So wird ein Träger mit Z-Profil, der punktförmig im Schwerpunkt durch eine Längskraft N belastet wird, gleichzeitig auf Torsion beansprucht, da nach Bild 10-2 im Schwerpunkt eine Wölbordinate vorhanden ist, so dass zusätzlich zur Längskraft N ein Wölbmoment $M_W = -N \cdot \bar{\omega}_s^M$ eingeleitet wird (Vlassov 1964).

10.3 Lösung der Differentialgleichung und Randbedingungen

10.3.1 Allgemeine Hinweise

Das klassische *St. Venant*'sche Torsionsproblem umfasst die Ermittlung der Spannungsfunktion ψ für einen bestimmten Querschnitt und die Berechnung aller Querschnittswerte; der Spannungsnachweis für einen Stab mit Torsionsbeanspruchung (siehe Bild 8-4) zählt mehr zu den nachgeordneten Aufgaben. In der Wölbkrafttorsion sind die Gewichte umgekehrt verteilt: Die Ermittlung der Querschnittswerte (Schubmittelpunkt M, Verwölbungen $\bar{\omega}^M$, Wölbwiderstand C_M) wird als notwendige Vorarbeit angesehen, die eigentliche Aufgabe besteht in der Lösung der Differentialgleichung und der Berechnung der Spannungen und Verformungen. Dem werden die nachfolgenden Beispiele Rechnung tragen.

Zu einer vorgegebenen Aufgabe sind die speziellen Randbedingungen des Trägers in die allgemeine Lösung einzuarbeiten. Anschließend können über die verschiedenen Ableitungen von der Verdrehung der Stablängsachse $\vartheta(x)$ alle Kraft- und Verformungsgrößen bestimmt werden. Dieser Lösungsweg, wie er hier vorgestellt wird, ist trotz umfangreicher Lösungshilfen (*Cornelius* 1951, *Bornscheuer* 1952/53, *Kollbrunner/Basler* 1966, *Roik/Carl/ Lindner* 1972) recht aufwendig und kann in der Praxis nur in Einzelfällen angewendet werden. Er bildet jedoch die Grundlage für die Erweiterung des Weggrößenverfahrens auf die Wölbkrafttorsion (*Lindenberger* 1953, *Klöppel/Friemann* 1966, *Roik* 1978), mit dessen Hilfe auch größere Systeme berechnet werden können. In gleicher Weise wurde das Kraftgrößenverfahren auf die Wölbkrafttorsion erweitert (*Lindenberger* 1953, *Roik/Carl/ Lindner* 1972, *Roik* 1978).

Lösungswege mit Hilfe der Energiemethode werden in der Literatur ebenfalls zahlreich angeboten (z. B. *Roik/Carl/Linder* 1972, *Roik* 1978, *Friemann* 1996, e. a.)

10.3.2 Lösung der Differentialgleichung

Unter der Voraussetzung, dass die Systemwerte $G \cdot I_T$ und $E \cdot C_M$ konstant sind und dass die Beanspruchung $m_T(x)$ sowie die Verdrehung $\vartheta(x)$ einschließlich ihrer Ableitungen stetig sind, kann die Differentialgleichung (DGL) entsprechend (10.11) mit einem e-Ansatz gelöst werden. Für $m_T(x)$ = konst. erhält man:

$$\vartheta(x) = K_1 \cdot \sinh\left(\varepsilon \cdot \frac{x}{L}\right) + K_2 \cdot \cosh\left(\varepsilon \cdot \frac{x}{L}\right) + K_3 \cdot \frac{x}{L} + K_4 - m_T \cdot \frac{x^2}{2 \cdot G \cdot I_T} \quad (10.16)$$

mit folgender Abkürzung:

$$\varepsilon = L \cdot \sqrt{\frac{G \cdot I_T}{E \cdot C_M}} \quad (10.17)$$

10.3 Lösung der Differentialgleichung und Randbedingungen

Obwohl die Abkürzung ε als Stabkennzahl in der Stabilitätstheorie bereits vergeben ist, wurde hier bewusst die gleiche Abkürzung verwandt. Damit soll auf die Analogie der Differentialgleichung der Wölbkrafttorsion zur Differentialgleichung nach Theorie II. Ordnung für den Zugstab hingewiesen werden[1]. Alle für Zugstäbe entwickelten Lösungen (*Friemann* 1990) können unmittelbar zur Lösung von Aufgaben zur Wölbkrafttorsion übernommen werden (*Lindenberger* 1953, *Klöppel/Friemann* 1966), wenn man den entsprechenden rein formalen Austausch aller Größen vornimmt. Zum besseren Verständnis der Wölbkrafttorsion werden die nachfolgenden Beispiele jedoch ohne Ausnutzung dieser Analogie berechnet. Im Kapitel 11 wird diese Analogie näher besprochen.

10.3.3 Randbedingungen

Es sind vier Grundlagerungsbedingungen für einen torsionsbeanspruchten Träger möglich, die auf die nachfolgenden Randbedingungen führen.

Außer diesen vier Grundlagerungsbedingungen können Dreh- oder Wölbfedern vorhanden sein, die geometrische und statische Anfangsgrößen miteinander koppeln, siehe Kap. 10.5.

Statisches System	Randbedingung		Anmerkung
Starre Einspannung: 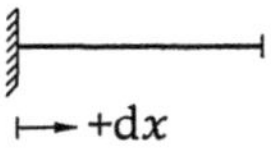	$\vartheta(0) = 0$ $\vartheta'(0) = 0$	(10.18)	Die Verwölbung u nach (7.25) ist verhindert.
Gabellager: 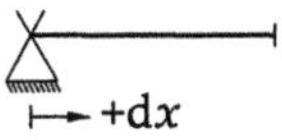	$\vartheta(0) = 0$ $\vartheta''(0) = 0$	(10.19)	Die Wölbspannungen nach (10.1) bzw. das Wölbmoment M_W nach (10.13) sind Null. In bestimmten Fällen kann ein Wölbmoment als Randgröße $M_W(0)$ eingeleitet werden.

Bild 10-5a Randbedingungen für torsionsbeanspruchte Träger

---

[1] In der Literatur wird an Stelle des Begriffs „Stabkennzahl" häufig „Abklingfaktor" genannt

Statisches System	Randbedingung	Anmerkung
freies Stabende: 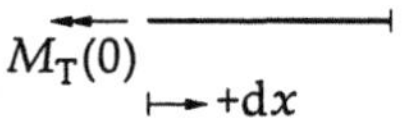 $\overleftarrow{M_T(0)}$ ⊢→+dx	$M_W(0) = -E \cdot C_M \cdot \vartheta''(0)$ $M_T(0) = +G \cdot I_T \cdot \vartheta'(0) - E \cdot C_M \cdot \vartheta'''(0)$ (10.20) $\vartheta'''(0) - \dfrac{\varepsilon^2}{L^2} \cdot \vartheta'(0) = 0$ (10.21)	Es können nur dynamische, jedoch keine geometrischen Randbedingungen vorgegeben werden. Ist das Anfangstorsionsmoment gleich Null, so kann mit (10.17) die zweite Bedingung verkürzt werden.
Starre Kopfplatte: 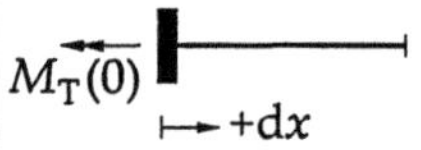 $\overleftarrow{M_T(0)}$❙⊢→+dx	$\vartheta'(0) = 0$ $M_T(0) = -E \cdot C_M \cdot \vartheta'''(0)$ (10.22)	Die starre Kopfplatte verhindert die Anfangsverwölbung. Ein Anfangstorsionsmoment kann vorhanden sein.

Bild 10-5b Fortsetzung von Bild 10-5a: Randbedingungen für torsionsbeanspruchte Träger

10.3.4 Symmetrie- und Antimetriebedingungen

Das Torsionsmoment M_T ist eine antimetrische Schnittgröße, die auf der Symmetrieachse eines Trägers zu Null werden muss, so dass dort gilt:

$$\vartheta'_{Sym} = 0$$
$$\vartheta'''_{Sym} = 0 \tag{10.23}$$

Greift ein äußeres Torsionsmoment unmittelbar auf einer Symmetrieachse des Trägers an, so ist es zu gleichen Teilen auf beide Schnittufer aufzuteilen (in Analogie zur Aufteilung einer Einzellast auf einer Symmetrieachse in zwei gleich große, jeweils positive und negative Querkräfte).

Auf einer Antimetrieachse werden die symmetrischen Größen zu Null, wozu auch das Wölbmoment M_W gehört:

$$\vartheta_{Anti} = 0$$
$$\vartheta''_{Anti} = 0 \tag{10.24}$$

10.3 Lösung der Differentialgleichung und Randbedingungen

10.3.5 Anfangswerte-Lösung

Die allgemeine Lösung (10.16) der Differentialgleichung der Wölbkrafttorsion enthält 4 unbekannte Konstanten K_j. Sind die in Kap. 10.3.2 genannten Bedingungen zur formelmäßigen Lösung der Differentialgleichung nur abschnittsweise erfüllt, z. B. bei Trägern mit mehreren Einzellasten oder bei Mehrfeldträgern, kommen für jedes neue Feld 4 weitere Unbekannten hinzu.

Um zumindest bei Ein- und Zweifeldträgern, die in der Praxis am häufigsten auftreten, die Zahl der Unbekannten auf ein erträgliches Maß zu reduzieren, empfiehlt es sich, von der allgemeinen Lösung (10.16) auf die „Anfangswerte-Lösung" überzugehen.

Für einen beliebigen Schnitt x des Integrationsbereiches lassen sich die geometrischen und statischen Größen über die allgemeine Lösung (10.16) ausdrücken, wobei die Abkürzung in (10.17) zu beachten ist:

$$\vartheta(x) = K_1 \cdot \sinh\left(\varepsilon \cdot \frac{x}{L}\right) + K_2 \cdot \cosh\left(\varepsilon \cdot \frac{x}{L}\right) + K_3 \cdot \frac{x}{L} + K_4 - m_T \cdot \frac{x^2}{2 \cdot G \cdot I_T}$$

$$\vartheta'(x) = \frac{\varepsilon}{L} \cdot K_1 \cdot \cosh\left(\varepsilon \cdot \frac{x}{L}\right) + \frac{\varepsilon}{L} \cdot K_2 \cdot \sinh\left(\varepsilon \cdot \frac{x}{L}\right) + K_3 \cdot \frac{1}{L} - m_T \cdot \frac{x}{G \cdot I_T}$$

$$M_W(x) = -E \cdot C_M \cdot \vartheta''(x)$$

$$= -G \cdot I_T \cdot \left[K_1 \cdot \sinh\left(\varepsilon \cdot \frac{x}{L}\right) + K_2 \cdot \cosh\left(\varepsilon \cdot \frac{x}{L}\right)\right] + m_T \cdot \frac{L^2}{\varepsilon^2} \quad (10.25)$$

$$M_T(x) = -E \cdot C_M \cdot \vartheta'''(x) + G \cdot I_T \cdot \vartheta'(x)$$

$$= G \cdot I_T \cdot K_3 \cdot \frac{1}{L} - m_T \cdot x$$

Welche dieser vier geometrischen und statischen Größen am Anfangspunkt eines Integrationsbereiches bekannt oder unbekannt sind, hängt von den Lagerungs- bzw. Randbedingungen ab. Bei den Lagerungsbedingungen der Abbildung Bild 10-5 sind jeweils zwei dieser Größen bekannt. Ist der Integrationsbereich Teil eines Mehrfeldträgers, können auch alle vier Größen am Anfangspunkt $x = 0$ unbekannt sein.

Definiert man die 4 geometrischen und statischen Größen nach (10.25) für den Schnitt $x = 0$ als Anfangswerte des betreffenden Integrationsbereiches, dann lassen sie sich direkt über die Integrationskonstanten K_j ausdrücken:

$$\vartheta_0 = \vartheta(x=0) = K_2 + K_4$$

$$\vartheta'_0 = \vartheta'(x=0) = \frac{\varepsilon}{L} \cdot K_1 + \frac{1}{L} \cdot K_3$$

$$M_{W,0} = M_W(x=0) = -G \cdot I_T \cdot K_2 + m_T \cdot \frac{L^2}{\varepsilon^2} \quad (10.26)$$

$$M_{T,0} = M_T(x=0) = G \cdot I_T \cdot \frac{1}{L} \cdot K_3$$

Diese Gleichungen lassen sich nach den Konstanten K_j auflösen. Setzt man das Ergebnis in (10.16) ein, erhält man die gesuchte Anfangswerte-Lösung:

$$\begin{aligned}\vartheta(x) &= \vartheta_0 + \vartheta_0' \cdot \frac{L}{\varepsilon} \cdot \sinh\left(\varepsilon \cdot \frac{x}{L}\right) + \frac{M_{W,0}}{G \cdot I_T} \cdot \left[1 - \cosh\left(\varepsilon \cdot \frac{x}{L}\right)\right] \\ &+ \frac{M_{T,0} \cdot L}{G \cdot I_T} \cdot \left[\frac{x}{L} - \frac{1}{\varepsilon} \cdot \sinh\left(\varepsilon \cdot \frac{x}{L}\right)\right] \\ &+ \frac{m_T \cdot L^2}{G \cdot I_T} \cdot \left\{\frac{1}{\varepsilon^2} \cdot \left[\cosh\left(\varepsilon \cdot \frac{x}{L}\right) - 1\right] - \frac{1}{2} \cdot \frac{x^2}{L^2}\right\}\end{aligned} \quad (10.27)$$

Diese Lösung hat drei Vorteile

1. Die mathematischen Konstanten K_j wurden durch mechanisch definierte Anfangsgrößen des Integrationsbereiches ersetzt, die Lösung des Problems wird anschaulicher.
2. Da in vielen Fällen zwei Anfangsgrößen bekannt sind, vermindert sich die Zahl der Unbekannten bei Ein- und Zweifeldträgern auf die Hälfte, so dass der Arbeitsaufwand auch ohne Einsatz eines Computers vertretbar wird.
3. Drittens erhält man als Lösungswerte unmittelbar die Schnittgrößen an den Enden des Integrationsbereiches, die in vielen Fällen für die Bemessung des Trägers maßgebend sind.

Für die konkrete Berechnung von Aufgaben hat sich in der Praxis eine Aufbereitung der Anfangswerte-Lösung gemäß (10.16) bewährt. Auf der Grundlage der Gleichungen (10.6), (10.9), (10.10), (10.13), (10.25) kann mit Hilfe der Gleichung (10.27) und ihren Ableitungen eine allgemeine mathematische Form für die Verdrehung $\vartheta(x)$, die Verdrillung $\vartheta'(x)$, das Wölbmoment $M_W(x)$, das primäre und sekundäre Torsionsmoment entsprechend Bild 10-6 angegeben werden:

Für eine gesuchte geometrische oder statische Größe B_k gilt:

$$B_k = \sum_{i=1}^{5} A_i \cdot (\text{Tafelwert})_{ki}$$

Vergleiche hierzu z. B. Gleichung (10.27) und beachte für das Gesamttorsionsmoment (10.6).

10.3 Lösung der Differentialgleichung und Randbedingungen

$B_k \backslash A_i$	ϑ_0	ϑ_0'	$\dfrac{M_{W,0}}{G \cdot I_T}$	$\dfrac{M_{T,0} \cdot L}{G \cdot I_T}$	$\dfrac{m_T \cdot L^2}{G \cdot I_T}$
$\vartheta(x)$	1	$\dfrac{L}{\varepsilon}\sinh\left(\varepsilon \cdot \dfrac{x}{L}\right)$	$1 - \cosh\left(\varepsilon \cdot \dfrac{x}{L}\right)$	$\dfrac{x}{L} - \dfrac{1}{\varepsilon}\left(\varepsilon \cdot \dfrac{x}{L}\right)$	$\dfrac{1}{\varepsilon^2}\left[\cosh\left(\varepsilon \cdot \dfrac{x}{L}\right) - 1\right] - \dfrac{1}{2}\left(\dfrac{x}{L}\right)^2$
$\dfrac{M_{T,I}(x)}{G \cdot I_T} = -\vartheta'(x)$	0	$\cosh\left(\varepsilon\dfrac{x}{L}\right)$	$-\dfrac{\varepsilon}{L}\sinh\left(\varepsilon\dfrac{x}{L}\right)$	$\dfrac{1}{L}\left[1 - \cosh\left(\varepsilon\dfrac{x}{L}\right)\right]$	$\dfrac{1}{\varepsilon L}\sinh\left(\varepsilon\dfrac{x}{L}\right) - \dfrac{x}{L^2}$
$\dfrac{M_W(x)}{E \cdot C_M} = -\vartheta''(x)$	0	$-\dfrac{\varepsilon}{L}\sinh\left(\varepsilon\dfrac{x}{L}\right)$	$+\left(\dfrac{\varepsilon}{L}\right)^2 \cdot \cosh\left(\varepsilon\dfrac{x}{L}\right)$	$\dfrac{\varepsilon}{L^2}\sinh\left(\varepsilon\dfrac{x}{L}\right)$	$\dfrac{1}{L^2}\left[1 - \cosh\left(\varepsilon\dfrac{x}{L}\right)\right]$
$\dfrac{M_{T,II}(x)}{E \cdot C_M} = -\vartheta'''(x)$	0	$-\left(\dfrac{\varepsilon}{L}\right)^2 \cdot \cosh\left(\varepsilon\dfrac{x}{L}\right)$	$\left(\dfrac{\varepsilon}{L}\right)^3 \cdot \sinh\left(\varepsilon\dfrac{x}{L}\right)$	$\dfrac{\varepsilon^2}{L^3}\cosh\left(\varepsilon\dfrac{x}{L}\right)$	$-\dfrac{\varepsilon}{L^3}\sinh\left(\varepsilon\dfrac{x}{L}\right)$

Bild 10-6 Tabellarische Zusammenstellung der statischen und geometrischen Größen der Wölbkrafttorsion

10.4 Beispiele

Die nachfolgenden Beispiele können und sollen nur Hilfen bieten, um sich mit der Wölbkrafttorsion vertraut zu machen. Man wird dabei feststellen, dass das Verständnis dieser Theorie und insbesondere die anschauliche Vorstellung über die Ergebnisse schnell verblassen und immer wieder aufgefrischt werden müssen, wenn man vor die Lösung konkreter Aufgaben gestellt wird. Nur dazu sollen diese Beispiele dienen, für tabellierte Lösungen wird auf die Literatur verwiesen (*Bornscheuer* 1952, 1953 *Cornelius* 1951, *Lindenberger* 1953, *Cywinski* 1978, 1983).

10.4.1 Kragträger mit einem Einzeltorsionsmoment am freien Ende

Das System und die charakteristische Einwirkung wurden in Bild 10-7 skizziert. Eine zusätzliche Besonderheit in diesem Beispiel ist, dass das Sicherheitskonzept gemäß DIN 1055, Teil 100 zur Anwendung kommt.

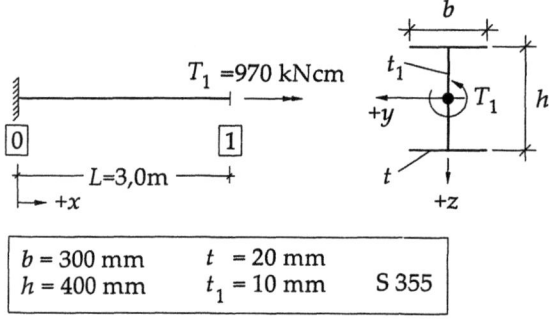

Bild 10-7 Beispiel eines Kragträgers mit Einzeltorsionsmoment am freien Ende

Es wird die „vereinfachte Regel für den Hochbau" (DIN 1055, Teil 100) bei der Ermittlung der Bemessungsgrößen angewandt:

$$T_d = \gamma_G \cdot T_1 = 1{,}35 \cdot 970 = 1.309{,}50 \; [\text{kN} \cdot \text{cm}]$$

Für alle Materialkennwerte X gilt:

$$X_d = \frac{X_k}{\gamma_M}$$

mit $\gamma_M = 1{,}1$

10.4 Beispiele

Querschnittswerte:

$$I_T = 2 \cdot \frac{1}{3} \cdot 30 \cdot 2^3 + \frac{1}{3} \cdot 40 \cdot 1^3 = 173{,}3 \; [\text{cm}^4]$$

$$\max \bar{\omega}^M = \pm \frac{1}{4} \cdot 30 \cdot 40 = \pm 300 \; [\text{cm}^2]$$

$$C_M = 4 \cdot \frac{1}{3} \cdot 300^2 \cdot 15 \cdot 2{,}0 = 3{,}6 \cdot 10^6 \; [\text{cm}^6]$$

$$\varepsilon = 300 \cdot \sqrt{\frac{8.100 \cdot 1{,}1 \cdot 173{,}3}{21.000 \cdot 1{,}1 \cdot 3{,}6 \cdot 10^6}} = 1{,}29271$$

Nach der *St. Venant*'schen Torsionstheorie unter Vernachlässigung der Wölbspannungen erhält man Torsionsschubspannungen $\tau_{I,d}$, die weit oberhalb der Beanspruchbarkeit τ_{Rd} liegen:

$$\max \tau_{I,d} = \frac{T_d}{I_T} \cdot \max t = \frac{1.309{,}50}{173{,}3} \cdot 2{,}0 = 15{,}1 \; \left[\frac{\text{kN}}{\text{cm}^2}\right] \geq 12{,}6 \; \left[\frac{\text{kN}}{\text{cm}^2}\right] = \frac{1}{3} \cdot \sqrt{3} \cdot \frac{f_{y,k}}{\gamma_M} = \tau_{Rd}$$

Da $M_{T,d}(x)$ = konst. ist, muss $M_{T,0,d} = T_d$ sein. Für den Trägeranfang verbleibt daher in der Anfangswerte-Lösung (10.27) nur das Wölbmoment als unbekannte Anfangsgröße übrig.

Für den Trägeranfang gelten folgende Randbedingungen, siehe Bild 10-5:

$$\vartheta(x = 0) = \vartheta_0 = 0$$
$$\vartheta'(x = 0) = \vartheta'_0 = 0$$

Mit Hilfe von Bild 10-6 erhält man für die Verdrehung $\vartheta(x)$ auf Gebrauchsniveau ($\gamma = 1{,}0$)

$$\vartheta(x) = \left\{ \frac{M_{W,0,d}}{G_k \cdot I_T} \cdot \left[1 - \cosh\left(\varepsilon \cdot \frac{x}{L}\right)\right] + \frac{T_d \cdot L}{G_k \cdot I_T} \cdot \left[\frac{x}{L} - \frac{1}{\varepsilon} \sinh\left(\varepsilon \cdot \frac{x}{L}\right)\right] \right\} \cdot \frac{1}{1{,}35} \quad (10.28)$$

Hinweis: In der obigen Gleichung für $\vartheta(x)$ wird bereits mit den charakteristischen Materialkennwerten gearbeitet, somit tritt $\gamma_M = 1{,}1$ nicht mehr explizit auf.

Da mit Hilfe der Anfangswerte-Lösung alle Randbedingungen am Stabanfang erfüllt sind, kann für die Berechung des unbekannten Wölbmomentes nur eine Randbedingung am Stabende zum Ziel führen. Gemäß (10.20) gilt für ein freies Stabende:

$$M_{W,d}(x = L) \overset{!}{=} 0$$

Unter Berücksichtigung dieser Randbedingung und mit Hilfe der 3. Zeile in Bild 10-6 erhält man für das Anfangs-Wölbmoment:

$$M_{W,0,d} = -T_d \cdot L \cdot \frac{\tanh(\varepsilon)}{\varepsilon} = -261.300{,}33 \; [\text{kN} \cdot \text{cm}^2]$$

Damit lassen sich alle geometrischen und statischen Größen des Trägers angeben.

$$\begin{bmatrix} \vartheta(x) \\ M_{W,d}(x) \\ M_{T,I,d}(x) \\ M_{T,II,d}(x) \end{bmatrix} = \frac{M_{W,0,d}}{G_d \cdot I_T} \cdot \begin{bmatrix} \dfrac{\left[1-\cosh\left(\varepsilon \cdot \dfrac{x}{L}\right)\right]}{1,1 \cdot 1,35} \\ E_d \cdot C_M \cdot \left(\dfrac{\varepsilon}{L}\right)^2 \cdot \cosh\left(\varepsilon \cdot \dfrac{x}{L}\right) \\ -G_d \cdot I_T \cdot \dfrac{\varepsilon}{L} \cdot \sinh\left(\varepsilon \cdot \dfrac{x}{L}\right) \\ E_d \cdot C_M \cdot \left(\dfrac{\varepsilon}{L}\right)^3 \cdot \sinh\left(\varepsilon \cdot \dfrac{x}{L}\right) \end{bmatrix} + \frac{T_d \cdot L}{G_d \cdot I_T} \cdot \begin{bmatrix} \dfrac{\left[\dfrac{x}{L}-\dfrac{1}{\varepsilon}\cdot\sinh\left(\varepsilon \cdot \dfrac{x}{L}\right)\right]}{1,1 \cdot 1,35} \\ E_d \cdot C_M \cdot \dfrac{\varepsilon}{L^2} \cdot \sinh\left(\varepsilon \cdot \dfrac{x}{L}\right) \\ G_d \cdot I_T \cdot \dfrac{1}{L} \cdot \left[1-\cosh\left(\varepsilon \cdot \dfrac{x}{L}\right)\right] \\ E_d \cdot C_M \cdot \dfrac{\varepsilon^2}{L^3} \cdot \cosh\left(\varepsilon \cdot \dfrac{x}{L}\right) \end{bmatrix}$$

Eine qualitative Auswertung für dieses Beispiel ergibt folgende tabellierte Werte:

Tabelle 10-1 Zahlentafel zu Bild 10-8

$\dfrac{x}{L}$	$\vartheta(x)$ [-]	$M_{W,d}(x)$ [kN cm²]	$M_{T,I,d}(x)$ [kN cm]	$M_{T,II,d}(x)$ [kN cm]	$M_{T,d}(x)$ [kN cm]
0,00	0,00000	-261.300,33	0,00	1.309,50	1.309,50
0,25	0,00636	-175.134,09	301,27	1.008,23	1.309,50
0,50	0,02245	-107.419,35	496,32	813,18	1.309,50
0,75	0,04452	-51.021,93	605,69	703,81	1.309,50
1,00	0,06942	0,00	640,91	668,59	1.309,50

Eine grafische Darstellung der Zahlenwerte in Tabelle 10-1 ist in Bild 10-8 dargestellt.

Die Einhaltung aller Randbedingungen und auch die Erfüllung der Gleichgewichtsbedingung (10.6) liefern eine Kontrolle der Ergebnisse.

Aus dem Verlauf der Schnittgrößen nach Bild 10-8 lassen sich die Trägerpunkte herausgreifen, an denen die Beanspruchungen infolge Torsion maximal werden:

$$\max \tau_{I,d} = \frac{M_{T,I,d}(L)}{I_T} \cdot \max t = \frac{640,91}{173,3} \cdot 2,0 = 7,40 \left[\frac{kN}{cm^2}\right] \le \tau_{Rd}$$

$$\max \sigma_{W,d} = \frac{M_{W,d}(0)}{C_M} \cdot \max \bar{\omega}^M = \frac{-261.300,33}{3,6 \cdot 10^6} \cdot (\pm 300) = 21,78 \left[\frac{kN}{cm^2}\right] \le \sigma_{Rd}$$

$$\max \tau_{W,d} = \frac{M_{T,II,d}(0)}{C_M \cdot t} \cdot \int_0^{b/2} \bar{\omega}^M \, dA = \frac{1.309,50}{3,6 \cdot 10^6} \cdot \frac{1}{2} \cdot 300 \cdot 15 \cdot 2,0 \cdot \frac{1}{2,0} = 0,82 \left[\frac{kN}{cm^2}\right] \le \tau_{Rd}$$

10.4 Beispiele

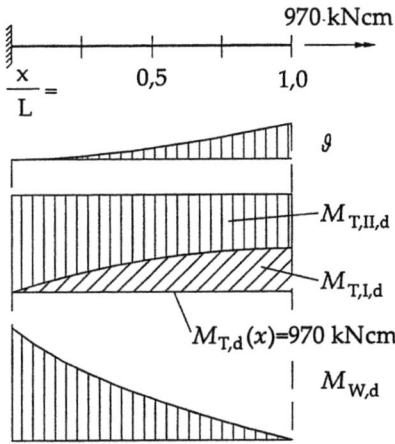

Bild 10-8 Schnitt- und Verformungsgrößen zum Beispiel nach Bild 10-7

Ein Vergleich der Spannungen zeigt: Die Wölbspannungen $\sigma_{W,d}$ werden an der Einspannstelle (= Wölbbehinderung) maximal, die *St. Venant*'schen Schubspannungen am Trägerende. Dagegen sind die Wölbschubspannungen $\tau_{W,d}$ vernachlässigbar klein. Alle Beanspruchungen sind kleiner als die Beanspruchbarkeiten.

Für die maximalen Verformungen folgt:

- Verdrehung
$$\max \vartheta = \vartheta(x = L) = 0{,}06942 \quad [-]$$

- Verwölbung
$$\max u = \vartheta'(x = L) \cdot \max \bar{\omega}^M = \frac{M_{T,I,d}}{G_k \cdot I_T} \cdot \frac{1}{1{,}35} \cdot \max \bar{\omega}^M =$$
$$= \frac{640{,}91}{8.100 \cdot 173{,}3} \cdot \frac{1}{1{,}35} \cdot 300 = 0{,}1015 \quad [\text{cm}]$$

Der Verlauf der Schnittgrößen im Träger wird im Wesentlichen durch die Abkürzung ε bestimmt, also vom Verhältnis der *St. Venant*'schen Torsionssteifigkeit $G \cdot I_T \cdot L^2$ zur Wölbsteifigkeit $E \cdot C_M$. Man kann die Lösung dieses Zahlenbeispiels verallgemeinern, indem man die Schnittgrößen auf die Einwirkung T_d bezieht.

Bild 10-9 zeigt den Verlauf der bezogenen Torsionsmomente $M_{T,I,d}$ und $M_{T,II,d}$ über die Trägerlänge für verschiedene ε-Werte. Oberhalb der jeweiligen Kurve ist der *St. Venant*'sche Momentenanteil, unterhalb der Wölbanteil abzulesen.

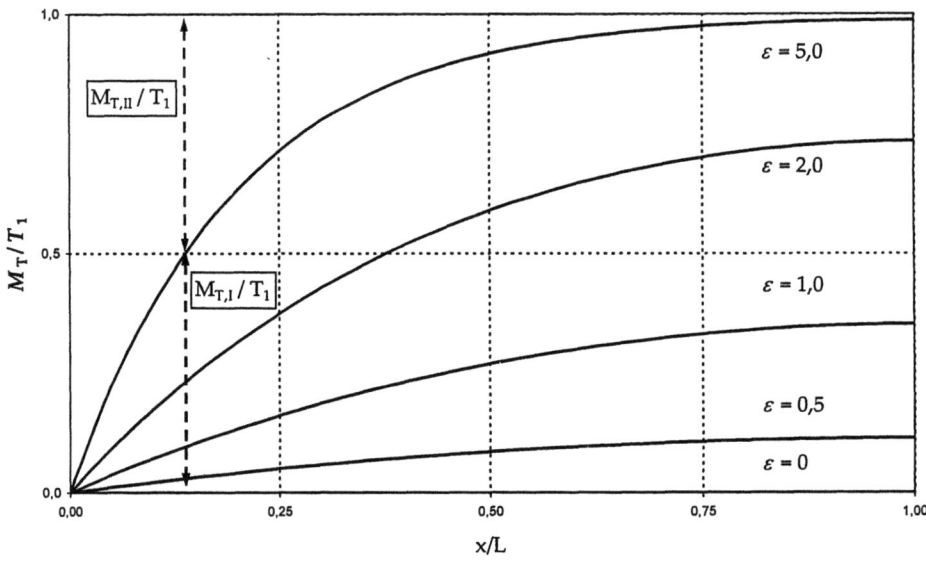

Bild 10-9 Torsionsmomentenanteile $M_{T,I,d}$ und $M_{T,II,d}$ für einen Kragträger in Abhängigkeit von ε

Die Wölbkrafttorsion wird umso mehr maßgebend, je kleiner der Wert ε wird (= kurze Träger mit geringer *St. Venant'*scher Torsionssteifigkeit). Große ε-Werte dagegen signalisieren, dass die Torsionsbelastung zum größten Teil nach der *St. Venant'*schen Theorie abgetragen wird, nur die Wölbbehinderung an der Einspannstelle bedingt immer einen örtlich begrenzten Wölbanteil.

Diese Aussage wird noch deutlicher, wenn man sich den Verlauf des bezogenen Wölbmomentes anschaut, siehe Bild 10-10. Während für $\varepsilon = 0$ der Verlauf linear ist und das Anfangs-Wölbmoment den Maximalwert $T_d \cdot L$ erreicht, treten für große ε-Werte nur noch im Bereich der Einspannung kleine Wölbmomente auf, die mit zunehmender Entfernung x rasch abnehmen.

Die Größe ε kann daher einen Anhaltspunkt dafür liefern, wie groß der Einfluss der Wölbkrafttorsion auf die Lastabtragung im Träger ist und ob es überhaupt erforderlich ist, die genauere Theorie der Wölbkrafttorsion anzuwenden. Man sollte jedoch beachten, dass der ε-Wert auch von der Länge L abhängt, für die jeweils die Länge des Integrationsbereiches einzusetzen ist. Wird ein Träger in mehrere Abschnitte unterteilt, erhält man für die Abschnitte kleinere ε-Werte als für den Gesamtträger. Der Einfluss der Wölbkrafttorsion lässt sich dann kaum noch abschätzen.

10.4 Beispiele

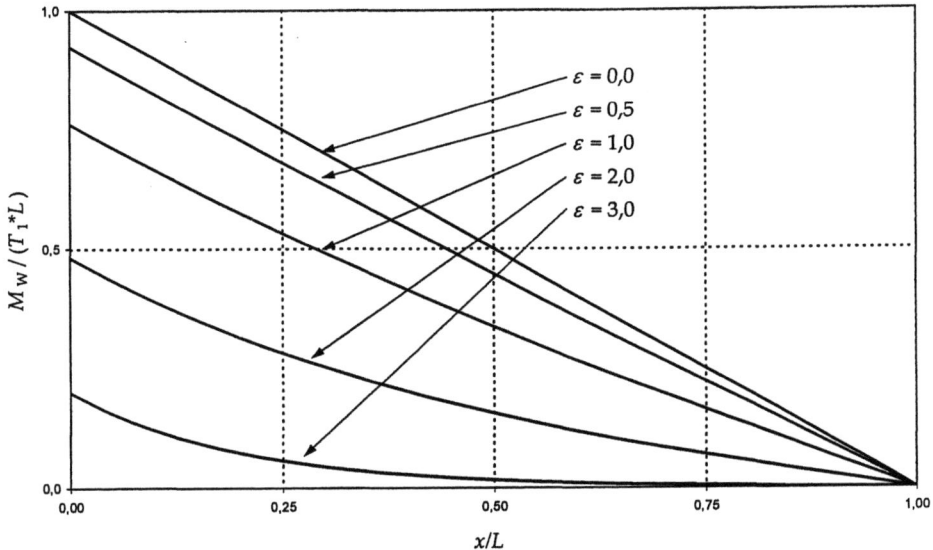

Bild 10-10 Verlauf der Wölbmomente in einem Kragträger für verschiedene ε-Werte

10.4.2 Kragträger mit konstanter Torsionsbelastung

Ein über die Länge L längsgeschlitztes Rohr wird als Kragträger mit einem konstanten Torsionsmoment $m_{T,k}$ belastet, siehe Bild 10-11.

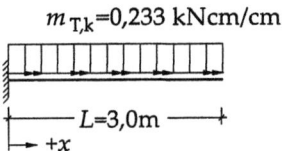

Bild 10-11 Kragträger mit konstanter verteilter Torsionsbelastung

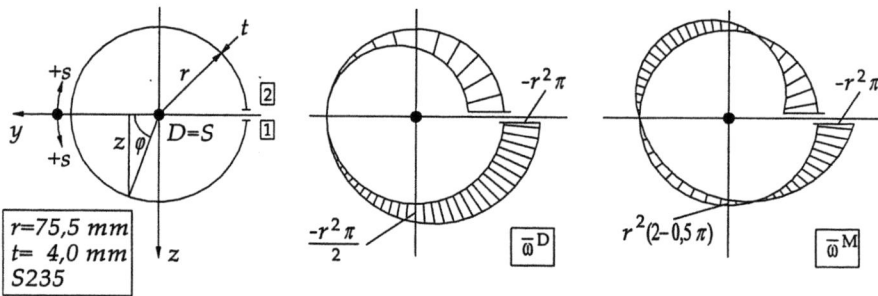

Bild 10-12 Querschnitt und Wölbflächen zum Beispiel nach Bild 10-11

Einwirkung auf Bemessungsniveau:

Nach der „vereinfachten Regel für den Hochbau" (v(10.DIN 1055, Teil 100) gilt

$$m_{T,d} = 1{,}35 \cdot m_{T,k} = 1{,}35 \cdot 0{,}233 = 0{,}31455 \quad \left[\frac{kN \cdot cm}{cm}\right]$$

Berechnung der Querschnittswerte, siehe Bild 10-12:

$$r_t^D(\varphi) = +r$$

$$\bar{\omega}^D(\varphi) = -\int_0^\varphi r_t^D(\varphi) \cdot r \cdot d\varphi = -r^2 \cdot \varphi$$

$$\bar{\omega}^M(\varphi) = \bar{\omega}^D(\varphi) + y_M \cdot z = -r^2 \cdot \varphi + 2 \cdot r \cdot r \cdot \sin\varphi = r^2 \cdot (2 \cdot \sin\varphi - \varphi)$$

$$C_M = \int_A \left[\bar{\omega}^M(\varphi)\right]^2 \cdot dA = 2 \cdot \int_0^\pi r^4 \cdot (2 \cdot \sin\varphi - \varphi)^2 \cdot r \cdot t \cdot d\varphi =$$

$$= \frac{2}{3} \cdot r^5 \cdot t \cdot \pi \cdot (\pi^2 - 6) \qquad = \qquad 79{.}528 \quad [cm^6]$$

$$\bar{\omega}_1^M = -r^2 \cdot \pi \qquad = \qquad -179{,}08 \quad [cm^2]$$

$$I_T = \frac{1}{3} \cdot 2 \cdot r \cdot \pi \cdot t^3 \qquad = \qquad 1{,}012 \quad [cm^4]$$

$$\varepsilon = 300 \cdot \sqrt{\frac{8{.}100 \cdot 1{,}1 \cdot 1{,}012}{21{.}000 \cdot 1{,}1 \cdot 79{.}528}} \qquad = 0{,}66464$$

Da das Anfangs-Torsionsmoment $M_{T,0,d} = m_{T,d} \cdot L$ bekannt ist und die Randbedingungen am Trägeranfang, siehe Bild 10-5, lauten

$$\vartheta(x=0) = \vartheta_0 = 0$$
$$\vartheta'(x=0) = \vartheta'_0 = 0$$

10.4 Beispiele

folgt für die Anfangswerte-Lösung mit Hilfe der Bild 10-6:

$$\vartheta(x) = \left\{ \frac{M_{W,0,d}}{G_k \cdot I_T} \cdot \left[1 - \cosh\left(\varepsilon \cdot \frac{x}{L}\right)\right] + \right.$$
$$\left. + \frac{m_{T,d} \cdot L^2}{G_k \cdot I_T} \cdot \left[\frac{x}{L} - \frac{1}{\varepsilon} \cdot \sinh\left(\varepsilon \cdot \frac{x}{L}\right) + \frac{1}{\varepsilon^2} \cdot \left[\cosh\left(\varepsilon \cdot \frac{x}{L}\right) - 1\right] - \frac{1}{2} \cdot \left(\frac{x}{L}\right)^2\right] \right\} \cdot \frac{1}{1,35} \quad (10.29)$$

Aus der Randbedingung am Stabende

$$M_{W,d}(x = L) \stackrel{!}{=} 0$$

erhält man, mit Hilfe der 3. Zeile in Bild 10-6, für das unbekannte Anfangs-Wölbmoment:

$$M_{W,0,d} = -m_{T,d} \cdot L^2 \cdot \left[\frac{1 + \varepsilon \cdot \sinh(\varepsilon) - \cosh(\varepsilon)}{\varepsilon^2 \cdot \cosh(\varepsilon)}\right] = -82.579,96 \ \left[kN \cdot cm^2\right]$$

Damit sind alle Größen bekannt und mit Hilfe der Bild 10-6 lassen sich die Verläufe der Torsionsmomente und der Verdrehung mathematisch beschreiben.

$$\vartheta(x) = \frac{m_{T,d} \cdot L^2}{G_k \cdot I_T} \cdot \frac{\left[\frac{1 + \varepsilon \cdot \sinh(\varepsilon)}{\varepsilon^2 \cdot \cosh(\varepsilon)} \cdot \left[\cosh\left(\varepsilon \cdot \frac{x}{L}\right) - 1\right] - \frac{1}{\varepsilon} \cdot \sinh\left(\varepsilon \cdot \frac{x}{L}\right) + \frac{x}{L} - \frac{1}{2} \cdot \left(\frac{x}{L}\right)^2\right]}{1,35}$$

$$M_{W,d}(x) = m_{T,d} \cdot \frac{E_d \cdot C_M}{G_d \cdot I_T} \cdot \left[-\frac{1 + \varepsilon \cdot \sinh(\varepsilon)}{\cosh(\varepsilon)} \cdot \cosh\left(\varepsilon \cdot \frac{x}{L}\right) + \varepsilon \cdot \sinh\left(\varepsilon \cdot \frac{x}{L}\right) + 1\right]$$

$$M_{T,I,d}(x) = m_{T,d} \cdot L \cdot \left[\frac{1 + \varepsilon \cdot \sinh(\varepsilon)}{\varepsilon \cdot \cosh(\varepsilon)} \cdot \sinh\left(\varepsilon \cdot \frac{x}{L}\right) - \cosh\left(\varepsilon \cdot \frac{x}{L}\right) - \frac{x}{L} + 1\right]$$

$$M_{T,II,d}(x) = \frac{m_{T,d}}{L} \cdot \frac{E_d \cdot C_M}{G_d \cdot I_T} \cdot \varepsilon^2 \cdot \left[-\frac{1 + \varepsilon \cdot \sinh(\varepsilon)}{\varepsilon \cdot \cosh(\varepsilon)} \cdot \sinh\left(\varepsilon \cdot \frac{x}{L}\right) + \cosh\left(\varepsilon \cdot \frac{x}{L}\right)\right]$$

Die numerische Auswertung der Lösung liefert:

Tabelle 10-2 Zahlentafel zu Bild 10-11

$\dfrac{x}{L}$	$\vartheta(x)$	$M_{W,d}(x)$	$M_{T,I,d}(x)$	$M_{T,II,d}(x)$	$M_{T,d}(x)$
	[-]	[kN cm²]	[kN cm]	[kN cm]	[kN cm]
0,00	0,00000	-12.819,49	0,00	94,37	94,37
0,25	0,01327	-6.773,59	3,54	67,23	70,77
0,50	0,04384	-2.688,55	5,23	41,96	47,18
0,75	0,08150	-451,32	5,75	17,84	23,59
1,00	0,12066	0,00	5,78	-5,78	0,00

Die Funktionen müssen mit den Randbedingungen des Trägers im Einklang sein, was als Kontrolle für die Rechnung anzusehen ist.

Die maximalen Wölbnormalspannungen treten an der Einspannstelle auf und liegen weit oberhalb der Beanspruchbarkeiten für S 235.

$$\max \sigma_{W,d} = \frac{M_{W,d}(0)}{C_M} \cdot \max \overline{\omega}^M = \frac{-12.819,49}{79.528} \cdot (\pm 179,08) = 28,87 \left[\frac{kN}{cm^2}\right] \overset{!}{\gg} \sigma_{Rd}$$

Die maximale Verwölbung am freien Ende beträgt:

$$\max u = \vartheta'(x=L) \cdot \max \overline{\omega}^M = \frac{M_{T,I,d}}{G_k \cdot I_T} \cdot \frac{1}{1,35} \cdot \max \overline{\omega}^M =$$

$$= \frac{5,78}{8.100 \cdot 1,012} \cdot \frac{1}{1,35} \cdot 179,08 = 0,0935 \ [cm]$$

Zusätzlich soll hier untersucht werden, wie sich der Beanspruchungszustand im Träger ändert, wenn man vorgibt, dass das Rohr nicht auf seiner gesamten Länge aufgeschlitzt ist, sondern punktförmig am freien Ende zum geschlossenen Rohr verschweißt wurde. In dieser Schweißnaht tritt eine Schubkraft T auf, die in Form einer statisch unbestimmten Rechnung so zu bestimmen ist, dass die Verschiebung der Schnittufer aus dem oben berechneten Lastfall $m_{T,d}$ am freien Ende zu Null wird, siehe Bild 10-13. Damit kann die Schubkraft T als statisch überzählige Größe interpretiert werden, diese Größe wird nicht mit einem Teilsicherheitsfaktor behaftet, da es sich um keine charakteristische Einwirkung handelt.

10.4 Beispiele

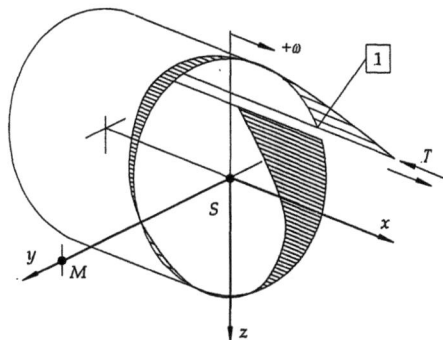

Bild 10-13 Unbekannte Schubkraft T_d als statisch Überzählige beim punktförmig am Ende verschweißten Profil

Man erhält so einen zweiten Lastfall des Trägers (hier gekennzeichnet durch den tiefgestellten Index 1), bei dem am freien Ende ein Wölbmoment nach (10.15) eingeleitet wird, wobei $m_{T,d} = 0$ zu setzen ist.

Die Kraft T wirkt im Punkt 1 in positiver, im Punkt 2 in negativer x-Richtung, siehe Bild 10-13. Das Wölbmoment am Trägerende nach (10.15 ergibt sich daher zu:

$$M_{W,d}(x = L) = -E_d \cdot C_M \cdot \vartheta''(x = L) = -\sum_i F_{d,i} \cdot \bar{\omega}_i^M = -2 \cdot T \cdot \bar{\omega}_1^M$$

Für das unbekannte Anfangs-Wölbmoment für diesen zweiten Lastfall (T) erhält man:

$$M_{W,0,d,1} = -2 \cdot T \cdot \bar{\omega}_1^M \cdot \frac{1}{\cosh(\varepsilon)}$$

Dies führt auf folgende Lösung:

$$\vartheta_1(x) = \frac{2 \cdot T \cdot \bar{\omega}_1^M}{G_k \cdot I_T} \cdot \frac{\cosh\left(\varepsilon \cdot \frac{x}{L}\right) - 1}{\cosh(\varepsilon)}$$

Die resultierende Verwölbung aus beiden Lastfällen am Angriffspunkt der Schubkräfte T muss Null sein (Elastizitätsbedingung der statisch unbestimmten Rechnung):

$$\left[\vartheta_0'(x = L) + \vartheta_1'(x = L)\right] \cdot \bar{\omega}_1^M \stackrel{!}{=} 0$$

Wobei der Index 0 für die obige Lösung des vollständig geschlitzten Rohres steht. Mit Hilfe dieser Kontinuitätsbedingung kann die statisch Überzählige Schubkraft T berechnet werden, es gilt

$$\left\{ \frac{m_{T,d}}{G_k \cdot I_T} \cdot L \cdot \left[\frac{1 + \varepsilon \cdot \sinh(\varepsilon)}{\varepsilon \cdot \cosh(\varepsilon)} \cdot \sinh(\varepsilon) - \cosh(\varepsilon) \right] \cdot \frac{1}{1,35} + \frac{2 \cdot T \cdot \bar{\omega}_1^M}{G_k \cdot I_T} \cdot \frac{\varepsilon \cdot \sinh(\varepsilon)}{L \cdot \cosh(\varepsilon)} \right\} \cdot \bar{\omega}_1^M = 0$$

$$T = \frac{m_{T,d} \cdot L^2}{2 \cdot \bar{\omega}_1^M} \cdot \frac{\varepsilon - \sinh(\varepsilon)}{\varepsilon^2 \cdot \sinh(\varepsilon)} \cdot \frac{1}{1,35} = 9,27771 \; [\text{kN}]$$

Die gesuchte Lösung $\vartheta_2(x)$ für ein geschlitztes Rohr, dessen Ende punktförmig verschweißt wurde, erhält man, indem T in die Lösung von $\vartheta_1(x)$ eingesetzt wird und mit dem Ergebnis zur Lösung $\vartheta_0(x)$ für $m_{T,d}$ des geschlitzten Rohres superponiert wird. Anschließend können alle statischen und geometrischen Größen berechnet werden zu:

$$\vartheta_2(x) = \frac{m_{T,d} \cdot L^2}{G_k \cdot I_T} \cdot \frac{\left[\frac{\coth(\varepsilon)}{\varepsilon} \cdot \left[\cosh\left(\varepsilon \cdot \frac{x}{L}\right) - 1 \right] - \frac{1}{\varepsilon} \cdot \sinh\left(\varepsilon \cdot \frac{x}{L}\right) + \frac{x}{L} - \frac{1}{2} \left(\frac{x}{L}\right)^2 \right]}{1,35}$$

$$M_{W,d,2}(x) = m_{T,d} \cdot \frac{E_d \cdot C_M}{G_d \cdot I_T} \cdot \left[-\varepsilon \cdot \coth(\varepsilon) \cdot \cosh\left(\varepsilon \cdot \frac{x}{L}\right) + \varepsilon \cdot \sinh\left(\varepsilon \cdot \frac{x}{L}\right) + 1 \right]$$

$$M_{T,I,d,2}(x) = m_{T,d} \cdot L \cdot \left[\coth(\varepsilon) \cdot \sinh\left(\varepsilon \cdot \frac{x}{L}\right) - \cosh\left(\varepsilon \cdot \frac{x}{L}\right) - \frac{x}{L} + 1 \right]$$

$$M_{T,II,d,2}(x) = \frac{m_{T,d}}{L} \cdot \frac{E_d \cdot C_M}{G_d \cdot I_T} \cdot \varepsilon^2 \cdot \left[-\coth(\varepsilon) \cdot \sinh\left(\varepsilon \cdot \frac{x}{L}\right) + \cosh\left(\varepsilon \cdot \frac{x}{L}\right) \right]$$

Die numerische Auswertung der Lösung liefert:

Tabelle 10-3 Zahlentafel zum geschlitzten Rohr mit einem punktförmig verschweißten Ende

$\frac{x}{L}$	$\vartheta(x)$	$M_{W,d}(x)$	$M_{T,I,d}(x)$	$M_{T,II,d}(x)$	$M_{T,d}(x)$
	[-]	[kN cm²]	[kN cm]	[kN cm]	[kN cm]
0,00	0,00000	-9.169,80	0,00	94,37	94,37
0,25	0,00870	-3.073,40	2,19	68,58	70,77
0,50	0,02546	1.164,54	2,49	44,69	47,18
0,75	0,03967	3.661,28	1,55	22,04	23,59
1,00	0,04509	4.485,92	0,00	0,00	0,00

10.4 Beispiele

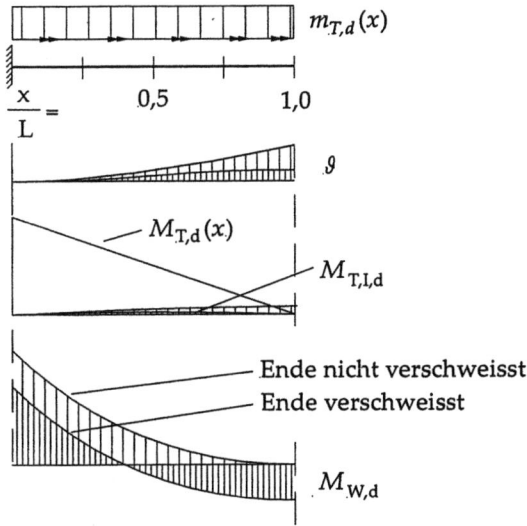

Bild 10-14 Schnitt- und Verformungsgrößen zum Beispiel nach Bild 10-11

Die maximalen Beanspruchungen an der Einspannstelle werden deutlich kleiner:

$$\max \sigma_{W,d} = \frac{M_{W,d}(0)}{C_M} \cdot \max \bar{\omega}^M = \frac{-9.169,80}{79.528} \cdot (\pm 179,08) = 20,648 \left[\frac{kN}{cm^2}\right] \leq \sigma_{Rd}$$

Auch am freien Ende treten Wölbnormalspannungen $\sigma_{W,d}$ auf, die etwa halb so groß sind wie an der Einspannstelle. Das daraus resultierende Wölbmoment entspricht dem aus den Schubkräften T aufgebauten Wölbmoment; die Technische Elastizitätstheorie kann keine Aussage darüber machen, durch welche äußeren Lasten ein solches Moment im einzelnen in den Träger eingeleitet wird.

Theoretisch liegt somit ein Träger mit einer starren Kopfplatte am freien Ende vor, dessen Endverwölbung verhindert ist. Die endgültige Lösung $\vartheta_2(x)$ erhält man auch direkt über die Randbedingungen (10.22) ohne den Umweg über die statisch unbestimmte Rechnung.

10.4.3 Längswandriegel einer Industriehalle

Bei dem nachfolgenden Beispiel handelt es sich um einen Schadensfall. An die Stützen einer Halle wurden U-förmige Riegel angebracht, um die Außenverkleidung der Halle befestigen zu können. Die Riegel wurden an die Außenflansche der Stützen durch schräg angeschnittene T-Profile angeschlossen. Außerdem wurden sie in den

Drittelspunkten durch Rundstäbe unterstützt, siehe Bild 10-15, die bis zur Dachkonstruktion durchliefen.

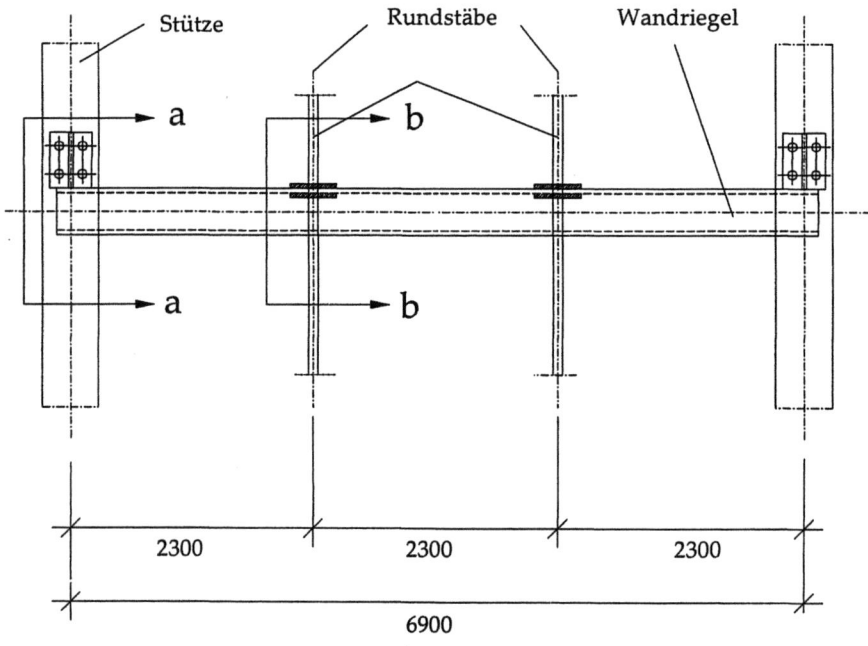

Bild 10-15 Längswandriegel einer Halle

10.4 Beispiele

Schnitt b-b

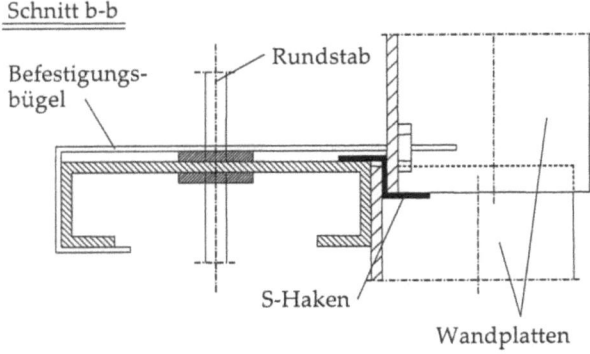

Schnitt a-a

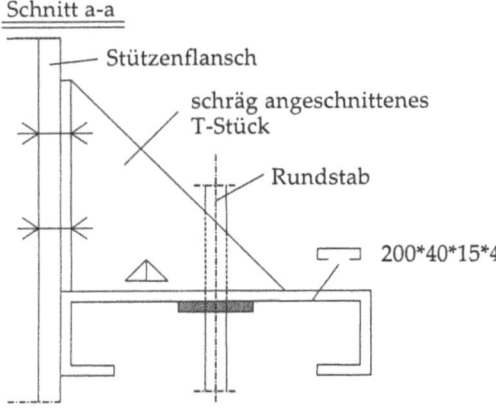

Bild 10-16 Anschluss der Riegel an die Stützen und Anschluss der Wandplatten an die Riegel, Ansicht a-a und Schnitt b-b nach Bild 10-15

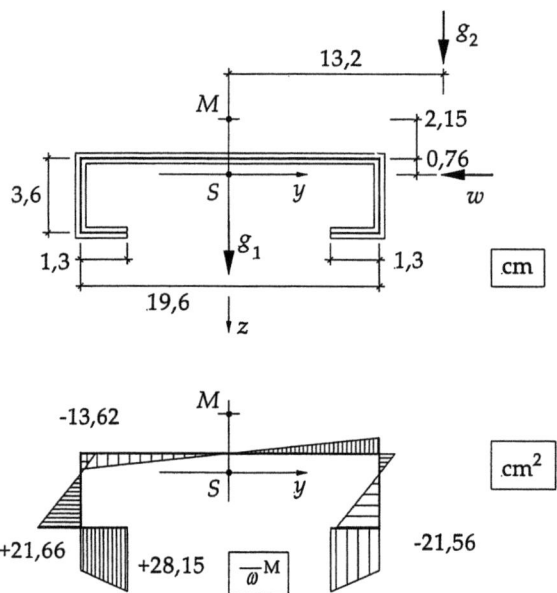

Bild 10-17 Querschnitt, Querschnittsgrößen und Belastung

Bild 10-16 zeigt in zwei Schnitten die Befestigung der Riegel an den Stützen sowie die Befestigung der Außenverkleidung an den Riegeln. Das Gewicht dieser Platten lag auf einem S-förmigen Haken, mit einem Bügel wurden die Platten gegen die Riegel vorgespannt. Die nächst untere Platte wurde unter den S-Haken geschoben.

Die Querschnittsgrößen werden ohne Herleitung angegeben:

$A = 11{,}76 \ [\text{cm}^2]$

$I_y = 19{,}26 \ [\text{cm}^4]$

$I_z = 615{,}4 \ [\text{cm}^4]$

$I_T = 0{,}627 \ [\text{cm}]$

$C_M = 1.478{,}7 \ [\text{cm}^6]$

$L = 690{,}0 \ [\text{cm}]$

$\varepsilon = 8{,}81337$

Außer dem Eigengewicht $g_{1,k}$ der Riegel und $g_{2,k}$ der Wandplatten hatte die Konstruktion auch die Windbelastung w_k aufzunehmen, wobei die Windbelastung näherungsweise im Schwerpunkt des Riegelprofils angesetzt wurde, siehe Bild 10-17.

10.4 Beispiele

Die charakteristischen Einwirkungen betrugen:

$$g_{1,k} = 0,0006 \left[\frac{kN}{cm}\right]$$

$$g_{2,k} = 0,0046 \left[\frac{kN}{cm}\right]$$

$$w_k = 0,0191 \left[\frac{kN}{cm}\right]$$

Der Wind ruft die größte Beanspruchung im Riegel hervor. Dies zeigte sich auch in der Realität: Nach jeder stärkeren Windbelastung der Hallenwand traten bleibende Verformungen auf, die sich im Laufe der Zeit summierten und dazu führten, dass die Wandplatten aus den vorgespannten S-Haken herausgezogen wurden. Diese bleibende Verformung deutet bereits auf eine Beanspruchung hin, die deutlich über der Beanspruchbarkeit des Materials liegt. Aus diesem Grund wird nachfolgend nicht mit den Bemessungswerten sondern mit den charakteristischen Größen gerechnet, das heißt es wird $\gamma = 1,0$ für die Berechnung zu Grunde gelegt. Damit ergibt sich eine charakteristische Torsionseinwirkung von

$$m_{T,k} = 1,0 \cdot g_{2,k} \cdot 13,2\,[\mathrm{cm}] + 1,0 \cdot w_k \cdot 2,15\,[\mathrm{cm}] = 0,10179 \left[\frac{kN \cdot cm}{cm}\right]$$

In vertikaler Richtung verhält sich der Riegel durch die punktförmigen Aufhängungen wie ein Dreifeldträger. Dagegen beeinflussen diese Aufhängungen weder die seitliche Verschiebung noch die Verdrehung, so dass die Momentenbeanspruchung um die z-Achse und die Torsionsbeanspruchung für einen Einfeldträger zu ermitteln sind. Hier wird nur die Berechnung der Torsionsbeanspruchung vorgeführt, die Biegespannungen werden ohne Herleitung übernommen. Die Endlager können als Gabellager aufgefasst werden, eine Wölbbehinderung liegt jedoch nicht vor. Es liegt somit ein Einfeldträger mit beidseitigen Gabellagern unter einer konstanten Beanspruchung $m_{T,k}$ vor.

Eine kurze überschlägige Berechnung, indem man die Wölbkrafttorsion vernachlässigt, zeigt sofort die für den Stahl S 235 unzulässig hohe Beanspruchung:

$$M_{T,0,k} = \frac{1}{2} \cdot m_{T,k} \cdot L = \frac{1}{2} \cdot 0,10177 \cdot 690 = 35,11 \quad [kN \cdot cm]$$

$$\max \tau_{I,k} = \frac{M_{T,0,k}}{I_T} \cdot t = \frac{35,11}{0,627} \cdot 0,4 = 22,4 \left[\frac{kN}{cm^2}\right] \gg \frac{1}{3} \cdot \sqrt{3} \cdot f_{y,k}$$

Unter Berücksichtigung der Wölbkrafttorsion werden die Schubspannungen $\tau_{I,k}$ kleiner werden, da ein Teil des Torsionsmomentes über $M_{T,II,k}$ abgetragen wird. Dafür treten aber zusätzlich Normalspannungen $\sigma_{w,k}$ auf, so dass zu vermuten ist, dass auch der Nachweis nach der genaueren Torsionstheorie kein günstigeres Ergebnis liefert. Auch der große ε-Wert deutet darauf hin, dass die Torsionsabtragung weitgehend nach der Theorie von *St. Venant* erfolgt. Trotzdem soll hier die genaue Lösung ermittelt werden; dabei wird nicht auf fertige Lösungen in der Literatur (z. B. *Schneider* (2001)) zurückgegriffen, sondern der Lösungsweg mit Hilfe der Anfangswerte-Lösung beschritten.

Für den beiderseits gabelgelagerten Träger gilt die folgende Anfangswerte-Lösung (siehe Bild 10-6):

$$\vartheta(x) = \vartheta'_0 \cdot \frac{L}{\varepsilon} \cdot \sinh\left(\varepsilon \cdot \frac{x}{L}\right) +$$

$$+ \frac{m_{T,k} \cdot L^2}{2 \cdot G_k \cdot I_T} \cdot \left\{ \left[\frac{x}{L} - \frac{1}{\varepsilon} \cdot \sinh\left(\varepsilon \cdot \frac{x}{L}\right)\right] + \frac{2}{\varepsilon^2} \cdot \left[\cosh\left(\varepsilon \cdot \frac{x}{L}\right) - 1\right] - \left(\frac{x}{L}\right)^2 \right\}$$

Hier wird die Symmetrie des Trägers zur Berechnung von ϑ'_0 ausgenutzt, in Trägermitte wird die Verdrehung maximal, d. h. die 1. Ableitung der Funktion $\vartheta(x)$ nach x muss Null werden:

$$\vartheta'\left(x = \frac{L}{2}\right) \stackrel{!}{=} 0$$

Damit ergibt sich für ϑ'_0

$$\vartheta'_0 = \frac{m_{T,k}}{G_k \cdot I_T} \cdot \left[\frac{1}{2} - \frac{1}{\varepsilon} \cdot \tanh\left(\frac{\varepsilon}{2}\right)\right]$$

und es folgt für die Verdrehung $\vartheta(x)$

$$\vartheta(x) = \frac{m_{T,k} \cdot L^2}{G_k \cdot I_T} \cdot \left\{ \frac{x}{2 \cdot L} - \frac{x^2}{2 \cdot L^2} + \frac{1}{\varepsilon^2} \cdot \left[\cosh\left(\varepsilon \cdot \frac{x}{L}\right)\right] - 1 - \tanh\left(\frac{\varepsilon}{2}\right) \cdot \sinh\left(\varepsilon \cdot \frac{x}{L}\right) \right\}$$

Für das Wölbmomente und die Torsionsanteile folgt

$$M_{T,I,k} = G_k \cdot I_T \cdot \vartheta'(x) = m_{T,k} \cdot L \cdot \left\{ \frac{1}{2} - \frac{x}{L} + \frac{1}{\varepsilon} \cdot \left[\sinh\left(\varepsilon \cdot \frac{x}{L}\right) - \tanh\left(\frac{\varepsilon}{2}\right) \cdot \cosh\left(\varepsilon \cdot \frac{x}{L}\right)\right] \right\}$$

$$M_{W,k} = -E_k \cdot C_M \cdot \vartheta''(x) = m_{T,k} \cdot \frac{E_k \cdot C_M}{G_k \cdot I_T} \cdot \left\{ 1 - \left[\cosh\left(\varepsilon \cdot \frac{x}{L}\right) + \tanh\left(\frac{\varepsilon}{2}\right) \cdot \sinh\left(\varepsilon \cdot \frac{x}{L}\right)\right] \right\}$$

$$M_{T,II,k} = -E_k \cdot C_M \cdot \vartheta'''(x) = m_{T,k} \cdot \frac{E_k \cdot C_M}{G_k \cdot I_T} \cdot \left\{ -\frac{\varepsilon}{L} \cdot \left[\sinh\left(\varepsilon \cdot \frac{x}{L}\right) + \tanh\left(\frac{\varepsilon}{2}\right) \cdot \cosh\left(\varepsilon \cdot \frac{x}{L}\right)\right] \right\}$$

mit Hilfe der Stabkennzahl ε ergibt sich daraus folgende Lösung

10.4 Beispiele

$$M_{T,I,k} = G_k \cdot I_T \cdot \vartheta'(x) = m_{T,k} \cdot L \cdot \left\{ \frac{1}{2} - \frac{x}{L} + \frac{1}{\varepsilon} \cdot \left[\sinh\left(\varepsilon \cdot \frac{x}{L}\right) - \tanh\left(\frac{\varepsilon}{2}\right) \cdot \cosh\left(\varepsilon \cdot \frac{x}{L}\right) \right] \right\}$$

$$M_{W,k} = -E_k \cdot C_M \cdot \vartheta''(x) = m_{T,k} \cdot \frac{L^2}{\varepsilon^2} \cdot \left\{ 1 - \left[\cosh\left(\varepsilon \cdot \frac{x}{L}\right) + \tanh\left(\frac{\varepsilon}{2}\right) \cdot \sinh\left(\varepsilon \cdot \frac{x}{L}\right) \right] \right\}$$

$$M_{T,II,k} = -E_k \cdot C_M \cdot \vartheta'''(x) = -m_{T,k} \cdot \frac{L}{\varepsilon} \cdot \left[\sinh\left(\varepsilon \cdot \frac{x}{L}\right) + \tanh\left(\frac{\varepsilon}{2}\right) \cdot \cosh\left(\varepsilon \cdot \frac{x}{L}\right) \right]$$

Bild 10-18 zeigt den Verlauf des Wölbmomentes und der Momentenanteile $M_{T,I,k}$ und $M_{T,II,k}$ über die Trägerlänge. Das maximale St. Venant'sche Moment $M_{T,I,k}$ wird zwar kleiner, die Schubspannungen liegen aber immer noch über der erlaubten Beanspruchbarkeit.

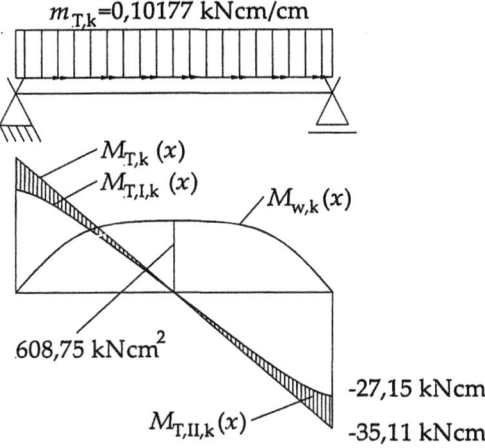

Bild 10-18 Verlauf der Schnittgrößen $M_{T,I,k}$, $M_{T,II,k}$ und $M_{W,k}$

Für die maximale Schubbeanspruchung gilt:

$$\max M_{T,I,k}(x=0) = m_{T,k} \cdot L \cdot \left[\frac{1}{2} - \tanh\left(\frac{\varepsilon}{2}\right) \right] = 27{,}145 \; [\text{kN} \cdot \text{cm}]$$

$$\max \tau_{I,k} = \frac{M_{T,I,k}}{I_T} \cdot t = \frac{27{,}145}{0{,}627} \cdot 0{,}4 = 17{,}320 \; \left[\frac{\text{kN}}{\text{cm}^2}\right] \gg \frac{1}{3} \cdot \sqrt{3} \cdot f_{y,k}$$

Das maximale Wölbmoment tritt in Trägermitte auf:

$$\max M_{W,k} = -E_k \cdot C_M \cdot \vartheta''\left(x = \frac{L}{2}\right) = m_{T,k} \cdot \frac{L^2}{\varepsilon^2} \cdot \left\{ 1 - \left[\cosh\left(\frac{\varepsilon}{2}\right) + \tanh\left(\frac{\varepsilon}{2}\right) \cdot \sinh\left(\frac{\varepsilon}{2}\right) \right] \right\}$$

$$= 608{,}57 \; [\text{kN} \cdot \text{cm}^2]$$

Bild 10-19 zeigt die Wölbspannungen in Trägermitte und die resultierenden Spannungen aus Biegung und Wölbkrafttorsion. Die maximalen Spannungen liegen auch hier an der Fließgrenze $f_{y,k}$, womit die bleibenden Verformungen unter Wind zu erklären sind.

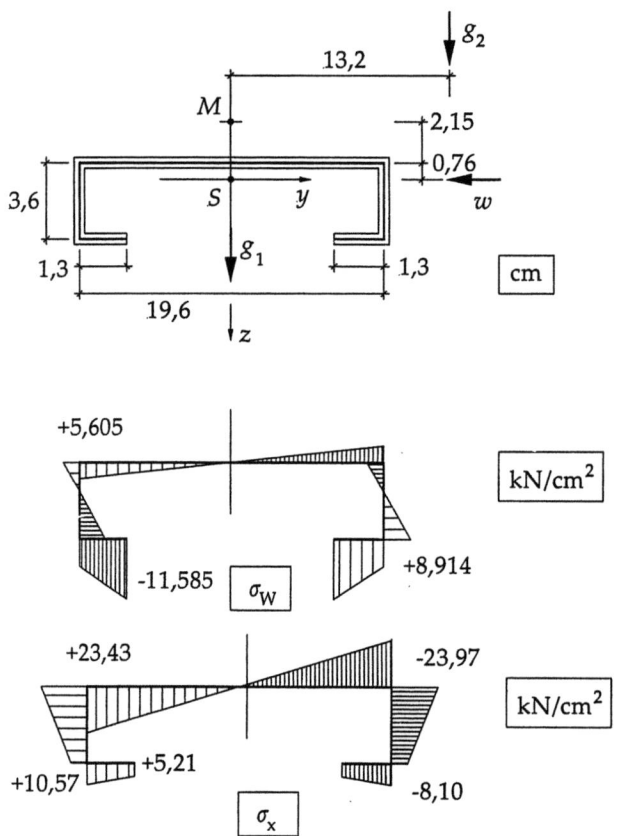

Bild 10-19 Wölbspannungen $\sigma_{W,k}$ in Trägermitte und Gesamtnormalspannungen $\sigma_{x,k}$ aus Biegung um beide Achsen und Wölbkrafttorsion

10.4.4 Gabelgelagerter Träger mit Kragarm

Das Beispiel nach Bild 10-20 ist als Zweifeldträger zu berechnen, da durch die Einleitung der Lagerreaktion T_1 die M_T Linie am Lager 1 um diese Größe springt. Die Funktion $\vartheta'''(x)$ ist an dieser Stelle nicht mehr stetig.

10.4 Beispiele

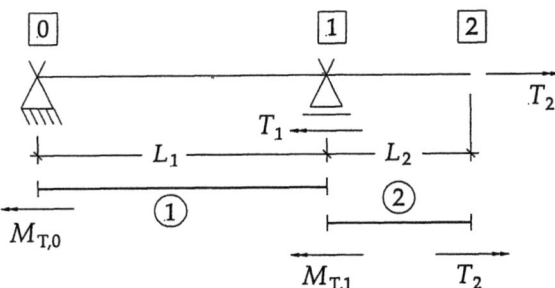

Bild 10-20 Zweifeldträger mit Einzelmoment am Kragarmende, Definition der Integrationsabschnitte

Für beide Felder wird die Anfangswerte-Lösung ((10.27), Bild 10-6) genutzt. Da das Anfangsmoment $M_{T,1} = T_2$ über die Gleichgewichtsaussage direkt angegeben werden kann, verbleiben insgesamt vier unbekannte Anfangswerte.

$$\vartheta_a(x_a) = \vartheta'_0 \cdot \frac{L_a}{\varepsilon_a} \cdot \sinh\left(\varepsilon_a \cdot \frac{x_a}{L_a}\right) + \frac{M_{T,0} \cdot L_a}{G \cdot I_T} \cdot \left[\frac{x_a}{L_a} - \frac{1}{\varepsilon_a} \cdot \sinh\left(\varepsilon_a \cdot \frac{x_a}{L_a}\right)\right]$$

$$\vartheta_b(x_b) = \vartheta'_1 \cdot \frac{L_b}{\varepsilon_b} \cdot \sinh\left(\varepsilon_b \cdot \frac{x_b}{L_b}\right) +$$

$$+ \frac{M_{W,1}}{G \cdot I_T} \cdot \left[1 - \cosh\left(\varepsilon_b \cdot \frac{x_b}{L_b}\right)\right] + \frac{T_2 \cdot L_b}{G \cdot I_T} \cdot \left[\frac{x_b}{L_b} - \frac{1}{\varepsilon_b} \cdot \sinh\left(\varepsilon_b \cdot \frac{x_b}{L_b}\right)\right]$$

Es sind vier geometrische und statische Rand- und Übergangsbedingungen zu formulieren, um die unbekannten Anfangswerte zu ermitteln:

1. Die Verdrehung des ersten Abschnitts a muss an seinem Ende Null sein, Gabellagerung am Knoten 1.
   $\vartheta_a(x_a = L_a) = 0$

2. Die Endverwölbung des ersten Abschnitts a muss mit der Anfangsverwölbung des Kragarms, zweiter Abschnitt b übereinstimmen,
   $\vartheta'_a(x_a = L_a) = \vartheta'_1(x_b = 0)$
   das gleiche gilt

3. für das Wölbmoment am Ende des ersten Abschnitts a, das mit $M_{W,1}$ identisch sein muss.
   $-E \cdot C_M \cdot \vartheta''_a(x_a = L_a) = M_{W,1}$

4. Das Wölbmoment ist am Ende des zweiten Abschnitts b Null, freies Stabende.
   $-E \cdot C_M \cdot \vartheta''_b(x_b = L_b) = 0$

Aus den Bedingungen 1 und 2 lassen sich die Anfangsverwölbungen beider Felder in Abhängigkeit von $M_{T,0}$ ermitteln:

$$\vartheta'_0 = \frac{M_{T,0}}{G \cdot I_T} \cdot \left[1 - \frac{\varepsilon_a}{\sinh(\varepsilon_a)}\right]$$

$$\vartheta'_1 = \frac{M_{T,0}}{G \cdot I_T} \cdot \left[1 - \frac{\varepsilon_b}{\tanh(\varepsilon_b)}\right]$$

Aus der Bedingung 3 erhält man für das Anfangs-Wölbmoment:

$$M_{W,1} = M_{T,0} \cdot L_a$$

Setzt man ϑ'_1 und $M_{W,1}$ in den Ansatz für $\vartheta'_b(x_b)$ ein, erhält man zum Schluss für Bedingung 4:

$$M_{T,0} \cdot \left[\left(1 - \frac{\varepsilon_a}{\tanh(\varepsilon_a)}\right) \cdot \frac{\varepsilon_b}{L_b} \cdot \sinh(\varepsilon_b) - \frac{L_a}{L_b} \cdot \frac{\varepsilon_b^2}{L_b} \cdot \cosh(\varepsilon_b)\right] = T_2 \cdot \frac{\varepsilon_b}{L_b} \cdot \sinh(\varepsilon_b)$$

Zur weiteren Auswertung wird das Seitenverhältnis vorgegeben:

$$\frac{L_a}{L_b} = 2{,}0$$

$$\varepsilon_a = L_a \cdot \sqrt{\frac{G \cdot I_T}{E \cdot C_M}} = \varepsilon$$

$$\varepsilon_b = L_b \cdot \sqrt{\frac{G \cdot I_T}{E \cdot C_M}} = \frac{1}{2} \cdot \varepsilon$$

Mit der Abkürzung

$$\phi = 1 - \frac{\varepsilon_a}{\tanh(\varepsilon_a)} - \frac{L_a}{L_b} \cdot \frac{\varepsilon_b}{\tanh(\varepsilon_b)} =$$

$$= 1 - \frac{\varepsilon}{\tanh(\varepsilon)} - \frac{\varepsilon}{\tanh\left(\frac{\varepsilon}{2}\right)}$$

lauten die Lösungen für beide Integrationsabschnitte:

$$\vartheta_a(x_a) = T_2 \cdot \frac{L_a}{G \cdot I_T} \cdot \left[\frac{1}{\phi} \cdot \frac{x_a}{L_a} - \frac{1}{\phi \cdot \sinh(\varepsilon_a)} \cdot \sinh\left(\varepsilon_a \cdot \frac{x_a}{L_a}\right)\right]$$

10.4 Beispiele

$$\vartheta_b(x_b) = T_2 \cdot \frac{L_b}{G \cdot I_T} \cdot \left\{ \frac{1}{\phi} \cdot \left[1 - \frac{\varepsilon_a}{\tanh(\varepsilon_a)} \right] \cdot \frac{1}{\varepsilon_b} \cdot \sinh\left(\varepsilon_b \cdot \frac{x_b}{L_b}\right) + \frac{x_b}{L_b} \right.$$

$$\left. - \frac{1}{\varepsilon_b} \cdot \sinh\left(\varepsilon_b \cdot \frac{x_b}{L_b}\right) + \frac{1}{\phi} \cdot \frac{L_a}{L_b} \cdot \left[1 - \cosh\left(\varepsilon_b \cdot \frac{x_b}{L_b}\right) \right] \right\}$$

Diese zwei Funktionen und ihre ersten bis dritten Ableitungen wurden für das gewählte Längenverhältnis und für verschiedene ε-Werte ausgewertet. Über $\vartheta''(x)$ erhält man das Wölbmoment M_W, über $\vartheta'(x)$ und $\vartheta'''(x)$ die Momentenanteile $M_{T,I}$ und $M_{T,II}$.

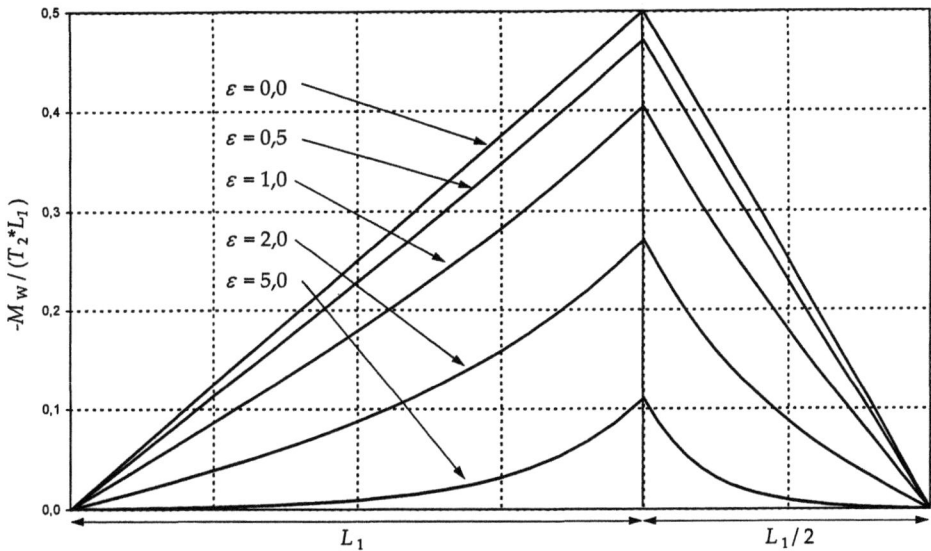

Bild 10-21 Verlauf der Wölbmomente in beiden Trägern für verschiedene ε-Werte mit $L_a/L_b = 2$

Bild 10-21 zeigt den Verlauf der Wölbmomente im Gesamtträger. Für $\varepsilon = 0$ ist der Verlauf in beiden Feldern linear, das Maximum liegt über dem Lager 1. (Nach der Zugstabanalogie entspricht das Wölbmoment einem Biegemoment nach Theorie II. Ordnung für diesen Träger unter einer Einzellast am Kragarmende.)

Für sehr große ε-Werte baut sich nur noch am Übergang zwischen beiden Abschnitten ein geringes Wölbmoment auf, die Lastabtragung erfolgt dann weitgehend nach der *St. Venant*'schen Torsionstheorie.

Das Gesamttorsionsmoment M_T, siehe Bild 10-24, muss im Kragträger konstant sein, unabhängig von ε. Dagegen hängt das Torsionsmoment im ersten Abschnitt von ε ab, es wird negativ. Es liegt in den Bereichen $M_{T,0} = 0$ für $\varepsilon \to \infty$, und $M_{T,0} = 0{,}5 \cdot T_2$ für $\varepsilon = 0$. Es wird demnach umso größer, je stärker der Einfluss der Wölbkrafttorsion ist. Ursache hierfür ist die Verwindung ϑ', die nach Bedingung 2 an beiden Abschnittsgrenzen gleich sein muss: Die Anfangsverwindung ϑ'_1 setzt sich in den ersten Abschnitt a hinein fort und ruft auch dort über $G \cdot I_T \cdot \vartheta'_a$ ein Torsionsmoment hervor.

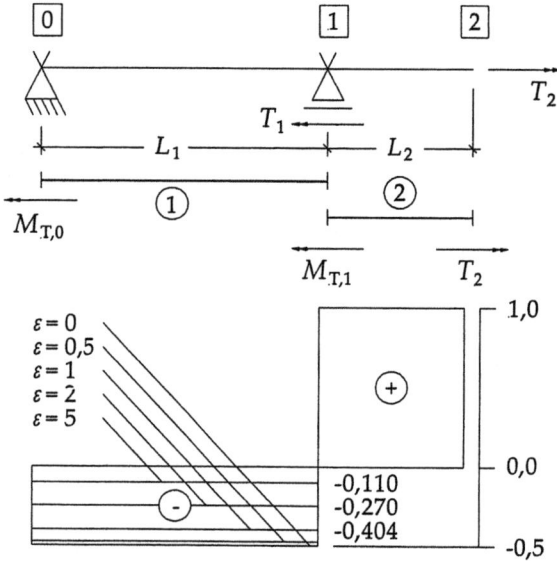

Bild 10-22 Momentenanteile $M_{T,I}$ und $M_{T,II}$ für $\varepsilon = 2$ und Verdrehung $\vartheta(x)$

10.5 Wölbfeder

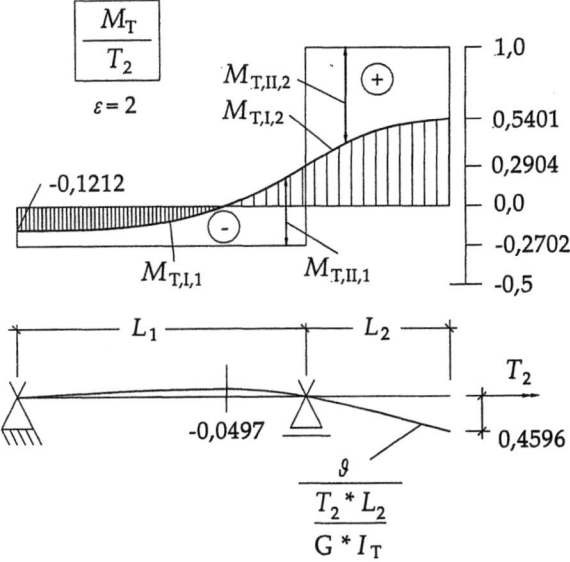

Bild 10-21 Fortsetzung Bild 10-21: Momentenanteile $M_{T,I}$ und $M_{T,II}$ für $\varepsilon = 2$ und Verdrehung $\vartheta(x)$

Bild 10-22 verdeutlicht, speziell für $\varepsilon = 2$, was an der Übergangsstelle zwischen beiden Abschnitten geschieht. Über ϑ' baut sich ein Momentenanteil $M_{T,I,a}$ auf, der dort das Vorzeichen wechselt, wo die Verdrehung $\vartheta_a(x_a)$ ein Maximum erreicht; $\vartheta'_a(x_a) \stackrel{!}{=} 0$.

Da M_T im ersten Abschnitt a konstant sein muss, müssen die Anteile $M_{T,I}$ und $M_{T,II}$ zusammen die Größe M_T ergeben, so dass $M_{T,II}$ zum Abschnittsende sogar größer wird als M_T, da $M_{T,I}$ sein Vorzeichen wechselt.

Dieses Beispiel sollte verdeutlichen, wie schwierig es sein kann, die Ergebnisse einer Berechnung nach der Theorie der Wölbkrafttorsion vorherzusagen und auch anschaulich zu interpretieren.

10.5 Wölbfeder

Häufig werden in Bereichen von Lasteinleitungen Steifen und am Trägeranfang bzw. Trägerende Kopfplatten angeschweißt. Da diese Bauteile die Verwölbung des Querschnittes behindern, wirken sie als Wölbfedern. Bei der Berechnung können diese elastischen Lagerungen berücksichtigt werden. In der Praxis können Wölbfedern unterschiedlich konstruktiv ausgebildet werden. Nachfolgend sind die häufigsten Varianten aufgeführt und die jeweils zugehörige Gleichung zur Ermittlung der Wölbfedersteifigkeit angegeben. Auf eine Herleitung der Beziehungen wird hier verzichtet und auf die einschlägige Literatur z. B. *Petersen* (1990), *Wagenknecht* (2002), e. a. verwiesen. Lediglich bei der Handlung von aufgeschweißten Bindeblechen als Wölbfedern, wird der theoretische Zusammenhang dargelegt. Die Wirksamkeit einer Wölbsteife wird im Kapitel 11.4.2 behandelt.

10.5.1 Kopfplatte oder Steife

Die Kopfplatte oder Steife ist die häufigste Art einer Wölbfeder. Für die Berechnung der Wölbfedersteifigkeit wird vereinfachend angenommen, dass keine Halbsteifen oder unvollständige Kopfplatten angewandt werden. Dieser Elemente haben nur einen geringen Einfluss auf die Wölbmomente und können bei Untersuchungen mit Hilfe der Finiten Elemente Methode (FEM) berücksichtigt werden. Die Wölbfedersteifigkeit k_W von Vollsteifen/Kopfplatten bei I-Profilen berechnet sich zu

$$k_W = \frac{1}{3} \cdot G \cdot b \cdot h \cdot t_P^3 \tag{10.30}$$

mit

b größte Flanschbreite

h Höhe des Profilmittellinienmodells

t_P Dicke der Steife/Kopfplatte

Für alle anderen Fälle kann mit Hilfe des Prinzips der virtuellen Kräfte die Federsteifigkeit ermittelt werden.

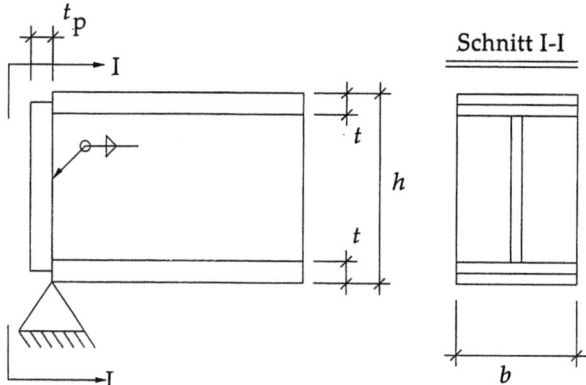

Bild 10-23 Kopfplatte bzw. Steife

10.5.2 Trägerüberstand (*Petersen*, 1990)

Ein unbelasteter Trägerüberstand im Auflagerbereich behindert ebenfalls die Verwölbung des Querschnittes. Für ein I-Profil wird von Petersen für die Wölbfedersteifigkeit

$$k_W = \frac{G}{\varepsilon} \cdot I_T \cdot l_{\ddot{u}} \cdot \tanh(\varepsilon) \tag{10.31}$$

mit

ε Stabkennzahl (10.17)

$l_{\ddot{u}}$ Länge des Überstandes angegeben.

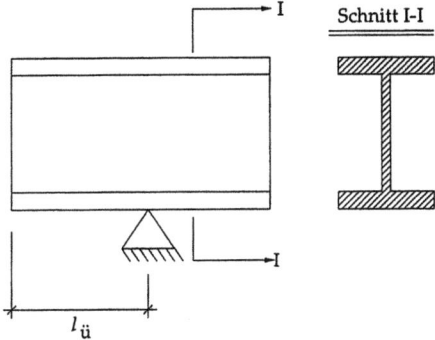

Bild 10-24 Trägerüberstand

10.5.3 Hohlsteife

Die wirksamste Steifenform stellen eingeschweißte Hohlsteifen aus Winkel- oder U-Profilen dar. Mit ihnen entsteht ein geschlossener Hohlkasten, der über eine sehr hohe Torsionssteifigkeit verfügt. Die Länge des geschlossenen Kastens entspricht der Trägerhöhe. Die Wölbfedersteifigkeit k_W beträgt

$$k_W = G \cdot h \cdot \frac{4 \cdot A_u^2}{\sum_i \frac{b_i}{t_i}} \tag{10.31}$$

mit

h Höhe des Profilmittellinienmodells des Trägers

A_u Von der Profilmittellinie der Steife umschlossene Fläche

b_i bzw. t_i Länge bzw. Dicke der Hohlsteife als Profilmittellinienmodell

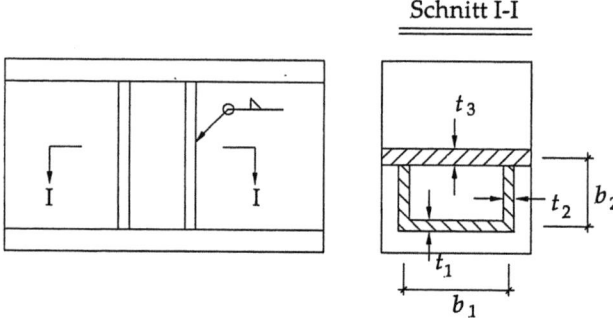

Bild 10-25 Hohlsteife

Im Bild 10-25 wird eine einseitige Hohlsteife dargestellt, zweiseitige Ausführungen sind ebenfalls denkbar.

10.5.4 Aufgeschweißte Bindebleche

Werden Bindebleche auf offene dünnwandige Querschnitte aufgeschweißt, so wirken sie als Wölbfeder. Damit besteht die Aufgabe der Bindebleche darin, die Torsionssteifigkeit zu erhöhen. Sind die Bindebleche sehr dicht angeordnet, so nimmt der so versteifte Träger eine Mittelstellung zwischen offenen und geschlossenen Querschnitten ein. Meist wird man jedoch nur an wenigen günstigen Punkten Bindebleche anordnen, die in erster Linie die Verwölbung des Querschnittes verhindern soll.

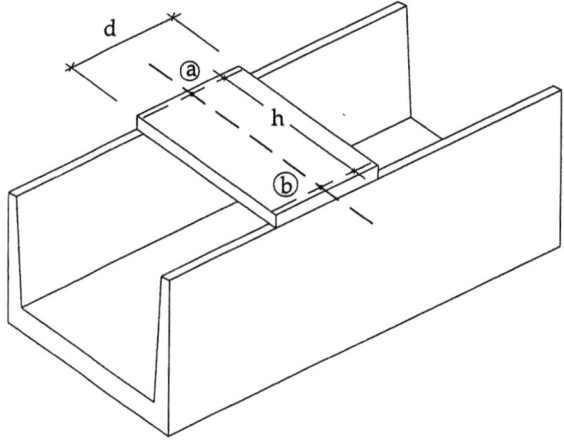

Bild 10-26 C-Profil mit Bindeblechen

10.5 Wölbfeder

Der durch Bindebleche verstärkte Stab, siehe Bild 10-29, ist als räumliches System aufzufassen. Die Schnittkräfte in den Bindeblechen infolge einer Torsionsbeanspruchung des Trägers können als statisch Überzählige aufgefasst werden.

Alle Voraussetzungen der Theorie der Wölbkrafttorsion (undeformierbarer Querschnitt; Vernachlässigung der sekundären Schubverformungen) werden unverändert beibehalten.

Die zwei Punkte a und b des unverstärkten Querschnitts verwölben sich bei einer Verdrillung des Stabes entgegengesetzt um die gleiche Größe

$$w_a = +\vartheta' \cdot \bar{\omega}_a^M$$
$$w_b = -\vartheta' \cdot \bar{\omega}_b^M \qquad (10.32)$$

Das starr an beiden Flanschen angeschweißte Bindeblech versucht, diese gegenseitigen Verwölbungen zu verhindern, und wird in seiner Ebene auf Biegung beansprucht. Da der C-Querschnitt gemäß den Voraussetzungen seine Form beibehalten soll, ist die Beanspruchung antimetrisch, die noch unbekannte endgültige Verwölbungen w^* rufen im Bindeblech die Endmomente

$$M_{ac}^* = 12 \cdot \frac{E \cdot I}{h^2} \cdot w^* = M_{ca}^* \qquad (10.33)$$

und die Querkräfte

$$V^* = -12 \cdot \frac{E \cdot I}{h^3} \cdot w^* \qquad (10.34)$$

hervor.

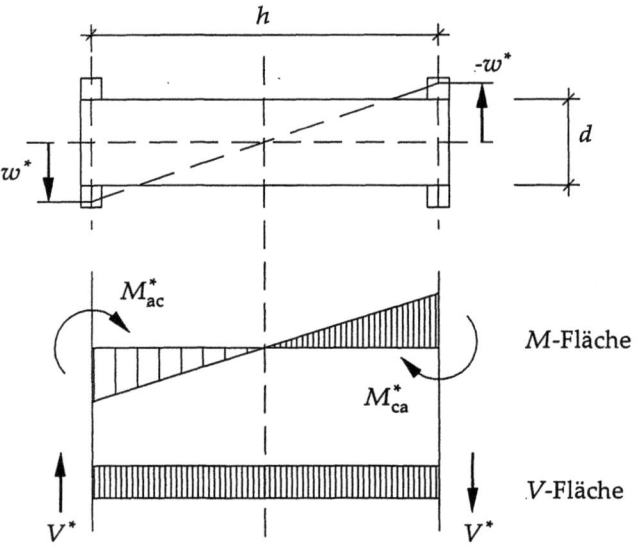

Bild 10-27 Momente, Querkräfte und Verwölbungen am Bindeblechen

Schneidet man alle Bindebleche auf der Symmetrieachse, so sind dort nur die Querkräfte V^* unbekannt, die als statisch überzählige eingeführt werden, siehe Bild 10-28. Bei n Bindeblechen wird der Stab somit n-fach statisch unbestimmt.

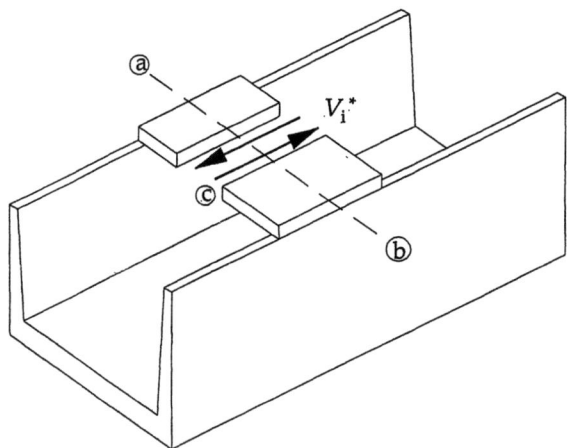

Bild 10-28 Statisch Überzählige V_i^* am Bindeblechen

10.5 Wölbfeder

Berechnung der statisch Unbekannten Querkraft V*

Infolge der Einheitsbelastung $V_i^* = 1$ tritt eine gegenseitige Verschiebung der Schnittufer am Bindeblech i ein. Diese Verschiebung setzt sich zusammen aus der durch die Eigendeformation des Bindebleches bedingte Verschiebung und aus einer gegenseitigen Verwölbung der Schnittufer.

Da die Bindebleche meist sehr breit im Verhältnis zur Länge sind, empfiehlt es sich, die Schubverformungen mit zu berücksichtigen:

$$\bar{\delta}_{ii} = \frac{h}{3} \cdot \frac{h^2}{4 \cdot E \cdot I} + \frac{h}{G \cdot A_s} = \frac{h^3}{12 \cdot E \cdot I} + \frac{h}{G \cdot A_s}$$

Für Bindebleche mit Rechteckquerschnitt und einer Dicke t_B gilt, wenn man $A_s = A/1{,}2$ setzt

$$\bar{\delta}_{ii} = \frac{h^3}{E \cdot d^3 \cdot t_B} + 1{,}2 \cdot \frac{h}{G \cdot d \cdot t_B} \tag{10.35}$$

Nach Kap. 10.2, Gleichung (10.15) wird durch die zwei Kräfte V_i^* im Schnitt i-i, siehe Bild 10-30, ein Wölbmoment der Größe

$$M_{W,i}(x_i) = -2 \cdot V_i^* \cdot \bar{\omega}_c^M \tag{10.36}$$

eingeleitet.

Verwölbungen des in i geschnittenen Querschnittes wird mit Hilfe der r_t^M-Fläche, siehe Kap. 8.4, berechnet und in Bild 10-29 dargestellt.

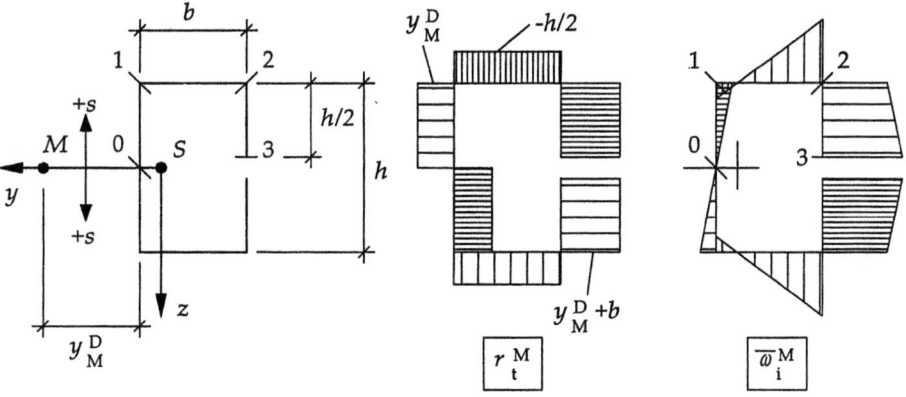

Bild 10-29 PMM, r_t^M-Fläche und $\bar{\omega}_i^M$-Fläche des Bindebleches

$$\bar{\omega}_0^M = 0$$

$$\bar{\omega}_1^M = -\frac{h}{2} \cdot y_M^D$$

$$\bar{\omega}_2^M = -\frac{h}{2} \cdot y_M^D + b \cdot \frac{h}{2} \quad (10.37)$$

$$\bar{\omega}_3^M = -\frac{h}{2} \cdot y_M^D + b \cdot \frac{h}{2} + \frac{h}{2} \cdot \left(y_M^D + b\right) = h \cdot b$$

$$\bar{\omega}_C^M = \bar{\omega}_3^M = h \cdot b$$

Es zeigt sich, dass die Verwölbung des Punktes c gleich der Fläche ist, die von der Profilmittellinie des C-Profiles und des Bindebleches eingeschlossen wird.

Das im Zustand der Einheitsbelastung $V_i^* = 1$ eingeleitete Wölbmoment lautet damit:

$$M_{W,i}(x_i) = -2 \cdot b \cdot h \quad \left[m^2\right] \quad (10.38)$$

Dieses Wölbmoment bewirkt, unter Beachtung der vorgegebenen Randbedingungen des Trägers, eine Verdrehung $\vartheta_i(x)$. Damit erhält man für die Verschiebung der Schnittufer

$$\delta_{ii} = \bar{\delta}_{ii} + \vartheta_i'(x_i) \cdot 2 \cdot b \cdot h \quad [m] \quad (10.39)$$

Sind mehrere Bindebleche in den Schnitten k-k vorhanden, so hängen die δ_{ik}-Werte allein von den Verwölbungen infolge $M_{W,i}$ im Schnitt i-i ab

$$\delta_{ik} = \vartheta_i'(x_k) \cdot 2 \cdot b \cdot h \quad [m] \quad (10.40)$$

Die Belastungsglieder der Elastizitätsgleichungen ergeben sich über die Verdrehung ϑ_0 des Stabes infolge äußerer Einwirkungen ohne Berücksichtigung der Bindebleche.

$$\delta_{i0} = \vartheta_0'(x_i) \cdot 2 \cdot b \cdot h \quad [m^{\cdot}] \quad (10.41)$$

Bei I-Querschnitten mit beiderseits symmetrisch angeordneten Bindeblechen sind die unbekannten Querkräfte V_i^* in gegenüberliegenden Bindeblechen entgegengesetzt gleich. Mit b als Flanschbreite des I-Profiles bleiben die Gln. ((10.40) bis (10.42)) gültig, lediglich der Wert $\bar{\delta}_{ii}$ ist mit dem Faktor 2 zu multiplizieren, da sich beide Bindebleche elastisch verformen.

10.5.4.1 Beispiel: Kragträger mit Bindeblech am Trägerende

Betrachtet wird ein Kragträger mit End-Bindeblech, der durch ein Einzeltorsionsmoment am freien Trägerende beansprucht wird, siehe Bild 10-30. Da mit diesem Beispiel die Wirkung von einem Bindeblech als Wölbbehinderung untersucht werden

10.5 Wölbfeder

soll, wird aus Gründen der Übersichtlichkeit nur mit charakteristischen Größen gearbeitet.

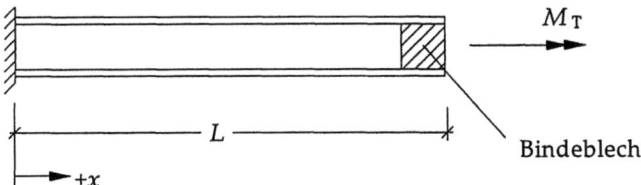

Bild 10-30 System und Einwirkung

Material: Werkstoff S235JRG2

Querschnitt C 200

Die Verdrehung im statisch bestimmten Hauptsystem – ohne Bindeblech – wird dem Kap. 10.4.1 entnommen:

$$\vartheta_0(x) = \frac{M_T \cdot L}{G \cdot I_y} \cdot \left[\frac{x}{L} - \frac{\sinh\left(\varepsilon \cdot \frac{x}{L}\right)}{\varepsilon} + \frac{\tanh(\varepsilon)}{\varepsilon} \cdot \left(\sinh\left(\varepsilon \cdot \frac{x}{L}\right) - 1 \right) \right]$$

$$\vartheta_0'(x) = \frac{M_T}{G \cdot I_y} \cdot \left[1 - \cosh\left(\varepsilon \cdot \frac{x}{L}\right) + \tanh(\varepsilon) \cdot \sinh\left(\varepsilon \cdot \frac{x}{L}\right) \right]$$

Damit gilt für das Belastungsglied δ_{10} nach Gleichung (10.42)

$$\begin{aligned}
\delta_{10} &= \vartheta_0'(x = L) \cdot 2 \cdot b \cdot h \\
&= \frac{M_T}{G \cdot I_y} \cdot \left[1 - \cosh(\varepsilon) + \tanh(\varepsilon) \cdot \sinh(\varepsilon) \right] \cdot 2 \cdot b \cdot h \\
&= \frac{M_T}{G \cdot I_y} \cdot 2 \cdot b \cdot h \cdot \left[1 - \frac{1}{\cosh(\varepsilon)} \right]
\end{aligned}$$

Die Verdrehung des Stabes durch das am Trägerende eingeleitete Wölbmoment infolge des Einheitsbelastungszustandes $V_i^* = 1$ berechnet sich, mit Hilfe von Bild 10-6, aus

$$M_T(x=0) = 0$$
$$\begin{aligned}M_W(x=L) &= -2 \cdot b \cdot h \\ &= -E \cdot C_M \cdot \vartheta''(x=L) \\ &= -E \cdot C_M \cdot \frac{M_W(x=0)}{G \cdot I_T} \cdot \lambda^2 \cdot (-\cosh(\varepsilon)) \\ &= +M_W(x=0) \cdot \cosh(\varepsilon)\end{aligned}$$

mit

$$\lambda = \sqrt{\frac{G \cdot I_T}{E \cdot C_M}}$$

zu

$$\vartheta_1(x) = \frac{2 \cdot b \cdot h}{G \cdot I_T} \cdot \frac{\left[\cosh\left(\varepsilon \cdot \frac{x}{L}\right) - 1\right]}{\cosh(\varepsilon)}$$

und damit ergibt sich

$$\delta_{11} = \overline{\delta}_{11} + \frac{4 \cdot b^2 \cdot h^2}{E \cdot C_M \cdot \lambda} \cdot \tanh(\varepsilon)$$

$$V_1^* = -\frac{M_T}{G \cdot I_T} \cdot \frac{1}{\delta_{11}} \cdot 2 \cdot b \cdot h \cdot \left[1 - \frac{1}{\cosh(\varepsilon)}\right]$$

mit folgenden Abkürzungen

$$\eta = \frac{\lambda \cdot E \cdot C_M}{4 \cdot b^2 \cdot h^2} \cdot \overline{\delta}_{11} = \frac{\lambda \cdot C_M}{b^2 \cdot d^2 \cdot t_B} \cdot \left[\frac{h}{4 \cdot d} + 0{,}3 \cdot \frac{E \cdot d}{G \cdot h}\right] \quad (10.42)$$

$$\xi = \frac{1}{\cosh(\varepsilon) \cdot [\eta + \tanh(\varepsilon)]} \cdot \left[1 - \frac{1}{\cosh(\varepsilon)}\right] \quad (10.43)$$

erhält man die endgültige Verdrehung durch Superposition

$$\vartheta(x) = \frac{M_T \cdot L}{G \cdot I_T} \cdot \left[\frac{x}{L} - \frac{\sinh\left(\varepsilon \cdot \frac{x}{L}\right)}{\varepsilon} + \frac{\tanh(\varepsilon) - \xi}{\varepsilon} \cdot \left[\cosh\left(\varepsilon \cdot \frac{x}{L}\right) - 1\right]\right] \quad (10.44)$$

und das Wölbmoment

$$\frac{M_W(x)}{M_T \cdot L} = \frac{1}{\varepsilon} \cdot \left[\sinh\left(\varepsilon \cdot \frac{x}{L}\right) - [\tanh(\varepsilon) - \xi] \cdot \cosh\left(\varepsilon \cdot \frac{x}{L}\right)\right] \quad (10.45)$$

sowie das sekundäre Torsionsmoment

10.5 Wölbfeder

$$\frac{M_{T,II}(x)}{M_T} = \left[\cosh\left(\varepsilon \cdot \frac{x}{L}\right) - \left[\tanh(\varepsilon) - \xi\right] \cdot \sinh\left(\varepsilon \cdot \frac{x}{L}\right)\right] \tag{10.46}$$

In Bild 10-31 ist der Einfluss des End-Bindebleches auf den Verlauf des Wölbmomentes und des sekundären Torsionsmomentes dargestellt. Dabei wurden die Abkürzungen η und ε variiert.

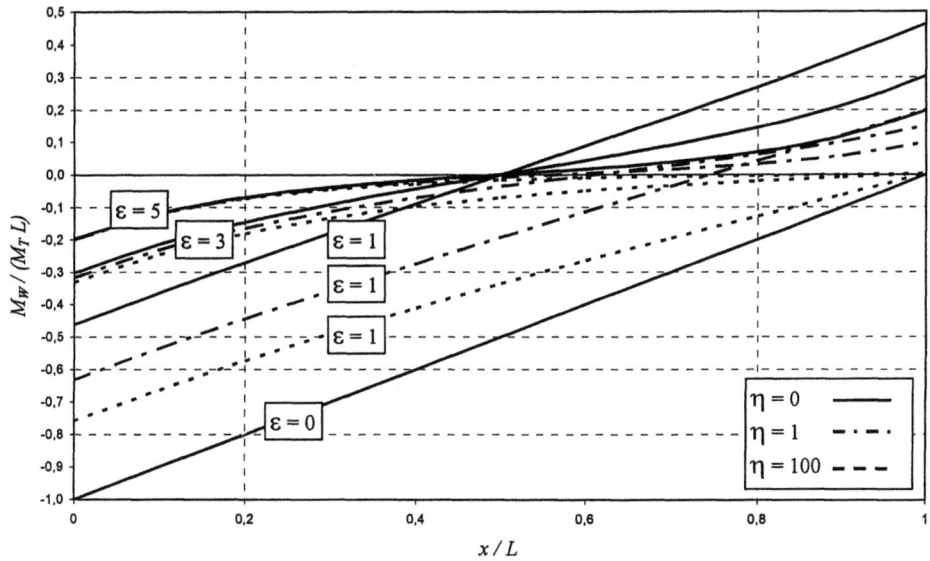

Bild 10-31 Verlauf des Wölbmomentes bei Variation von ε und η

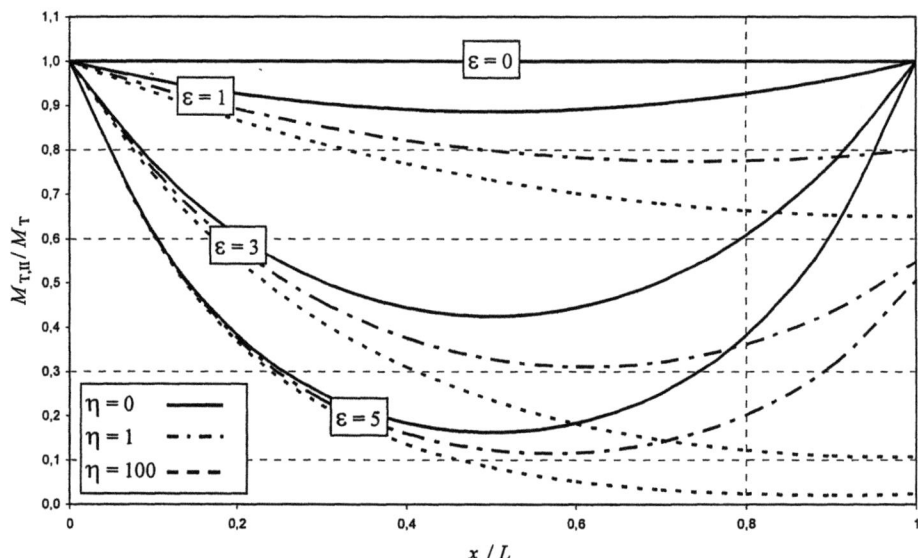

Bild 10-32 Verlauf des sekundären Torsionsmomentes bei Variation von ε und η

10.5.4.2 Grenzsteifigkeit des Bindebleches

Die Grenzsteifigkeit des Bindebleches ist dann erreicht, wenn das Bindeblech wie eine starre Kopfplatte wirkt, so dass am Trägerende jede Verwölbung verhindert ist. Für einen so gelagerten Träger erhält man mit Bild 10-5 und 10-6 die Verdrehung ϑ unter der Einwirkung eines Einzeltorsionsmomentes zu

$$\vartheta(x) = \frac{M_T \cdot L}{G \cdot I_T} \cdot \left[\frac{x}{L} - \frac{\sinh\left(\varepsilon \cdot \frac{x}{L}\right)}{\varepsilon} + \frac{\cosh(\varepsilon)-1}{\varepsilon \cdot \sinh(\varepsilon)} \cdot \left[\cosh\left(\varepsilon \cdot \frac{x}{L}\right) - 1 \right] \right]$$

Dieser Grenzwert wird für $\eta = 0$ erreicht, was nach Gleichung (10.43) für $d \to \infty$ oder $t_B \to \infty$ gegeben ist.

Am Beispiel eines Walzprofiles – C200 – soll untersucht werden, wie dick (t_B) und breit (d) die Endbindebleche sein müssen, um näherungsweise den Grenzwert $\eta = 0$ zu erreichen.

10.5 Wölbfeder

Systemwerte:

$$C_M = 9.070,0 \; [cm^6]$$
$$I_T = 11,9 \; [cm^4]$$
$$b = 7,5 \; [cm]$$
$$h = 20,0 \; [cm]$$
$$\lambda = 0,0224958 \; [cm^{-1}]$$
$$\eta = 3,6273 \cdot \frac{1}{d^2 \cdot t_B} \cdot \left[\frac{5}{d} + 0,03889 \cdot d\right]$$

Tabelle 10-4 Variation der Bindeblechdicke

t_B [cm]	Ergebnisse für η Breite d [cm]	
	5,0	10,0
0,2	0,43326	0,16121
0,4	0,43326	0,08061
0,8	0,21663	0,04030
1,0	0,17331	0,03224

Man erkennt in der Tabelle 10-4, dass die Grenzwölbsteifigkeit für gebräuchliche Dicken des Bindebleches nahezu erreicht wird. Damit stellt das Bindeblech eine praktisch mögliche und effektive Lösung für eine theoretisch starre Kopfplatte – Wölbeinspannung – dar.

11 Analogien für die Lösung von Aufgaben zur Torsion

11.1 Einführung

Als Analogie bezeichnet man die Übereinstimmung zweier Probleme in bestimmten Merkmalen. Im Bauingenieurwesen treten häufig Aufgaben mit gleichem formalen Aufbau auf, dies gilt z. B. für die Wärmeleitgleichung in Festkörpern, die Diffusion in porösen Medien, die Grundwasserströmung im gesättigten Bereich und für den Wärme- und Stofftransport in Fluiden (*Petersen* 1990; *Wunderlich/Kiener* 2004). Insbesondere ist in der Statik eine Reihe von Problemen bekannt, die formal durch den gleichen Typ der Differentialgleichung beschrieben werden (*Schardt/Okur* 1971).

Für Aufgaben aus dem Bereich der Torsion liegt eine solche Analogie z. B. vor zwischen

- den Problemen der Wölbkrafttorsion und dem durch Zug und Biegung beanspruchten Träger nach Theorie II. Ordnung, der so genannten Zugstabanalogie; und

- der *Prandtl*'schen Spannungsfunktion (7.11) und der *St. Venant*'schen Torsion, der so genannten Membrananalogie oder Seifenhautanalogie.

Nachfolgend wird die Membrananalogie nur kurz vorgestellt, die Zugstabanalogie dagegen wird ausführlich besprochen werden, da mit ihrer Hilfe zeitgemäße Lösungswege beschritten werden können.

11.2 Membrananalogie

Die Membrananalogie ermöglicht sowohl eine anschauliche Darstellung der *St. Venant*'schen Torsionstheorie als auch eine experimentelle Lösung für diese Aufgaben.

Man denke sich eine dünne starre Platte mit einem Loch. Die Form des Loches entspricht dabei der Form des zu untersuchenden Querschnittes. Das Loch wird nun mit einer gewichtslosen Membran überspannt, die an den Lochrändern mit der Platte verbunden ist. Diese gewichtslose Membran wird auch als Seifenhaut bezeichnet. Das Bild 11-1 verdeutlicht dieses Modell am Beispiel eines Rechteckquerschnittes.

Die Seifenhaut stellt eine besondere Art von Membran dar. Wird die Membran belastet, so tritt in beiden Achsrichtungen die gleiche konstante Normalspannung σ in der Tangentialebene auf. Ferner weist sie eine konstante Dicke t auf und ist schubspannungsfrei, damit ist in der Seifenhaut überall die gleiche Normalspannung σ vorhanden.

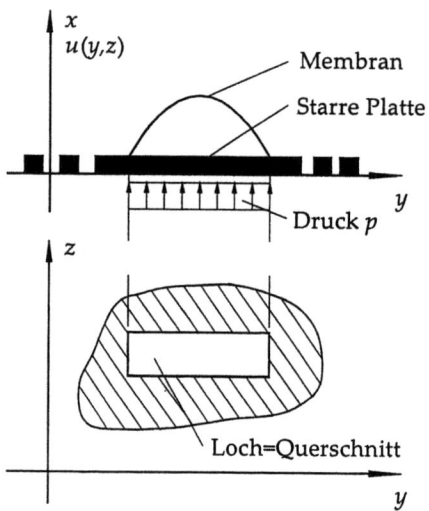

Bild 11-1 Membrananalogie zum Rechteckquerschnitt

Die Beanspruchung der Membran erfolgt durch Druck auf beide Membranseiten. Die Membran ist solange eben, wie der Druck auf beiden Seiten gleich groß ist. Wird jedoch auf einer Seite ein Überdruck auf das System aufgebracht, so wölbt sich die Membran hoch. Bezeichnet man den Druck mit p und die Verformung mit $u(y, z)$, so wird die Verformung der Membran durch die Differentialgleichung (hier ohne Herleitung, vgl. *Petersen* 1990)

$$\frac{\partial^2 u}{\partial y^2}+\frac{\partial^2 u}{\partial z^2}=-\frac{p}{\sigma} \tag{11.1}$$

beschrieben. Als geometrische Randbedingung gilt, dass an den Lochrändern die Verformungen zu Null werden müssen.

Wird nun angenommen, dass der Druck p doppelt so groß ist wie die Normalkraft N, so sind die mathematischen Funktionen identisch (vgl. (7.11)) und es ergibt sich folgende Zuordnung:

$$\begin{aligned} u &\Leftrightarrow \psi \\ \frac{p}{2\cdot\sigma} &\Leftrightarrow \Delta\psi \end{aligned} \tag{11.2}$$

11.2 Membrananalogie

Bei der experimentellen Lösung der Torsionsaufgabe sind der Druck p, die Normalspannung σ und die Verformung $u(y, z)$ messtechnisch zu erfassen (*Reichenbacher* (1936); *Thiel* (1934)). Gelingt dies, so kann zum Beispiel der *St. Venant*'sche Torsionswiderstand I_T ermittelt werden.

$$I_T = 4 \cdot \frac{\sigma}{p} \cdot \int_A u(y,z) \cdot dA \qquad (11.3)$$

Dies entspricht dem Rauminhalt der gewölbten Membran.

Darüber hinaus können durch Auswertung der Höhenlinien und Gradienten Angaben bezüglich der Schubspannungsverteilung im Querschnitt formuliert werden.

Die Steigung der Seifenhaut liefert entsprechend Gleichung (7.6)

$$\tau_{xs,I} = G \cdot \vartheta'(x) \cdot \frac{\partial \psi}{\partial n}$$

die Schubspannung rechtwinklig zur Richtung, in der das Gefälle gemessen wird. Die maximale Schubspannung verläuft daher in Richtung der Höhenschichtlinien der gewölbten Membran.

Die Bedeutung der Seifenhautanalogie liegt darin, anschaulich Aussagen über die relativen Größen und über den Verlauf der Schubspannungen vermitteln zu können. Denn die Höhenschichtlinien lassen sich leicht angeben, und der Abstand der Höhenschichtlinien zueinander ist ein anschauliches Maß für die Steigung an dieser Stelle und damit für die Größe der Schubspannung τ, (siehe Bild 11-2).

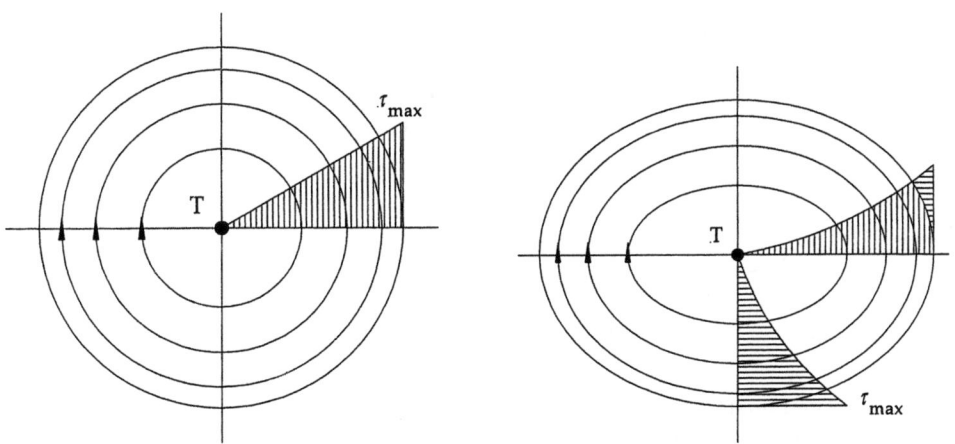

Bild 11-2a Höhenschichtlinien und Schubspannungen an ausgewählten Vollquerschnitten, N – Ecknullpunkt; T – Torsionsnullpunkt; U – Unendlichkeitspunkt

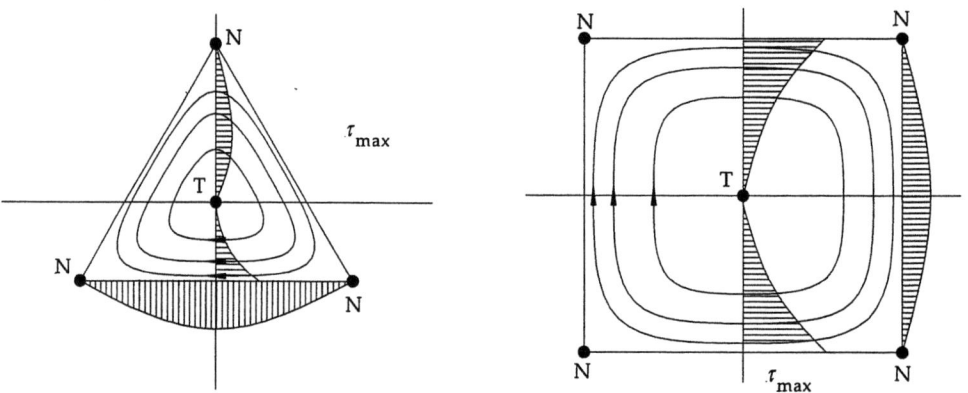

Bild 11-2b Höhenschichtlinien und Schubspannungen an ausgewählten Vollquerschnitten, N – Ecknullpunkt; T – Torsionsnullpunkt; U – Unendlichkeitspunkt

Kuppen bzw. Extremwerte des Membranhügels sind Nullpunkte der Schubspannung, ebenso ausspringende Ecken. An einspringenden Ecken wird dagegen die Membran beiderseits steil hochgezogen, die Steigung ist nahezu unendlich groß. Damit stellen einspringende Punkte singuläre Punkte für die Schubspannung mit

$\tau \rightarrow \infty$ dar, siehe Bild 11-3.

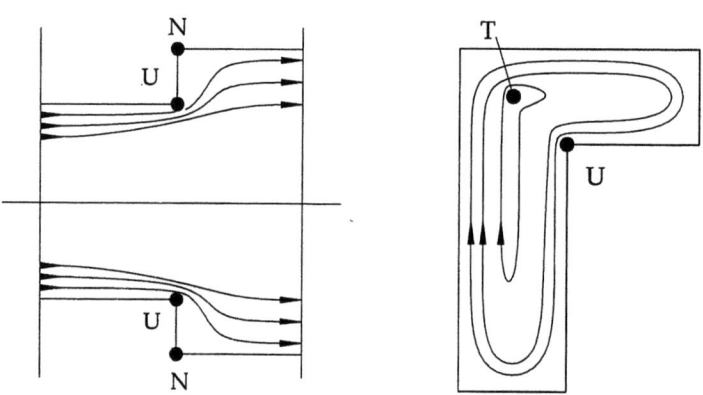

Bild 11-3 Singuläre Punkte am Beispiel ausgewählter Vollquerschnitte, N – Ecknullpunkt; T – Torsionsnullpunkt; U – Unendlichkeitspunkt

Mit Hilfe dieses Gleichnisses lässt sich auch zeigen, dass bei Hohlquerschnitten über der Aussparung eine Hochebene entsteht. Denkt man sich z. B. ein Kastenprofil aus Blech ausgeschnitten, so bleibt der Innenraum als loses Blech auf der Membran liegen

11.2 Membrananalogie 233

und wird nur hochgehoben. Hier gilt (ohne Herleitung) die Randbedingung Ψ_{Rand} = konstant und somit ist die Fläche der heraus gewölbten Membran eben.

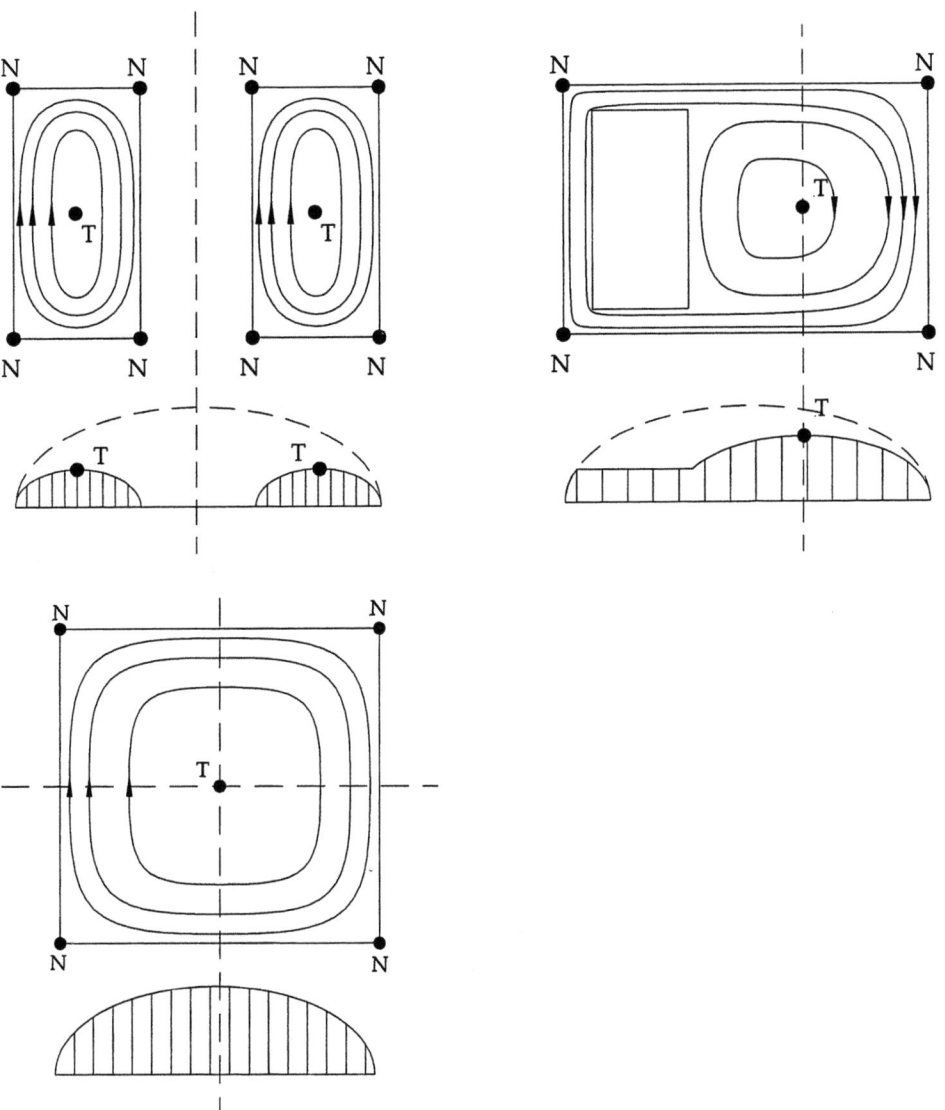

Bild 11-4 Beispiele von Höhenschichtlinien, *Wyss* (1926), N – Ecknullpunkt; T – Torsionsnullpunkt; U – Unendlichkeitspunkt

Für die Behandlung von mehrfach zusammenhängenden Vollquerschnitten wird auf die Literatur verwiesen, z. B. *Neményi* (1921).

11.3 Zugstabanalogie

11.3.1 Einleitung[1]

Anfang der 50er Jahre des 20. Jahrhunderts veröffentlichte *Bornscheuer* grundlegende Arbeiten zur Theorie der Wölbkrafttorsion (vgl. *Bornscheuer* 1952, 1953). Dabei benutzte er zur besseren Verdeutlichung die Analogie zum biegebeanspruchten Zugstab nach Theorie II. Ordnung. Darauf aufbauend formulierte *Lindenberger* 1953 die Analogie für die Anwendung der von *Lie* (1940) für Hängebrücken erarbeiteten Aussagen für die Lösung von Torsionsproblemen. Der Einfluss der sekundären Schubverformungen bei der Wölbkrafttorsion wird von *Roik* und *Sedlacek* (1966) ebenfalls mit Hilfe der Analogie zur Schubverformung bei Biegeträgern vorgestellt. Im selben Jahr wird von *Klöppel* und *Friemann* (1966) eine Analogie veröffentlicht, die auf den bekannten Lösungen des Zugstabes nach dem Formänderungsgrößenverfahren beruht.

Die praktische Anwendung der theoretischen Kenntnisse zur Zugstabanalogie scheiterte jedoch in der Regel am hohen und fehlerträchtigen Aufwand bei den Berechnungen. Programme, die eine Berechnung nach Theorie II. Ordnung ermöglichten, waren zunächst nur für gedrückte Stäbe ausgelegt worden. Spezielle IT-Lösungen für die Thematik Wölbkrafttorsion oder sogar für die Biegetorsionstheorie II. Ordnung waren kaum bekannt. Heute ermöglichen zeitgemäße Stabstatikprogramme eine Berechnung von biegebeanspruchten Zug- und Druckstäben nach Theorie II. Ordnung. Damit kann die Zugstabanalogie für die Lösung von Aufgaben zur Wölbkrafttorsion ohne großen Aufwand angewandt werden.

11.3.2 Analogie

Eine Analogie liegt vor zwischen dem Problem der Wölbkrafttorsion und dem biegebeanspruchten Zugstab nach Theorie II. Ordnung; die formale Gleichheit der Differentialgleichungen und der mathematischen Lösungsverfahren verdeutlicht dies.

Die Beschreibung der Analogie hat drei Ziele:

- Die Theorie II. Ordnung für den Zugstab ist schon wesentlich weiter entwickelt und für die praktische Berechnung aufbereitet als die Theorie der Wölbkrafttorsion. Unter der Ausnutzung der Analogie ist es daher möglich, auf bereits bekannt und auch gebräuchliche Lösungsmethoden zurück zu greifen.

- Die Differentialgleichungen der Wölbkrafttorsion ist rein mathematisch gesehen ein Sonderfall der allgemeinen Differentialgleichung, wie man sie für den elastisch gebetteten Stab unter Quer- und Axialbeanspruchung nach Theorie II. Ordnung erhält. Formal gleiche Differentialgleichungen ergeben sich auch in der Theorie

---

[1] Nach Saal/Hörenbaum, 2002

11.3 Zugstabanalogie

der Faltwerke und Zylinder mit rotationssymmetrischer Beanspruchung. Damit kann die Wölbkrafttorsion in den Bereich der erweiterten Technischen Biegelehre für dünnwandige Stäbe unter Berücksichtigung der Querschnittsverformungen eingeordnet werden. (*Schardt* 1966; *Schardt/Okur* 1971)

- Ein biegebeanspruchter Zugstab ist wesentlich anschaulicher, als ein Stab mit einer Beanspruchung durch Wölbkrafttorsion. Am Zugstab lassen sich einfacher die Grenzsituationen ($E \cdot I_y \to 0$, $N \to 0$, $N \to \infty$) erläutern und damit die unterschiedlichen Tragwirkungen (Balken, Seil) verdeutlichen und anschließend auf die Wölbkrafttorsion übertragen.

In der Praxis wird die Zugstabanalogie häufig dazu benutzt, um einen Träger, der auf Wölbkrafttorsion zu untersuchen wäre, direkt in einen analogen Biegeträger mit Axialkraft zu übersetzen und dann dieses stellvertretende Bauteil nach Theorie II. Ordnung zu berechnen. Es ist jedoch darauf hinzuweisen, dass die Anwendung der Analogie bei Trägern, die gleichzeitig auf Biegung und Wölbkrafttorsion beansprucht werden, problematisch und auch fehleranfällig ist. Der Grund hierfür ist, dass die Berechnung der Biegebeanspruchung ein realer Lastfall, die Berechnungen der Zugstabanalogie aber ein „fiktiver" Lastfall ist. Einen realen und „fiktiven" Lastfall kann man nicht miteinander mischen. Für diese Aufgaben wird empfohlen die Biegebeanspruchung getrennt von der Torsionsbeanspruchung zu untersuchen und anschließend die Ergebnisse zu überlagern. Dabei ist darauf zu achten, dass das Superpositionsprinzip nur für Aussagen nach Theorie I. Ordnung Gültigkeit hat. Fragestellungen hinsichtlich der Stabilität können nur mit einem Spannungsnachweis beantwortet werden, dem die räumliche Spannungstheorie für das gekoppelte Biegetorsionsproblem nach Theorie II. Ordnung mit Berücksichtigung von Vorverformungen zu Grunde liegt. Dies soll aber nicht Gegenstand dieses Buches sein, hierzu wird auf die einschlägige Literatur verwiesen z. B. *Roik/Carl/Lindner* (1972), *Friemann* (1996), e. a.

Eine Einschränkung bei der Anwendung der Zugstabanalogie stellen derzeit die Übergangsbedingungen dar. Nur für gerade Träger mit konstanten Querschnitten lassen sich die Übergangsbedingungen für Verwölbung und Wölbmomente problemlos angeben, in allen anderen Fällen fehlen noch die entsprechenden Lösungen. Dazu zählen z. B. geknickte und verzweigte Träger, aber auch gerade Träger mit unterschiedlichen Querschnitten (z. B. I-Profil und längsgeschlitztes Rohr). Für derartige Aufgabenstellungen wird daher eine Untersuchung mit Hilfe der Finite Elemente Methode (FEM) empfohlen. Träger mit gerader Stabachse und Profilunstetigkeiten (I-Profile mit unterschiedlichen Profilhöhen und Kopfplattenstößen) stellen dagegen keine Einschränkung dar.

11.3.3 Gegenüberstellung der Formeln

Tabelle 11-1 Gegenüberstellung der Formeln in der Zugstabanalogie

Theorie der Wölbkrafttorsion	Theorie II. Ordnung des biegebeanspruchten Zugstabes
System und Einwirkung	System und Einwirkung
DGl. des Wölbmomentes $M_W(x) = -E \cdot C_M \cdot \vartheta''(x)$	DGl. der Biegung $M_y(x) = -E \cdot I_y \cdot w''(x)$
Sekundäres Torsionsmoment $M_{T,II} = M'_W(x) = -E \cdot C_M \cdot \vartheta'''(x)$	Schnittgrößen am verformten Stabelement $V_z(x) = M'_y = -E \cdot I_y \cdot w'''(x)$
Gesamttorsionsmoment $M_T = M_{T,II} \quad + M_{T,I}$ $M_T = -E \cdot C_M \cdot \vartheta'''(x) + G \cdot I_T \cdot \vartheta'(x)$	Vertikalkraft nach Th. II. Ord., bezogen auf die unverformte Stabachse $V_z^*(x) = V_z(x) \quad + N \cdot w'(x)$ $= -E \cdot I_y \cdot w'''(x) + N \cdot w'(x)$
DGl. der Wölbkrafttorsion $E \cdot C_M \cdot \vartheta^{IV}(x) - G \cdot I_T \cdot \vartheta^{II}(x) = m_T(x)$	DGl. nach Th. II. Ord. für den Zugstab $E \cdot I_y \cdot w^{IV}(x) - N \cdot w^{II}(x) = p_z(x)$
Stabkennzahl $\varepsilon_W = l \cdot \sqrt{\dfrac{G \cdot I_T}{E \cdot C_M}}$	Stabkennzahl $\varepsilon = l \cdot \sqrt{\dfrac{N}{E \cdot I_y}}$

11.3 Zugstabanalogie

Damit ergibt sich folgende Analogie:

Tabelle 11-2 Analogie

	Wölbkrafttorsion	Biegebeanspruchter Zugstab nach Th. II. Ord.
Systemgrößen	Stablänge l [m]	Stablänge l [m]
	Wölbwiderstand C_M [m^6]	Trägheitsmoment I_y [m^4]
	Torsionswiderstand $G \cdot I_T$ [kN·m^2]	Normalkraft N [kN]
	Stabkennzahl ε_W [-]	Stabkennzahl ε [-]
Einwirkungen	Einzeltorsionsmoment M_T [kN·m]	Einzellast F_z [kN]
	Streckentorsionsmoment $m_T(x)$ [kN·m/m]	Streckenlast $p_z(x)$ [kN/m]
Nach Theorie II. Ord. berechnete Größen	Verdrehung ϑ [rad]	Durchbiegung w [m]
	Verdrillung ϑ' [-]	Verdrehung $\varphi = w'$ [rad]
	Gesamttorsionsmoment M_T [kN·m]	Querkraft bezogen auf die unverformte Stabachse V_z^* [kN]
	Sekundäres Torsionsmoment $M_{T,II}$ [kN·m]	Querkraft bezogen auf die verformte Stabachse V_z [kN]
	Wölbmoment M_W [kN·m^2]	Biegemoment M_y [kN·m]

Die Analogie gilt auch für die Randbedingungen.

Tabelle 11-2 Analogie (Fortsetzung der Tabelle 11-2)

	Wölbkrafttorsion	Biegebeanspruchter Zugstab nach Th. II. Ord.
Randbedingungen	Gabellager mit Wölbbehinderung ⊢ +dx $\vartheta(0) = 0$ $\vartheta'(0) = 0$	Einspannung ⊢ +dx $w(0) = 0$ $w'(0) = 0$
	Gabellager ohne Wölbbehinderung ⊢ +dx $\vartheta(0) = 0$ $\vartheta''(0) = 0$	Festes Lager ⊢ +dx $w(0) = 0$ $w''(0) = 0$
	Freies Stabende $M_T(0)$ ⊢ +dx $M_T(0) = 0$ $M_W(0) = 0$	Freies Stabende $V_z^*(0)$ ⊢ +dx $V_z^*(0) = 0$ $M_y(0) = 0$
	Starre Kopfplatte (Wölbbehinderung ohne Gabellager) $M_T(0)$ ⊢ +dx $\vartheta'(0) = 0$ $M_T(0) = 0$ Nachgiebige Kopfplatten können mit Hilfe von Wölbfedern abgebildet werden.	Einspannung für das Biegemoment M_y, mit einer Drehfeder, deren Federsteifigkeit um die y-Achse $K_{Dy} = \infty$ beträgt K_{Dy} $V_z^*(0)$ ⊢ +dx $w'(0) = 0$ $V_z^*(0) = 0$

11.3 Zugstabanalogie

Tabelle 11-2 Analogie (Fortsetzung der Tabelle 11-2)

	Wölbkrafttorsion	Biegebeanspruchter Zugstab nach Th. II. Ord.
Elastische Lager	Wölbfedersteifigkeit K_W [kN·m³]	Drehfedersteifigkeit um die y-Achse K_{Dy} [kN·m]
	Torsionsfedersteifigkeit K_ϑ [kN·m/m]	Wegfedersteifigkeit K_z [kN/m]
	Steifigkeit der torsionselastischen Bettung k_ϑ [kN·m/m]	Steifigkeit der elastischen Bettung k_z [kN/m/m]
	Hinweis: Die elastostatische Grundgleichung für alle elastischen Lagerungen lautet: Schnittgröße = Federsteifigkeit · komplementäre Weggröße	
Spannungen	Normalspannungen $\sigma_W = -\dfrac{M_W}{C_M} \cdot \bar\omega M$	Normalspannungen $\sigma = \dfrac{M_y}{I_y} \cdot z$
	Schubspannungen $\tau_W = \dfrac{M_{T,II} \cdot S_W}{C_M \cdot t}$	Schubspannungen $\tau = \dfrac{V_z \cdot S_y}{I_y \cdot t}$

11.3.4 Zeitgemäße Anwendung der Zugstabanalogie

Für eine zeitgemäße Anwendung der Zugstabanalogie ist der Einsatz einer IT-Lösung unerlässlich. Dazu muss ein Programm zur Verfügung stehen, dass die Lösung biegebeanspruchter Zugstäbe nach Theorie II. Ordnung ermöglicht. Es wird jedem dringend geraten, diese Option an Hand von einfachen und überschaubaren Beispielen mit bekannten Lösungen zu überprüfen. Bei der späteren Interpretation der berechneten Ergebnisse ist die Kenntnis, ob sich die Schnittgrößen – insbesondere die Querkräfte – auf die verformte oder unverformte Stabachse beziehen, unerlässlich und somit im Vorfeld zu überprüfen.

Erläuterungen zur Vorgehensweise bei der Überprüfung von Stabwerksprogrammen werden in Kap. 11.3.4.1 gegeben. Im Folgenden wird auf allgemein gültige Besonderheiten bei einer IT-unterstützten Anwendung der Zugstabanalogie eingegangen.

In der Regel wurden die Algorithmen der Stabwerksprogramme nicht für die Anwendung der Zugstabanalogie ausgelegt. Dies zeigt sich durch numerische Probleme, die dadurch auftreten können, dass die Systemkennwerte ($E \cdot C_M \Rightarrow E \cdot I_y$) der Torsionsaufgabe eine völlig andere Größenordnung aufweisen, als die der Biegeaufgaben.

Saal und *Hörenbaum* (2002) beschreiben dies am Beispiel eines Kastenbrückenträgers, bei dem sich aus der Berechnung falsche Auflagerkräfte und eine unstetige Verformungsfigur ergaben, ohne dass das Programm die Berechnung abbrach. Sie überprüften die Ergebnisse mit Hilfe von Gleichgewichtsaussagen und einer qualitativen Auswertung der Verformungsfigur. Dies verdeutlicht, wie wichtig es ist, mit äußerster Sorgfalt vorzugehen, die Ergebnisse kritisch zu hinterfragen und Kontrollen (z. B. Gleichgewicht; Stetigkeit der Verformungsfigur) vorzunehmen.

Da in den Programmen zur Theorie II. Ordnung, der Einfluss der Verformung auf das Gleichgewicht berücksichtigt wird, sind bei der Nutzung dieser Programme für Torsionsaufgaben Verformungen in Stablängsrichtung und infolge von Schub nicht zu beachten. Der Grund ist, dass die Theorie der Wölbkrafttorsion keine Berechnung nach Theorie II. Ordnung ist und somit alle unerwünschten Einflüsse der Verformungen auf das Gleichgewicht auszublenden sind. Dies wird mit Hilfe von ideellen Querschnittswerten für die Querschnittsfläche und die Schubfläche erzielt. Die Abbildung eines dehn- und schubstarren Querschnittes wird durch die Eingabe des maximal möglichen Wertes erzielt ($A_x = A_y = A_z = \infty$). Der tatsächliche Eingabewert für die Querschnittsflächen ist aber abhängig vom jeweiligen Programm.

Bei der Beschreibung der Lastfälle ist auch das Eigengewicht zu vernachlässigen. Es wirkt auf den Träger wie eine Steckenlast. Gemäß der Zugstabanalogie bedeutet eine Streckenlast ein Streckentorsionsmoment, das aber in dieser Art am ursprünglichen System nicht gegeben ist und somit zu falschen Ergebnissen führt.

Zur Vermeidung weiterer Fehlermöglichkeiten ist es notwendig, sämtliche Voreinstellungen für γ-fache Einwirkungen zu prüfen und gegebenenfalls zu deaktivieren. Die jeweilige Bemessungssituation ist im Vorfeld zu ermitteln, so dass alle Eingabewerte bereits γ-fach sind.

Außerdem ist zu prüfen, ob das Programm mit der charakteristischen Steifigkeit (Elastizitätsmodul), mit dem Materialsicherheitsbeiwert $\gamma_M = 1{,}0$ arbeitet.

Die Berechnung liefert Ergebnisverläufe unmittelbar für

[a] Durchbiegung w → Verdrehung ϑ

[b] Querkraft V_z → sekundäres Torsionsmoment $M_{T,II}$

[c] Biegemoment M_y → Wölbmoment M_W

11.3 Zugstabanalogie

Die Ergebnisse für das Gesamttorsionsmoment M_T und das primäre Torsionsmoment $M_{T,I}$ können nicht direkt abgelesen werden. Für das Gesamttorsionsmoment gilt der Querkraftverlauf $V^*(x)$ bezogen auf die unverformte Stabachse. Da in der Regel die Ergebnisse auch nach Theorie I. Ordnung berechnet werden, kann auch das primäre Torsionsmoment berechnet werden, nach (10.6) gilt

$$M_{T,I} = M_T - M_{T,II} \tag{11.4}$$

Wird die Querkraft V_z nach Theorie I. Ordnung berechnet, so liefert die Zugstabanalogie das Gesamttorsionsmoment M_T.

Die größte Fehlerquelle bei der Anwendung der Zugstabanalogie stellen die Einheiten und Größenordnungen der Zahlen dar. Der kritische Umgang mit diesen zwei Elementen ist von größter Bedeutung. Zur Vermeidung von Fehlern ist es daher hilfreich, die in Tabelle 11-2 aufgeführten Einheiten aller System- und Einwirkungsgrößen strikt einzuhalten. In Tabelle 11-2 wurde als Längeneinheit der Meter [m] angegeben. Der Leser kann aber auch jede andere Einheit (z. B. Zentimeter oder Millimeter) verwenden, muss dies aber dann konsequent für alle Größen (Länge, Querschnittswerte, Einwirkungen, Verformungen etc.) durchführen.

Beispiel zur Überprüfung von Stabwerkprogrammen

Die Durchführung der in Kap. 11.3.4 genannten Überprüfungen von Stabwerksprogrammen kann z. B. an einem Kragträger mit konstanter Streckenlast q_z und einer Zugkraft F_x erfolgen, siehe Bild 11-5.

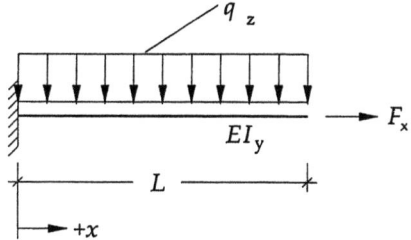

Bild 11-5 System und Einwirkungen für die Überprüfung von Stabwerkprogrammen

Die vollständige analytische Lösung für dieses System wurde in Kap. 10.4.2 für die Wölbkrafttorsion hergeleitet und kann mit Hilfe von Tabelle 11-2 auf den biegebeanspruchten Zugstab nach Theorie II. Ordnung übertragen werden.

Damit ergeben sich für das System in Bild 11-5 die folgenden mathematischen Formulierungen für die Durchbiegung, Querkraft und für das Biegemoment nach Theorie II. Ordnung.

$$w(x) = \frac{q_z \cdot L^2}{N} \cdot \left[\frac{1+\varepsilon \cdot \sinh(\varepsilon)}{\varepsilon^2 \cdot \cosh(\varepsilon)} \cdot \left[\cosh\left(\varepsilon \cdot \frac{x}{L}\right) - 1 \right] - \frac{1}{\varepsilon} \cdot \sinh\left(\varepsilon \cdot \frac{x}{L}\right) + \frac{x}{L} - \frac{1}{2}\left(\frac{x}{L}\right)^2 \right]$$

$$M_y(x) = q_z \cdot \frac{E \cdot I_y}{N} \cdot \left[-\frac{1+\varepsilon \cdot \sinh(\varepsilon)}{\cosh(\varepsilon)} \cdot \cosh\left(\varepsilon \cdot \frac{x}{L}\right) + \varepsilon \cdot \sinh\left(\varepsilon \cdot \frac{x}{L}\right) + 1 \right]$$

$$V_z(x) = \frac{q_z}{L} \cdot \frac{E \cdot I_y}{N} \cdot \varepsilon^2 \cdot \left[-\frac{1+\varepsilon \cdot \sinh(\varepsilon)}{\varepsilon \cdot \cosh(\varepsilon)} \cdot \sinh\left(\varepsilon \cdot \frac{x}{L}\right) + \cosh\left(\varepsilon \cdot \frac{x}{L}\right) \right]$$

$$N \cdot w'(x) = q_z \cdot L \cdot \left[\frac{1+\varepsilon \cdot \sinh(\varepsilon)}{\varepsilon \cdot \cosh(\varepsilon)} \cdot \sinh\left(\varepsilon \cdot \frac{x}{L}\right) - \cosh\left(\varepsilon \cdot \frac{x}{L}\right) - \frac{x}{L} + 1 \right]$$

mit

$$\varepsilon = L \cdot \sqrt{\frac{N}{E \cdot I_y}}$$

Durch eine Variation der Normalkraft N kann man in einem Vergleich der analytischen Lösung und der vom Programm berechneten Werte erkennen, ab wann Ungenauigkeiten auftreten und auf welche Stabachsen sich die Ergebnisse beziehen. Gleichzeitig kann beurteilt werden, ob das Programm mit dehnstarren Querschnitten rechnet oder nicht. Ebenfalls sind Grenzsituationen ($E \cdot I_y \to 0$, $E \cdot I_y \to \infty$, $N \to 0$, $N \to \infty$) gut zu untersuchen, um die Auswirkungen auf das Tragverhalten (Balken, Seil) beurteilen zu können.

Auf ein konkretes Zahlenbeispiel wird hier verzichtet, da im Kap. 11.4 die Anwendung eines speziellen Stabwerkprogramms vorgesehen ist. Der Leser sollte sich durch selbständiges Arbeiten mit diesen Themen auseinander setzen! Nur dann erkennt er den vollständigen Umfang der möglichen Fehlerquellen und sieht die Notwendigkeit einer kritischen Arbeitsweise ein.

11.4 Beispiele

Im Folgenden wird das Programmpaket der Firma *Dlubal* mit dem Programm RSTAB5 benutzt.

Bei der Abbildung der Aufgabe im Stabwerksprogramm RSTAB5 sind einige zusätzliche Besonderheiten zu beachten und wurden bei den nachfolgenden Beispielen zum Teil genutzt:

- Für die Beschreibung des dehnstarren Querschnittes ist für die Querschnittsfläche $A_x = 1 \cdot 10^{38} \left[cm^2 \right]$ einzugeben. Die Schubstarrheit wird in RSTAB5 mit einer Querschnittsfläche $A_y = A_z = 0 \left[cm^2 \right]$ erzielt.
  Wird an dieser Stelle der maximal mögliche Wert (vgl. Kap. 11.3.4)

11.4 Beispiele

$A_y = A_z = 1 \cdot 10^{38} \left[\text{cm}^2 \right]$ eingegeben, so bricht das Programm mit einem Fließkomma-Fehler die Berechnung ab. Werte ungleich Null führen ebenfalls zu einem Abbruch der Berechnung mit dem Hinweis, dass das System instabil ist.

- Für jede Lastfallgruppe[2] ist die Option „Zugkraft-Entlastung" zu aktivieren und die Abminderung der Steifigkeit (Elastizitätsmodul) zu neutralisieren.
- Benötigt der Leser eine höhere Genauigkeit der Ergebnisse einer Lastfallgruppe, so kann er nur durch einen Trick zusätzliche Ziffern erhalten. Es ist eine neue Lastfallkombination zu definieren, deren Basis die zuvor betrachtet Lastfallgruppe darstellt und mit einem Faktor von 10, 100, 1000, etc. gesteigert wird. In diesem Fall werden die Ziffern richtig und die Einheiten falsch angegeben. Hier muss der Anwender aufmerksam sein und entsprechende Korrekturen bei den Ergebnissen vornehmen.

Gemäß der Zugstabanalogie entspricht die Normalkraft dem Torsionswiderstand ($N \leftrightarrow G \cdot I_T$). Die Normalkraft beschreibt somit eine Systemgröße und keine Einwirkung. Dies ist bei der Anwendung des oben genannten Tricks zu beachten. Alle Einwirkungen werden mit dem gewählten Faktor in der Lastfallkombination multipliziert. Damit wird auch die Normalkraft mit dem gleichen Faktor verändert; somit wird eine größere Torsionssteifigkeit bzw. Normalkraft angegeben, als im wirklichen System vorhanden ist. Für den Anwender bedeutet dies, dass ihm an dieser Stelle leicht ein Fehler unterlaufen kann. Möchte er die Normalkraft zur Torsionssteifigkeit mit Hilfe der Analogie überführen, hat er die Normalkraft mit dem zuvor gewählten Faktor zu teilen, bzw. zu berichtigen, um die richtige Torsionssteifigkeit des Systems zu erhalten.

11.4.1 Kragträger mit konstanter Torsionsbelastung

In diesem Beispiel wird die gleiche Aufgabe wie in Kap. 10.4.2 behandelt, damit kann sich der Leser auf die Anwendung der Zugstabanalogie konzentrieren.

Ein über die Länge L längsgeschlitztes Rohr wird mit einem konstanten Torsionsmoment $m_{T,d}$ belastet, siehe Bild 11-6.

---

[2] In RSTAB5 werden nur Lastfallgruppen nach Th. II. Ord. berechnet, siehe Dokumentation zu RSTAB5.

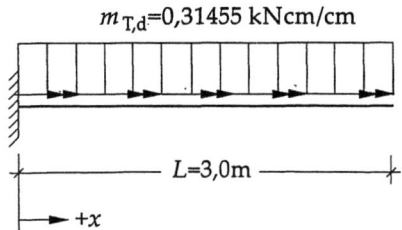

Bild 11-6 Kragträger mit konstanter verteilter Torsionsbelastung

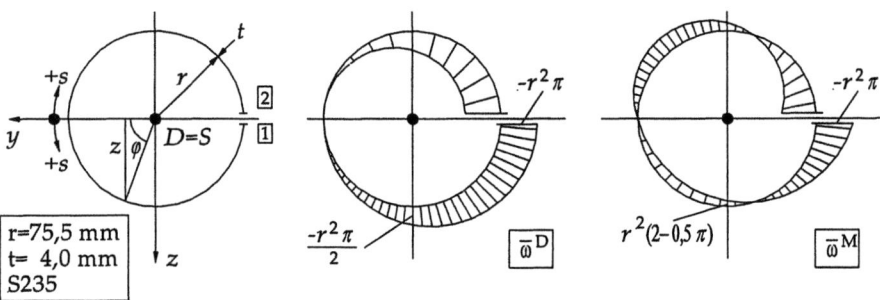

Bild 11-7 Querschnitt und Wölbflächen zum Beispiel nach Bild 11-6

Bei der Berechnung mit Hilfe der Zugstabanalogie sind drei Dinge im Vorfeld zu beachten:

In diesem Beispiel wird der Grenzzustand der Tragfähigkeit betrachtet. Zur Berechnung der Torsionsschnittgrößen nach der Zugstabanalogie sind grundsätzlich für alle Einwirkungen die Bemessungsgrößen gemäß der DIN 1055, Teil 100 einzusetzen. Dies ist erforderlich, weil in der Zugstabanalogie die Berechnungen nach Theorie II. Ordnung erfolgen; in der Theorie II. Ordnung haben die Einwirkungen und die daraus resultierenden Ergebnisse (z. B. Verformungen) einen nicht-linearen Zusammenhang.

Damit gilt für die Einwirkung die Bemessungsgröße, siehe Kapitel 10.4.2:

$$m_{T,d} = 0{,}31455 \left[\frac{kN \cdot cm}{cm}\right]$$

Alle Steifigkeiten sind als charakteristische Größen vorzugeben.

Zur Berechnung der realen Torsionsverformungen sind die charakteristischen Einwirkungen anzusetzen. An dieser Stelle wird die Problematik und Fehleranfälligkeit deutlich, wenn das Teilsicherheitskonzept (siehe DIN 1055, Teil 100) in der Berechnung und Bemessung berücksichtigt wird. Für den Leser bedeutet dies, dass er bei

11.4 Beispiele

Aufgaben zur Bestimmung der Torsionsschnittgrößen und Torsionsverformungen den doppelten Berechnungsaufwand hat. Einmal hat er die „Tragfähigkeit" mit γ-fachen Einwirkungen auszuwerten und zum anderen die „Gebrauchstauglichkeit" ohne γ-fache Einwirkungen.

Es ergibt sich folgende Analogie (Tabelle 11-3):

Tabelle 11-3 Zugstabanalogie für das längsgeschlitzte Rohr als Kragarm ohne Punktschweißung am freien Stabende.

Wölbkrafttorsion	Biegebeanspruchter Zugstab nach Th. II. Ord.
Ein über die Länge L längsgeschlitztes Rohr (siehe Bild 11-3, 11-4) wird als Kragträger betrachtet und mit einem	
konstanten Torsionsmoment beansprucht: $$m_{T,d} = 0{,}31455 \left[\frac{kN \cdot cm}{cm}\right]$$	konstanten Streckenlast beansprucht: $$q_{z,d} = 0{,}31455 \left[\frac{kN}{cm}\right]$$
Die Berechnungen erfolgten mit RSTAB5.	
System und Einwirkung: $m_{T,d}$ auf Kragträger, $L = 3{,}0$ m, $+x$	System und Einwirkung: $q_{z,d}$ auf Kragträger mit N, $L = 3{,}0$ m, $+x$
Querschnittswerte und Analogien $I_T = 1{,}012 \left[cm^4\right]$ $C_M = 79.528{,}0 \left[cm^6\right]$	$N = G \cdot I_T = 8.197{,}3 \; [kN]$ $I_y = 79.528{,}0 \left[cm^4\right]$

Tabelle 11-3 Fortsetzung Tabelle 11-3

Wölbkrafttorsion		Biegebeanspruchter Zugstab nach Th. II. Ord.
Qualitative Darstellung der Ergebnisverläufe, Zahlenwerte siehe Tabelle 11-4		
Gesamttorsionsmoment $M_{T,d}$ [kN·m]	$\frac{x}{L}$ 0 0,5 1	Querkraft bezogen auf die unverformte Stabachse $V_{z,d}^{*}$ [kN]
Sekundäres Torsionsmoment $M_{T,II,d}$ [kN·m]	$\frac{x}{L}$ 0 0,5 1	Querkraft bezogen auf die verformte Stabachse $V_{z,d}$ [kN]
Wölbmoment $M_{W,d}$ [kN·m²]	$\frac{x}{L}$ 0 0,5 1	Biegemoment $M_{y,d}$ [kN·m]
Verdrehung ϑ_d [rad]	$\frac{x}{L}$ 0 0,5 1	Durchbiegung w_d [m]

Ein Vergleich der Ergebnisse (Tabelle 11-4) verdeutlicht die Gültigkeit der Analogie. Insbesondere fallen die sehr kleinen Differenzen auf, die für die praktische Anwendung als vernachlässigbar bezeichnet werden können und EDV-bedingte Rundungsfehler darstellen.

11.4 Beispiele

Tabelle 11-4 Gegenüberstellung der Ergebnisse des längsgeschlitzten Rohres, die eingeklammerten Werte geben das analytische Ergebnis aus Kap.10.4.2 wieder

$\dfrac{x}{L}$	$\vartheta(x)$ [-]	$M_{W,d}(x)$ [kN cm^2]	$M_{T,I,d}(x)$ [kN cm]	$M_{T,II,d}(x)$ [kN cm]	$M_{T,d}(x)$ [kN cm]
0,00	0,00000 (0,00000)	-12.819,00 (-12.819,49)	0,00 (0,00)	94,37 (94,37)	94,37 (94,37)
0,25	0,01327 (0,01327)	-7.774,00 (-6.773,59)	3,54 (3,54)	67,23 (67,23)	70,77 (70,77)
0,50	0,04384 (0,04384)	-2.689,00 (-2.688,55)	5,23 (5,23)	41,96 (41,96)	47,18 (47,18)
0,75	0,08150 (0,08150)	-451,00 (-451,32)	5,75 (5,75)	17,84 (17,84)	23,59 (23,59)
1,00	0,12074 (0,12066)	0,00 (0,00)	5,87 (5,78)	-5,78 (-5,78)	0,00 (0,00)

Nachfolgend soll in diesem Bespiel auch der Fall betrachtet werden, dass das zuvor besprochene längsgeschlitzte Rohr am Trägerende verschweißt wird. Diese Schweißstelle bedeutet für die Wölbkrafttorsion eine starre Kopfplatte. Damit kann nächstehende Analogie aufgestellt werden:

Tabelle 11-5 Zugstabanalogie für das längsgeschlitzte Rohr als Kragarm mit Punktschweißung am freien Stabende.

Wölbkrafttorsion	Biegebeanspruchter Zugstab nach Th. II. Ord.
System und Einwirkung: $m_{T,d}$, $L=3{,}0$ m, $+x$	$q_{z,d}$, N, $L=3{,}0$ m, $+x$, $K_{dy}=\infty$

Tabelle 11-5 Fortsetzung Tabelle 11-5

Wölbkrafttorsion		Biegebeanspruchter Zugstab nach Th. II. Ord.
Qualitative Darstellung der Ergebnisverläufe, Zahlenwerte siehe Tabelle 11-6		
Gesamttorsionsmoment $M_{T,d}$ [kN·m]	(Diagramm)	Querkraft bezogen auf die unverformte Stabachse $V_{z,d}^{*}$ [kN]
Sekundäres Torsionsmoment $M_{T,II,d}$ [kN·m]	(Diagramm)	Querkraft bezogen auf die verformte Stabachse $V_{z,d}$ [kN]
Wölbmoment $M_{W,d}$ [kN·m²]	(Diagramm)	Biegemoment $M_{y,d}$ [kN·m]
Verdrehung ϑ_d [rad]	(Diagramm)	Durchbiegung w_d [m]

Da in diesem Kapitel das Augenmerkmal auf die Analogie gelegt wurde, wird für die Diskussion der Ergebnisse auf das Kapitel 10.4.2 verwiesen.

Tabelle 11-6 Gegenüberstellung der Ergebnisse für das längsgeschlitzte Rohr mit Punktschweißung am Trägerende, die eingeklammerten Werte geben das analytische Ergebnis aus Kap.10.4.2 wieder

$\frac{x}{L}$	$\vartheta(x)$ [-]	$M_{W,d}(x)$ [kN cm²]	$M_{T,I,d}(x)$ [kN cm]	$M_{T,II,d}(x)$ [kN cm]	$M_{T,d}(x)$ [kN cm]
0,00	0,00000 (0,00000)	-9.170,00 (-9.169,80)	0,00 (0,00)	94,37 (94,37)	94,37 (94,37)
0,25	0,00870 (0,00870)	-3.073,00 (-3.073,40)	2,19 (2,19)	68,58 (68,58)	70,77 (70,77)
0,50	0,02546 (0,02546)	1.165,00 (1.164,54)	2,49 (2,49)	44,69 (44,69)	47,18 (47,18)
0,75	0,03967 (0,03967)	3.661,00 (3.661,28)	1,55 (1,55)	22,04 (22,04)	23,59 (23,59)
1,00	0,04509 (0,04509)	4.486,00 (4.485,92)	0,00 (0,00)	0,00 (0,00)	0,00 (0,00)

11.4 Beispiele

11.4.2 Stütze eines Hinweisschildes

An einer Stahlstütze ist ein Hinweisschild befestigt. Beansprucht wird die Konstruktion durch das Eigengewicht des Schildes G_S (240 [kg]) und durch Wind. Das Eigengewicht der Stütze und der Wind auf die Stütze sollen vernachlässigt werden. Die Werkstoffgüte wurde noch nicht festgelegt. Analysiert werden soll die Tragfähigkeit der Stütze.

Konstruktion:

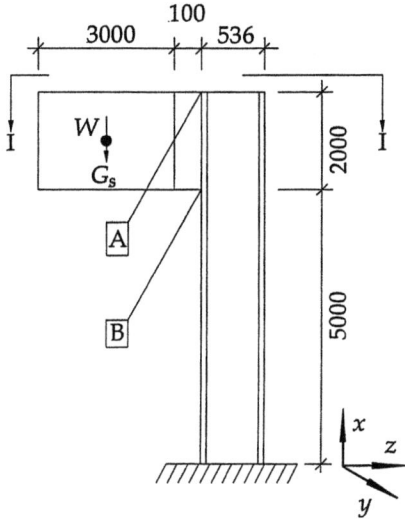

Schnitt I-I:

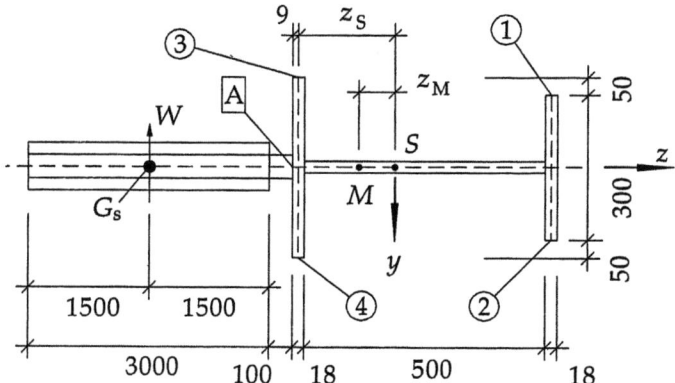

Bild 11-8 Ansicht und Schnitt der Stahlstütze mit Hinweisschild

Charakteristische Einwirkungen:

Eigengewicht:

$$G_{S,k} = 240\,[\text{kg}] \cdot 9{,}81 \left[\frac{\text{m}}{\text{s}^2}\right] = 2{,}354\ [\text{kN}]$$

Wind:

Auf der sicheren Seite liegend wird eine Abminderung der Windlasten hier im Beispiel nicht vorgenommen. Vereinfachend soll auch gelten, dass die Windresultierende im selben Punkt angreift wie das Eigengewicht des Hinweisschildes.

$$W_k = c_f \cdot q_k \cdot A = 2{,}0 \cdot 0{,}5 \cdot (3{,}0 + 0{,}1) \cdot 2 = 6{,}2\ [\text{kN}]$$

Bemessungssituation:

Für die Schnittgrößen wird die folgende Kombination aus Eigengewicht g_k und Wind W_k maßgebend.

$$1{,}35 \cdot g_k + 1{,}50 \cdot W_k$$

Querschnittswerte:

Auf eine ausführliche Darstellung der Berechnung der Querschnittswerte wird an dieser Stelle verzichtet. Es gilt:

$$
\begin{aligned}
A &= 188{,}16\ [\text{cm}^2] \\
y_S &= 0{,}00\ [\text{cm}] & z_S &= 23{,}42\ [\text{cm}] \\
y_M &= 0{,}00\ [\text{cm}] & z_M &= -8{,}05\ [\text{cm}] \\
I_y &= 97.266{,}15\ [\text{cm}^4] & I_z &= 13.650{,}00\ [\text{cm}^4] \\
I_T &= 165{,}92\ [\text{cm}^4] & C_M &= 7.642.811{,}00\ [\text{cm}^6]
\end{aligned}
$$

Statische Systeme und Einwirkungen:

Unter Berücksichtigung der Bemessungssituation ergeben sich als Einwirkungen auf Bemessungsniveau (Design-Niveau)

$$
\begin{aligned}
G_{S,d} &= 1{,}35 \cdot 2{,}354 = 3{,}18\ [\text{kN}] \\
W_d &= 1{,}50 \cdot 6{,}2 = 9{,}30\ [\text{kN}]
\end{aligned}
$$

Das Schild ist in den Krafteinleitungspunkten A und B biegestarr an der Stütze angeschlossen (siehe Bild 11-8). Mit Hilfe von Gleichgewichtsaussagen, die am Schnitt I-I

11.4 Beispiele

in Bild 11-8 formuliert werden, teilen sich die Bemessungswerte $G_{S,d}$ und W_d auf die beiden Krafteinleitungspunkte folgendermaßen auf

$$Z = |D| = G_{S,d} \cdot \frac{150 + 10 + 0,9 + z_S}{200} = 2,93 \; [\text{kN}]$$

$$M_{T,d} = W_d \cdot \frac{150 + 10 + 0,9 + z_S + z_M}{2} = 8,20 \; [\text{kN} \cdot \text{m}]$$

und es gelten die in Bild 11-9 angegebenen statischen Systeme und Einwirkungen.

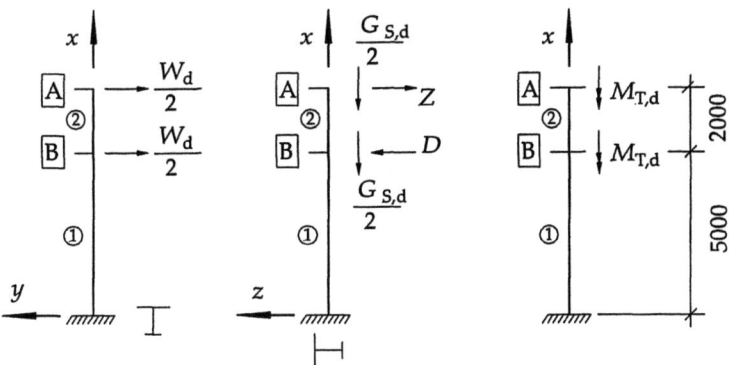

Bild 11-9 Statische Systeme und Einwirkungen

Die Einwirkungen an den statischen Systemen in Bild 11-9 sind Einzelkräfte und Einzelmomente, damit handelt es sich bei der Stütze um einen Zweifeldträger. Die Trägerstelle B, bei $x = 5,0$ m, stellt den Grenzpunkt zwischen den beiden Feldern 1 und 2 dar, hier sind bei einer Handrechnung Übergangsbedingungen zu formulieren, die bei einer EDV-gestützten Berechnung vom verwendeten Programm automatisch berücksichtigt werden. An dieser Stelle sollte sich der Anwender jedoch bewusst sein, dass es Übergangsbedingungen auch für die Verdrehung $\vartheta(x)$, der Verwölbung $u(x)$ und für das Wölbmoment $M_W(x)$ gibt:

$$\vartheta(x_1 = 5,0 \text{ m}) \overset{!}{=} \vartheta(x_2 = 0,0 \text{ m})$$

$$u(x_1 = 5,0 \text{ m}) \overset{!}{=} u(x_2 = 0,0 \text{ m})$$

$$M_W(x_1 = 5,0 \text{ m}) \overset{!}{=} M_W(x_2 = 0,0 \text{ m})$$

Alle weiteren Übergangsbedingungen sollen in diesem Beispiel außen vor bleiben. Mit der Kenntnis der aufgeführten Übergangsbedingungen ist eine spätere Kontrolle der berechneten Ergebnisse möglich.

Bemessungsschnittgrößen:

Von den neun Bemessungsschnittgrößen (N_d, $V_{y,d}$, $V_{z,d}$, $M_{y,d}$, $M_{z,d}$, $M_{T,d}$, $M_{T,I,d}$, $M_{T,II,d}$, $M_{w,d}$) können sechs ohne großen Aufwand unmittelbar angegeben werden (vgl. Bild 11-10).

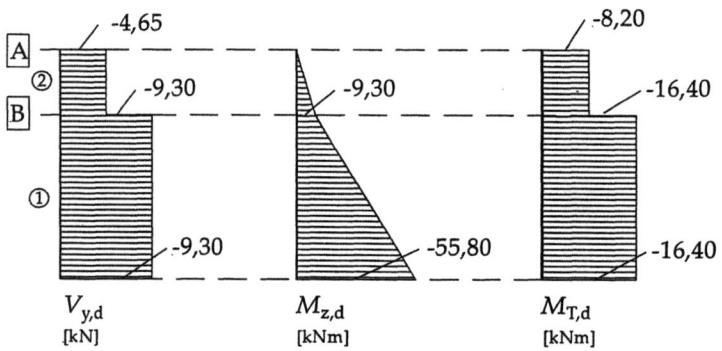

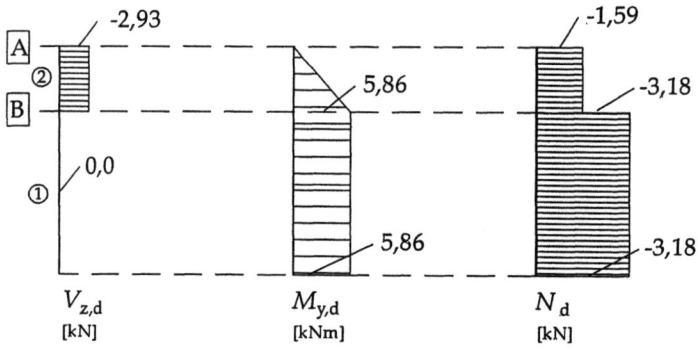

Bild 11-10 Bemessungsschnittgrößen N_d-M_d-V_d-$M_{T,d}$

Für die Berechnung der Torsionsmomente wird die Zugstabanalogie genutzt.

11.4 Beispiele

Tabelle 11-7 Zugstabanalogie für die Stahlstütze mit Hinweisschild

Wölbkrafttorsion	Biegebeanspruchter Zugstab nach Th. II. Ord.
System und Einwirkung:	
(Schema: Kragarm mit zwei gegenläufigen $M_{T,d}$ bei Punkten ① und ②, Felder B und A, Längen 5000 und 2000, Richtung +x)	*(Schema: Kragarm mit zwei $F_{z,d}$ nach oben bei Punkten ① und ②, Normalkraft N, Felder B und A, Längen 5000 und 2000, Richtung +x)*
mit Zahlenwerten für	
die Einzeltorsionsmomente: $M_{T,d} = 8{,}20\ [\text{kN} \cdot \text{cm}]$	die Einzellasten: $F_{z,d} = 8{,}20\ [\text{kN}]$
die Querschnittswerte und Analogien:	
$I_T = 165{,}92\ [\text{cm}^4]$ $C_M = 7.642.811{,}00\ [\text{cm}^6]$	$N = G \cdot I_T = 1.343.952\ [\text{kN}]$ $I_y = = 7.642.811\ [\text{cm}^4]$
Qualitative Darstellung der Ergebnisverläufe, Zahlenwerte siehe Tabelle 11-8	
Gesamttorsionsmoment $M_{T,d}\ [\text{kN}\cdot\text{m}]$	Querkraft bezogen auf die unverformte Stabachse $V^*_{z,d}\ [\text{kN}]$
Sekundäres Torsionsmoment $M_{T,II,d}\ [\text{kN}\cdot\text{m}]$	Querkraft bezogen auf die verformte Stabachse $V_{z,d}\ [\text{kN}]$
Wölbmoment $M_{W,d}\ [\text{kN}\cdot\text{m}^2]$	Biegemoment $M_{y,d}\ [\text{kN}\cdot\text{m}]$
Verdrehung $\vartheta_d\ [\text{rad}]$	Durchbiegung $w_d\ [\text{m}]$

Tabelle 11-8 Ergebnisse für die Stahlstütze des Hinweisschildes

x [m]	$\vartheta_d(x)$ [-]	$M_{W,d}(x)$ [kN m²]	$M_{T,I,d}(x)$ [kN m]	$M_{T,II,d}(x)$ [kN m]	$M_{T,d}(x)$ [kN m]
0,00	0,0000	50,24	0,00	-16,40	-16,40
1,25	-0,0045	32,61	-4,29	-12.11	-16,40
2,50	-0,0165	19,30	-6,98	-9,42	-16,40
3,75	-0,0341	8,54	-8,42	-7,98	-16,40
5,00	-0,0554	-1,09	-8,80	-7,60	-16,40
5,00	-0,0554	-1,09	-8,80	0,60	-8,20
5,50	-0,0644	-0,80	-8,77	0,57	-8,20
6,00	-0,0737	-0,52	-8,74	0,54	-8,20
6,50	-0,0830	-0,26	-8,72	0,52	-8,20
7,00	-0,0925	0,00	-8,72	0,52	-8,20

Zu beachten ist, dass die Verformungen nicht mit den charakteristischen Einwirkungen ermittelt wurden, vereinfachend wurde in diesem Beispiel mit den Bemessungswerten gearbeitet. Grund für diese Vereinfachung ist, dass in diesem Beispiel die Tragfähigkeit der Stütze untersucht wird und Aussagen zur Gebrauchstauglichkeit nicht formuliert werden.

Bemessung:

Aus Tabelle 11-8 ergibt sich, dass in Stablängsrichtung die Stelle $x = 0,0$ – Stützenfußpunkt – für den Spannungsnachweis maßgebend wird, die Schubbeanspruchungen sind vernachlässigbar klein. Der Querschnittspunkt 1 am Außenflansch, siehe Bild 11-5, wird von einer resultierenden Normalspannung

$$\sigma_{x,d} = \frac{N_d}{A} + \frac{M_{y,d}}{I_y} \cdot z - \frac{M_{z,d}}{I_z} \cdot y + \frac{M_{W,d}}{C_M} \cdot \overline{\omega}^M = 29,95 \left[\frac{kN}{cm^2}\right]$$

beansprucht. Eine ausreichende Beanspruchbarkeit ist z. B. mit einer Materialgüte eines Stahles S355 erzielbar.

Die Berechnung der Bemessungsschnittgrößen erfolgt in zwei unabhängigen Schritten, in einem Schritt wurden die Größen N_d, $M_{y,d}$ und $M_{z,d}$ ermittelt und davon getrennt über die Zugstabanalogie das Wölbmoment $M_{W,d}$. Eine unabhängige Kontrolle dieses Ergebnisses erhält man mit einem allgemeinem räumlichen Programm (z. B. DRILL), das direkt das Ergebnis für $\sigma_{x,d}$ ermittelt.

Bild 11-11 zeigt die Verteilung aller vier Spannungsanteile ($\sigma_{N,d}$; $\sigma_{My,d}$; $\sigma_{My,d}$; $\sigma_{W,d}$) der resultierenden Normalspannung über die Trägerlänge.

11.4 Beispiele

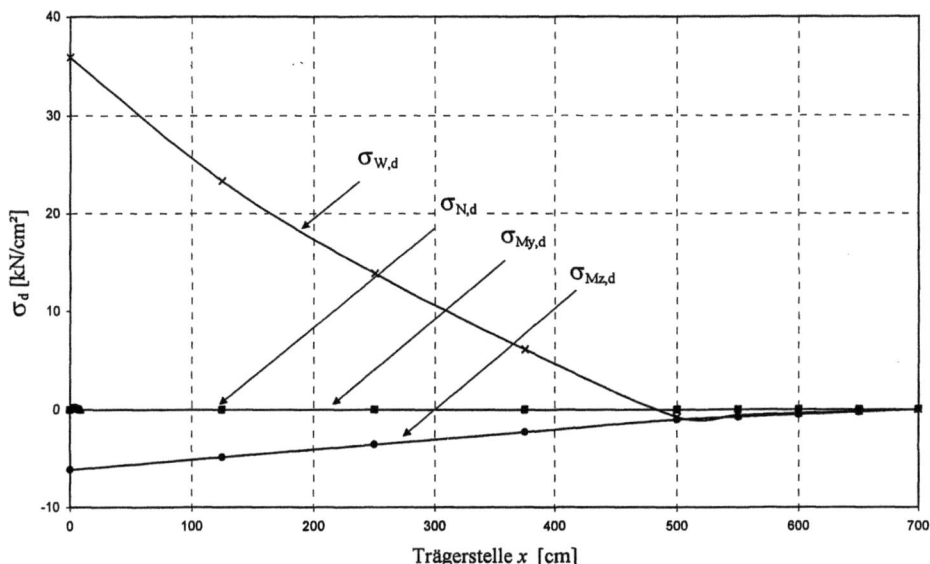

Bild 11-11 Spannungsanteile σ_{Nd} ; $\sigma_{My,d}$; $\sigma_{My,d}$ und $\sigma_{W,d}$ über die Trägerlänge aufgetragen

Soll z. B. aus Kostengründen dagegen ein Stahl der Güte S235 zum Einsatz gelangen, ohne dass der Querschnitt in seiner Geometrie verändert wird, so sind konstruktive Änderungen notwendig.

Betrachtet man die einzelnen Anteile der resultierenden Normalspannung in Bild 11-11, so stellt man fest, dass die Beanspruchung infolge Wölbkrafttorsion maßgebend ist.

Bei einer näheren Betrachtung der einzelnen Bemessungsschnittgrößen ist festzustellen, dass die Normalkraft N_d und Biegemomente $M_{y,d}$ und $M_{z,d}$ Schnittgrößen sind, die über Gleichgewichtsbedingungen ermittelt wurden und daher nicht verändert werden können, es sei denn man ändert das System in ein statisch unbestimmtes. Das Wölbmoment $M_{W,d}$ dagegen ist eine „höhere" Schnittgröße, ohne äußere Resultierende, vergleichbar einer Eigenspannung. Nur sie kann durch konstruktive Vorgaben verändert werden, indem man zusätzliche Wölbbehinderungen (Steifen) einbaut. Dadurch werden die Verwölbungen pro Feld zurückgedrängt, die Wölbmomente an den Feldenden zwischen den Steifen werden kleiner. Entsprechend der Analogie kann man sich einen Mehrfeldträger vorstellen mit biegestarren Innenfeldern für die Biegemomente. Die biegestarren Innenfelder beschreiben die Wirkung der starren Kopfplatte (Wölbbehindung durch die Steife).

Somit kann nur das Wölbmoment durch den Einsatz von Wölbfedern, die konstruktiv z. B. als Steife ausgeführt werden, eine deutliche Reduzierung der Beanspruchung, infolge einer Umlagerung der Wölbmomente erreicht werden. Mögliche Orte für die Anordnung von Wölbfedern sind Trägerstellen, an denen nur geringe oder keine Spannungsanteile $\sigma_{w,d}$ in der ursprünglichen Konstruktion vorhanden sind. Mit Hilfe der zusätzlichen Wölbfeder wird das Wölbmoment vom Stützenfußpunkt auf die Trägerstelle, an der die Wölbfeder angeordnet wird, umgelagert. Damit bietet sich das Trägerende bei $x = 7{,}0$ m, Knoten A, an. Diese Trägerstelle ist auch aus konstruktiven Gründen sinnvoll, da hier das Hinweisschild befestigt wird und die Einwirkungen vom Hinweisschild in die Stütze eingeleitet werden. Mit dem gleichen Argument bietet sich auch die Stelle bei $x = 5{,}0$ m, Knoten B, an. Darüber hinaus ist auch jede andere Stelle denkbar, geeignet ist aber insbesondere die Stelle bei $x = 2{,}5$ m. Ordnet man bei $x = 2{,}5$ m eine Wölbfeder an, so halbiert sich die Stützweite für das statische System der Wölbkrafttorsion. In Kombination mit weiteren Wölbfedern in den Knoten A und / oder B wird die gesamte Stütze - hinsichtlich der Wölbkrafttorsion - zu einem Dreifeldträger mit nahezu gleichen Stützweiten. Das ursprüngliche Wölbmoment am Stützenfuß ($M_{W,d}(x = 0) = 50{,}24$ kN m^2) kann sich somit auf alle Wölbfedern umlagern.

Mit Hilfe der Analogie kann man sich die Wirkung der Wölbfeder anschaulicher am Biegeträger verdeutlichen. Wird an einem Biegeträger eine zusätzliche Drehfeder mit der Steifigkeit K_{Dy} angeordnet, so ist die Änderung/Umlagerung des Biegemomentenverlaufs bei einer Vergrößerung der Drehfedersteifigkeit leicht nachvollziehbar. Um die Wirkung einer Kopfplatte auf das Wölbmoment zu verdeutlichen, soll an dieser Stelle nochmals auf die Besonderheit hingewiesen werden, dass das Wölbmoment keine äußere Resultierende im üblichen Sinn hat, sondern sich wie ein „Eigenspannungsmoment" verhält. Bei einem I-Profil kann das Wölbmoment mittels zwei entgegengesetzten Flanschmomenten anschaulich dargestellt werden, siehe Bild 11-12 (vgl. Kap. 10.2).

Behindert eine Kopfplatte die Verwölbungen, so bedeutet dies, dass die Verwölbung des Trägerquerschnittes durch die beiden Flanschmomente von dieser Kopfplatte aufgenommen wird und sie selbst einer Beanspruchung auf *St. Venant*'scher Torsion ausgesetzt ist.

11.4 Beispiele

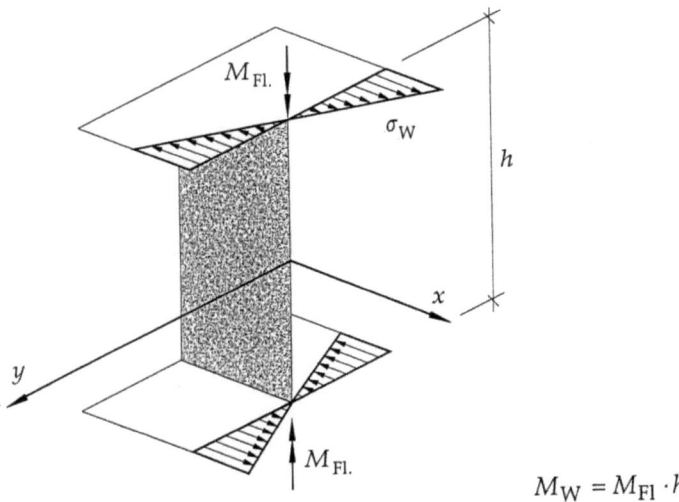

Bild 11-12 Wölbnormalspannungen und anschauliche Darstellung des Wölbmomentes am I-Querschnitt

Tabelle 11-9 gibt die untersuchten Varianten für die Wölbeinspannung wieder. Zur Verdeutlichung der unterschiedlichen Auswirkung auf die Verteilung der Wölbmomente wird die Zugstabanalogie genutzt, da es anschaulicher ist, den Einfluss einer Biegeeinspannung nach zu vollziehen als einer Wölbeinspannung. Für die Wölbeinspannung ist eine Drehfeder mit der Steifigkeit $K_{Dy} = \infty$ angesetzt worden, siehe Tab. 11-2, und qualitativ der Verlauf der äquivalenten Biegemomente ($M_{W,d} \Leftrightarrow M_{y,d}$) dargestellt.

Tabelle 11-9 Varianten der untersuchten Wölbeinspannung und qualitativer Verlauf der äquivalenten Biegemomente ($M_{W,d} \Leftrightarrow M_{y,d}$)

Beschreibung der Wölbeinspannung		Qualitativer Verlauf der äquivalenten Biegemomente ($M_{W,d} \Leftrightarrow M_{y,d}$)
Variante	Trägerstelle mit Wölbeinspannung	
[a]	Fußpunkt (ursprüngliches System); $x = \{0,0\}$ m	
[b]	Fußpunkt und Knoten B; $x = \{0,0; 5,0\}$ m	
[c]	Fußpunkt und Knoten A; $x = \{0,0; 7,0\}$ [m]	
[d]	Fußpunkt, Knoten A und B; $x = \{0,0; 5,0; 7,0\}$ m	
[e]	Fußpunkt, Knoten A und B, Feldmitte des unteren Stützenbereiches $x = \{0,0; 2,5; 5,0; 7,0\}$ m	
[f]	Fußpunkt, Knoten B, Feldmitte des unteren Stützenbereiches $x = \{0,0; 2,5; 5,0\}$ m	

Bild 11-13 zeigt die Verteilung der Wölbnormalspannung über die Trägerlänge für die in Tabelle 11-9 genannten Varianten.

11.4 Beispiele

Der Verlauf der Wölbnormalspannung für den Fall [f] wurde in Bild 11-13, aus Gründen der Übersichtlichkeit, nicht aufgetragen. Er ergibt sich für den Stützenbereich $0,0 \leq x \leq 5,0$ m aus der Variante [e], und für $5,0 \leq x \leq 7,0$ m aus der Variante [b] Die größte Umlagerung des Wölbmomentes erhält man im Fall [e] und [f], siehe Tab. 11.9 und 11.10. Für diese Varianten der Konstruktion beträgt die maximale resultierende Normalspannung

$$\sigma_{x,d} = +17,33 \left[\frac{kN}{cm^2}\right]$$

und tritt an der Stelle x = 2,50 m am Querschnittspunkt 1 auf.

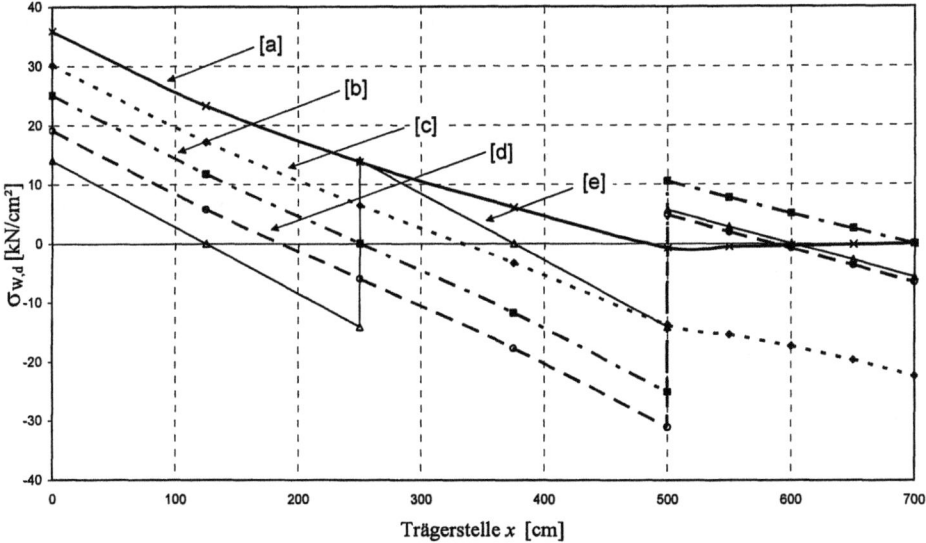

Bild 11-13 Verteilung der Wölbnormalspannung $\sigma_{w,d}$ im Querschnittspunkt 1 über die Trägerlänge aufgetragen, mit verschiednen Wölbeinspannungen [a] bis [e] (siehe oben)

Aus den Bildern 11-11 und 11-13 werden zwei Erkenntnisse deutlich: Erstens überwiegen bei diesem Beispiel die Wölbnormalspannungen beim Nachweis des Grenzzustandes der Tragfähigkeit (Bemessungsverfahren Elastisch-Elastisch, Spannungsnachweis). Zweitens lassen sich durch zusätzliche Kopfplatten Umlagerungen und damit Verringerungen der Wölbmomente erzielen. Zusätzlich ergibt sich zwischen den Kopfplatten jeweils eine verschränkte $M_{w,d}$-Linie. Durch den Vorzeichenwechsel im Wölbmoment können die maximalen Beanspruchungen $\sigma_{x,d}$ somit an unterschiedlichen Querschnittspunkten auftreten, wie dies Tab. 11-10 zeigt.

Tabelle 11-10 Wert und Ort der maximal resultierende Normalspannung für die Varianten [a] bis [f]

x [m]	$\sigma_{x,d}$ [kN/cm^2]	Trägerstelle x [m]	Querschnitts-punkt
[a]	+29,95	0,0	2
[b]	+25,86	5,0	1
[c]	-25,29	0,0	4
[d]	+25,92	5,0	1
[e]	+17,33	2,5	1
[f]	+17,33	2,5	1

Damit könnte die Stütze aus einem Stahl der Güte S235 hergestellt werden, wenn die Variante [e] bzw. [f] zur Ausführung kommen sollte. Ist eine steifenlose Lasteinleitung möglich, so stellt die Variante [f] die wirtschaftlichere Lösung dar. Der Nachweis der steifenlosen Lasteinleitung wird an dieser Stelle nicht geführt, hierzu wird auf die entsprechende Fachliteratur verwiesen.

Betrachtet man die Variante [c], so fällt auf, dass in der resultierenden Normalspannung nicht nur ein Wechsel des Vorzeichens vorliegt, sondern dass auch der maßgebende Querschnittspunkt auf den Außenflansch, Punkt 4, wechselte.

Für die Variante [c] wird daher der Einfluss der Wölbfedersteifigkeit auf die resultierende Normalspannung für die Trägerstelle x = 0,0 m untersucht. Bild 11-14 zeigt das Ergebnis der Berechnungen und die Wirkung der Wölbfedersteifigkeit (Dicke der Kopfplatte) auf die Größe der resultierenden Normalspannung in den vier Endpunkten der Flansche.

Eine weitere Besonderheit fällt bei der Variation der Kopfplattendicke auf. Mit einer Kopfplattendicke t = 15 cm lagert sich das Wölbmoment am Stützenfuß so stark um, dass für die Bemessung die Trägerstelle x = 2,5 m maßgebend wird und nicht mehr der Stützenfußpunkt.

An dieser Stelle ist auch die praktische Umsetzung einer Wölbeinspannung – starren Kopfplatte – zu betrachten. Es ist erkennbar (siehe Bild 11-14), dass die Kopfplatten eine Dicke von jeweils größer 10 cm haben müssten, um annähernd als Wölbeinspannung zu wirken. Dies ist jedoch für eine praktische Ausführung nicht akzeptabel. Für eine ausreichende Tragfähigkeit der Stütze mit einer Materialgüte S235 genügt aber schon eine elastische Wölbbehinderung einer Steife mit t = 6 cm. Auch diese Materialdicke ist beachtlich und wird in der Praxis kaum zur Ausführung gelangen.

11.4 Beispiele

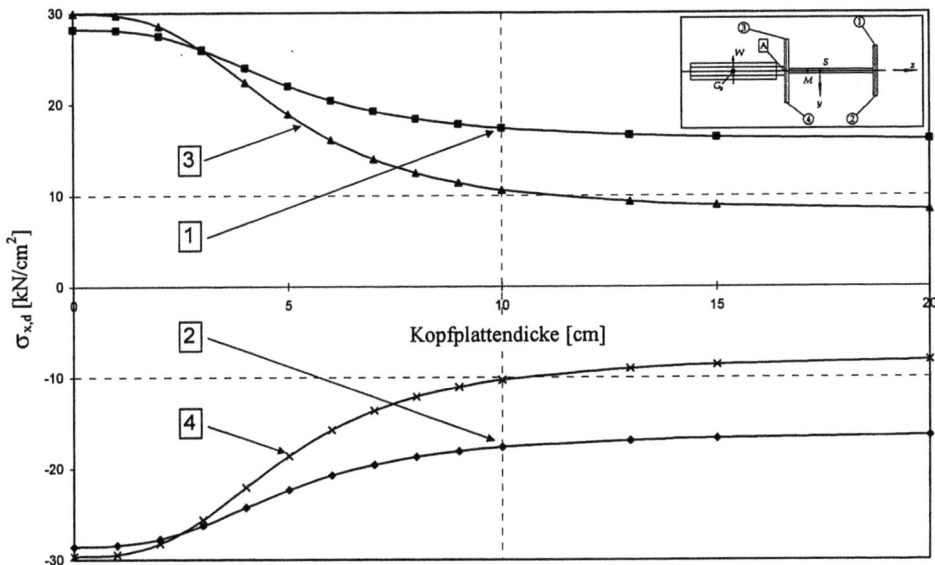

Bild 11-14 Änderung der resultierenden Normalspannung in Abhängigkeit der Wölbfedersteifigkeit bzw. Kopfplattendicke für die Variante [c], am Stützenfußpunkt; für die vier Querschnittspunkte 1 bis 4

Die Ergebnisse in der Tabelle 11-9 lassen aber erkennen, dass zusätzliche Wölbeinspannungen sich auf die Tragfähigkeit des Stützenquerschnittes positiv auswirken. Daraus kann gefolgert werden:
Werden gedanklich unendlich viele Wölbeinspannungen angesetzt (z. B. in Form von Bindeblechen, die auf beide Seiten des Querschnittes aufgeschweißt werden), so liegt eine kontinuierliche Wölbeinspannung über die gesamte Bauteillänge vor. Damit wird der ursprünglich offene Querschnitt zu einem geschlossenem. Der geschlossene Querschnitte ist wesentlich torsionssteifer als der offene und trägt damit vorwiegend über die *St. Venant'*sche Torsion ab. Somit wird man in der Praxis als Stützenquerschnitt ein Hohlprofil einsetzen.

Zusammenstellung der wichtigsten Bezeichnungen

x	Koordinate in Richtung der Stabachse
y, z	Schwerachsen des Stabquerschnittes
$\hat{y}, \tilde{z}$	Hauptachsen des Querschnittes
s	Hilfskoordinate in der Profilmittellinie bei dünnwandigen Profilen
u	Verschiebung in Richtung der Stabachse (Verwölbung)
ω^D	Auf die Achse D bezogene Einheitsverwölbung
v, w	Verschiebung in Richtung der Achsen y, z
ϑ	Verdrehung des Stabes um die Achse D
ϑ'	Verwindung des Stabes
a, b, h	Querschnittsabmessungen
t	Profildicke dünnwandiger Querschnitte
r_t^D	Rechtwinkliger Abstand von D zur Profilmittellinie s
A	Querschnittsfläche
A_u	Von der Profilmittellinie umschlossene Fläche eines dünnwandigen Hohlquerschnitts
M	Schubmittelpunkt eines Querschnittes
S	Schwerpunkt eines Querschnittes
S_y, S_z	Flächenmomente 1. Grades bzw. Statische Momente
I_y, I_z	Flächenmomente 2. Grades bzw. Trägheitsmomente
I_{yz}	Deviationsmoment
I_T	St. Venant'scher Torsionswiderstand
C_M	Wölbwiderstand
L	Trägerlänge
σ_i	Normalspannung in der Schnittfläche mit der Achse i als Flächennormale
τ_{ij}	Schubspannung in der gleichen Schnittfläche in Richtung der Achse j
σ_W	Wölbnormalspannung
τ_I	St. Venant'sche Schubspannung
τ_{II}	Wölbschubspannung
ψ	Spannungsfunktion der St. Venant'schen Torsion
T	Schubfluss als Resultierende der Schubspannungen τ_{xs} über die Profildicke t
T^i	Kreisschubfluss bei dünnwandigen, geschlossenen Profilen
T_y, T_z	Einheitsschubflüsse
T_W	Wölbschubfluss

R_y, R_z	Resultierende der Einheitsschubflüsse
R_y^D, R_z^D	Querschnittsgrößen nach
y_M, z_M	Koordinaten des Schubmittelpunktes M, bezogen auf den Schwerpunkt S
M_T	Torsionsmoment in Richtung der Stabachse x
M_y, M_z	Biegemomente in Richtung der Achsen y, z
M_W	Wölbmoment
N	Längskraft
F	Einzellast
Q	Streckenlast
m_T	Verteiltes Lasttorsionsmoment
ε_i	Dehnung oder Stauchung eines Volumenelementes
γ_{ij}	Winkeländerung eines Volumenelementes in der ij-Ebene
ε	Stabkennzahl
E	Elastizitätsmodul
μ	Querkontraktionszahl
G	Schubmodul
f	Materialfestigkeit

Darstellung von positiven Zustandsflächen

Darstellung von negativen Zustandsflächen

Literaturverzeichnis

[1] *Bartire, R.*: Torsion zusammengesetzter Träger, Bauingenieur 28, 1953, S. 98-102.

[2] *Beck, H.; König, G.; Reeh, H.*: Kenngrößen zur Beurteilung der Torsionssteifigkeit von Hochhäusern. Beton- und Stahlbetonbau 63, 1968, H. 12, S. 268-277.

[3] *Beck, H.; Schäfer, H.*: Die Berechnung von Hochhäusern durch Zusammenfassungen aller aussteifenden Bauteile zu einem Balken. Der Bauingenieur 44, 1969, S. 80-87.

[4] *Becker, G.*: Ein Beitrag zur statischen Berechnung beliebig gelagerter ebener gekrümmter Stäbe mit einfachsymmetrischen dünnwandigen offenen Profilen von in der Stabachse veränderlichem Querschnitt unter Berücksichtigung der Wölbkrafttorsion. Der Stahlbau 34, 1965, H. 11, S. 334-346 und H. 12, S. 368-377.

[5] Betonkalender 2001; Ernst & Sohn Verlag, Berlin, 2001

[6] *Bornscheuer, F. W.*: Systematische Darstellung des Biege- und Verdrehvorganges unter besonderer Berücksichtigung der Wölbkrafttorsion. Der Stahlbau 21, 1952, H. 1, S. 1-9.

[7] *Bornscheuer, F. W.*: Beispiel und Formelsammlung zur Spannungsberechnung dünnwandiger Stäbe mit wölbbehindertem Querschnitt. Der Stahlbau 21, 1952, H. 12, S. 225-232 und 22, 1953, H. 2, S. 32 bis 44.

[8] *Cornelius, W.*: Über den Einfluß der Torsionssteifigkeit auf die Verdrehung von Tragwerken. MAN-Forschungsheft 1951, S. 39-65.

[9] *Cywinski, Z.*: Bimoment Distribution Method for Thin-Walled Beams. Der Stahlbau 47, 1978, S. 106-113.

[10] *Cywiriski, Z.*: Drillträger-Formeln für die wichtigsten Belastungsfälle. Der Stahlbau 52, 1983, S. 245-252.

[11] *Dabrowski, R.*: Gekrümmte dünnwandige Träger, Theorie und Berechnung. Berlin/Heidelberg/New York: Springer-Verlag 1968.

[12] *Dittler, J.*: Querbiegung und Profilverformung des ein- und zweizelligen Hohlkastens (unter Berücksichtigung der Scheibenwirkung der Gurte). Der Bauingenieur 55, 1980, S. 317-321.

[13] *Flügge, W.*: Festigkeitslehre. Berlin/Heidelberg/New York: Springer-Verlag 1967.

[14] *Föppl, A.*: Der Drillungswiderstand von Walzeisenträgern. Zeitschrift, VDI 61, 1917, S. 694.

[15] *Friemann, H.*: Das Weggrößenverfahren zur Berechnung ebener Stabtragwerke nach der Elastizitätstheorie II. Ordnung. Veröffentlichungen des Instituts für Stahlbau und Werkstoffmechanik der Techn. Hochschule Darmstadt, H. 48, 1990.

[16] *Friemann, H.*: Biegedrillknicken gerader Träger – Grundlagen zum Programm DRILL. Veröffentlichung des Institutes für Stahlbau und Werkstoffmechanik der TU Darmstadt, H. 56, 1996.

[17] *Fuchssteiner, W.*: Über den Kraftfluß in gerissenen Systemen. bau + bauindustrie 28 (1969), H. 12.

[18] *Heilig, R.*: Beitrag zur Theorie der Kastenträger beliebiger Querschnittsform. Der Stahlbau 30, 1961, H. 11, S. 333-349.

[19] *Hofferberth, W.*: Zur Berechnung des Drillungswiderstandes von Walzstahlprofilen mittels direkter Verfahren der Variationsrechnung. Der Stahlbau 17, 1944, S. 12-16.

[20] *Kappus, R.*: Drillknicken zentrisch gedrückter Stäbe mit offenem Profil im elastischen Bereich. Luftfahrtforschung 14, 1937, S. 444 bis 457.

[21] *Klöppel, K.; Bilstein, W.*: Stark tordierte, eigenspannungsbehaftete Stäbe mit dünnwandigen, offenen einfachsymmetrischen Querschnitten. Der Stahlbau 41, 1972, H. 5, S. 135-142.

[22] *Klöppel, K.; Friemann, H.*: Der Spannungs- und Verformungszustand rechtwinklig zu ihrer Krümmungsebene belasteter Rohre. Zeitschrift VDI 105, 1963, H. 23, S. 1096-1102.

[23] *Klöppel, K.; Friemann, H.*: Erweiterung des Formänderungsgrößenverfahrens auf die Theorie der Wölbkrafttorsion. Der Stahlbau 35, 1966, H. 12, S. 365-372.

[24] *Kollbrunner, C.; Basler, K.*: Torsion. Berlin/Heidelberg/New York: Springer-Verlag 1966.

[25] *Krahula, J. L.; Lauterbach, G. F.*: A finite element solution for SaintVenant Torsion. J. of AIAA 7, 1969, S. 2200-2203.

[26] *Kreuzinger, H.*: Der Einfluß eines nichtlinearen Anteils des Drehwiderstandes auf das Gleichgewichts- und Stabilitätsverhalten von geraden dünnwandigen Stäben. Diss. TH München 1969.

[27] *Krpan, P.; Collins, M. P.*: Predicting torsional response of thinwalled open RC-members. J. of Struct. Div. ASCE 107, 1981, No. St6, S. 1107-1127.

[28] *Lee, G. C.; Szabo, B. A.*: Torsional response of tapered I-Girders. J. of Struc. Div. ASCE vol. 93, No. St5, 1967, S. 233-252.

[29]   *Lie, K.-H.*: Praktische Berechnungen von Hängebrücken nach der Theorie II. Ordnung. Dissertation, Universität Darmstadt, 1940.

[30]   *Lindenberger, H.*: Vergleich und Analogiebetrachtung der Lösungen für biegebeanspruchte und verdrehbeanspruchte Stabwerke. Der Stahlbau 22, 1953, H. 1, S. 14-19 und H. 2, S. 64-67.

[31]   *Lindner, J.*: Vorlesungsskript Stahlbau. Technische Universität Berlin 1980 (unveröff.).

[32]   *Marguerre, K.*: Torsion von Voll- und Hohlquerschnitten. Der Bauingenieur 21, 1940, S. 317-322.

[33]   *Mehlhorn, G.*: Ein Beitrag zum Kipp-Problem von Stahlbeton- und Spannbetonträgern. Diss. TH Darmstadt 1970.

[34]   *Mehlhorn, G.; Rützel, K*: Wölbkrafttorsion bei dünnwandigen Stahlbetonträgern. Der Bauingenieur 47, 1972, H. 12, S. 430-438.

[35]   *Mörsch, E.*: Der Eisenbau – Seine Theorie und Anwendung. 6. Auflage 1. Band: 1. Hälfte 1923, 2. Hälfte 1929. 5. Auflage 2. Band: 1. Hälfte 1926, 2. Teil 1930, 3. Teil 1935. Konrad Wittwer, Stuttgart.

[36]   *Nemenyi, P.*: Lösung des Torsionsproblems für Stäbe mit mehrfach zusammenhängendem Querschnitt. ZAMM 1, 1921, H. 5, S. 364 bis 367.

[37]   *Neumann, S.; Rubert, A.*: Ein einfaches Verfahren zur Ermittlung der Schubspannungs- und Querkraftverteilung in zweizelligen Hohlkästen. Der Stahlbau 51, 1982, S. 116-119.

[38]   *Noor, A. K.; Andersen, C. M.*: Mixed isoparametric elements for SaintVenant torsion. Computer Methods Appl. Mechanics and Engineering 6, 1975, S. 195-218.

[39]   *Oxfort, J. K.*: Zur Beanspruchung der Obergurte vollwandiger Kranbahnträger durch Torsionsmomente und durch Querkraftbiegung unter dem örtlichen Lastangriff. Der Stahlbau 32, 1963, H. 12, S. 360-367.

[40]   *Petersen, Ch.*: Stahlbau. Verlag Vieweg & Sohn, Braunschweig/Wiesbaden 1990

[41]   *Petersen, Ch.*: Statik und Stabilität der Baukonstruktionen. Verlag Vieweg & Sohn, Braunschweig/Wiesbaden 1982

[42]   *Pflüger, A.*: Beitrag zur Ermittlung der Schubspannungen in mehrzelligen Hohlquerschnitten. Ingenieur-Archiv 8, 1937, S. 25-29.

[43]   *Reichenbacher, H.*: Selbsttätige Ausmessung von Seifenhautmodellen. (Anwendung auf das Torsionsproblem). Ingenieur-Archiv 7, 1936, S. 257-272.

[44]   *Reineck, K.-H.*: Zur Querkraftbemessung von Bauteilen mit und ohne Querkraftbewehrung – Erläuterungen und Vergleiche mit Versuchen. In: DiBt-

Forschungsvorhaben: IV 1-5-876/98, Überprüfung und Vereinheitlichung der Bemessungsansätze für querkraftbeanspruchte Stahl- und Spannbetonbauteile aus normalfesten und hochfestem Beton nach DIN 1045-1

[45] *Roik, K. H.; Carl, J.; Lindner, J.*: Biegetorsionsprobleme gerader dünnwandiger Stäbe. Berlin/München/Düsseldorf: Verlag Wilhelm Ernst & Sohn 1972.

[46] *Roik, K. H.*: Vorlesungen über Stahlbau (Grundlagen). Berlin/München/Düsseldorf: Verlag Wilhelm Ernst & Sohn 1978, 1983.

[47] *Roik, K. H.; Sedlacek, G.*: Theorie der Wölbkrafttorsion unter Berücksichtigung der sekundären Schubverformungen – Analogiebetrachtung zur Berechnung des querbelasteten Zugstabes. Der Stahlbau 36, 1966, S. 43-52; Berichtigungen auf S. 160.

[48] *Saal, H.; Hörenbaum, Ch.*: Eine zeitgemäße Anwendung der Zugstabanalogie zur Lösung von Problemen der Wölbkrafttorsion. Der Stahlbau 71, 2002, S. 367-371.

[49] *Saint-Venant, B. de*: Memoires des savants etrangers, vol. 14, 1855, S. 233.

[50] *Sauer, E.*: Schub und Torsion bei elastischen prismatischen Balken. Mitteilungen aus dem Institut für Massivbau der Techn. Hochschule Darmstadt, No. 29, Berlin/München: Verlag Wilhelm Ernst & Sohn 1980.

[51] *Schardt, R.*: Eine Erweiterung der Technischen Biegelehre für die Berechnung biegesteifer prismatischer Faltwerke. Der Stahlbau 35, 1966, S. 161-171 und S. 384.

[52] *Schardt, R.; Okur, H.*: Hilfswerte für die Lösung der Differentialgleichung $a \cdot y^{IV}(x) - b \cdot y^{II}(x) + c \cdot y(x) = p(x)$. Der Stahlbau, 1971, S. 6-17.

[53] *Scheer, J.*: Die Berücksichtigung der Stegverformungen bei der Wölbkrafttorsion von doppeltsymmetrischen I-Profilen. Der Stahlbau 24, 1955, H. 11, S. 257-260.

[54] *Schneider, K.-J.*: Bautabellen für Ingenieure. 14. Auflage, Düsseldorf, Werner-Verlag, 2001

[55] *Schneider, R.*: Ausnutzung vorhandener Systemsteifigkeiten zur Erhöhung der Biegedrillknicksicherheit. FIDES-DV-Partner - Mainzer Fachgespräche Stahlbau, Mainz, Eigenverlag, 2000

[56] *Sedlacek, G.*: Die Anwendung der erweiterten Biege- und Verdrehtheorie auf die Berechnung von Kastenträgern mit verformbarem Querschnitt. Straße – Brücke – Tunnel 23, 1979, H. 9, S. 241-244 und H. 12, S. 329-335.

[57] *Steinle, A.*: Torsion und Profilverformung beim einzelligen Kastenträger. Beton- u. Stahlbetonbau 65, 1970, H. 9, S. 215-222.

[58] *Thadani, B. N.*: Das beschleunigte Iterationsverfahren für die Lösung einiger Differentialgleichungen der Baustatik. Der Bauingenieur 38, 1963, H. 2, S. 57-60.

[59] *Thiel, A.*: Photogrammetrisches Verfahren zur versuchsmäßigen Lösung von Torsionsaufgaben. (Nach einem Seifenhautgleichnis von *L. Föppel*). Der Ingenieur-Archiv 5, 1934, S. 417-429.

[60] *Timoshenko, S.; Goodier, J. N.*: Theory of Elasticity. New York/Toronto/London: McGraw-Hill Bock Comp. 1951.

[61] *Vlassov, W. S.*: Dünnwandige elastische Stäbe. Berlin: VEB Verlag für Bauwesen. Band 1: 1964, Band 2: 1965.

[62] *Wagenknecht, G.*: Stahlbau-Praxis. Berlin; Bauwerk Verlag, Band 1: 2002.

[63] *Weber, C.*: Biegung und Schub in geraden Balken. ZAMM 4, 1924, H. 4, S. 334-348.

[64] *Wyss, Th.*: Die Kraftfelder in festen elastischen Körpern. Berlin, Springer-Verlag 1926.

[65] *Wunderlich, W.; Kiener, G.*: Statik der Stabtragwerke. Wiesbaden, Teubner Verlag, 2004.

DRILL http://www.fides-dvp.de

RSTAB http://www.dlubal.de

Sachwortverzeichnis

A

Analogie 187, 229
Anfangswerte-Lösung 189, 190
Antimetrieachse 188
Axialkraft 109
Axialverschiebung 110

B

Betondruckzone 103
Bewehrung 130
Biegebeanspruchung 69
Biegedrillknickproblem 109
Biegemoment 142, 184
Bimoment 184
Bindeblech 218, 261
Bredt' scher Satz 156
Bügel 104

C

C-Profil 47, 65, 147

D

Dehnung 8
Drehfeder 187
Drehmatrix 74
Drillsteifigkeit 110
Druckstrebe 104, 174
Dübelformel 28, 30

E

Einheitsschubfluss 43, 59, 63
Einheitsverwölbung 123, 124, 156
Einspannung 187
Einzellast 185
Einzelmoment 109
Elastizitätsmodul 8

F

Fachwerkmodell 101, 131, 169
Fläche
– umschlossene 156
Flächenmoment 35, 60
Fließrichtung 28, 60, 84

G

Gabellager 126, 128, 187
Gebrauchstauglichkeit 245
Gesamtresultierende 61
Gesamttorsionsmoment............ 183, 190
Gleitmodul 10
Gleitung 7, 9, 28, 81, 125
Grenzsteifigkeit 226
Grundverwölbung 140, 141, 148

H

Hauptachse 28, 41, 60
Hauptspannung 2

Hauptverwölbung 140, 141, 148, 183
Hauptzugspannung 170
Hilfskoordinate 60
Hochhaus 79
Hohlprofil
 – einzelliges 83
Hohlquerschnitt 131, 159
 – einzelliger 157
 – mehrzelliger 158
Hohlsteife 217
*Hooke'*sches Gesetz 110

I

Integraltafel 32
I-Querschnitt 35, 145

K

Kammquerschnitt 78, 150
Kasten
 – unsymmetrischer 164
Kastenträger
 – doppeltsymmetrischer 85
 – einzelliger 84
*Kepler'*sche Fassregel 49
Kontinuitätsbedingung 84
Kopfplatte 215, 216
 – starre 188, 203
Kopplungswert 32
Kreisrohr 110
 – längsgeschlitztes 76
Kreisschubfluss 83, 89, 155, 156, 160
Kreisträger 109

L

Lager
 – elastisches 239
Längsbewehrung 169
Längskraft 142
Längsspannung 179
L-Profil 49, 137

M

Membrananalogie 229
*Mohr'*scher Kreis 10
Moment
 – statisches 31
Momentenanteil
 – sekundärer 183

N

Normalkraft 28
Normalspannung 8, 120
Normierung 143

P

Plattenbalken 105
Potentialgleichung 117
*Prandtl'*sche Spannungsfunktion 117
Profil
 – dünnwandiges 21
 – dünnwandiges, geschlossenes .. 155
 – geschlossenes 81
 – mehrzelliges geschlossenes 87
 – offenes 155
 – unsymmetrisches 28
 – wölbfreies 160

Sachwortverzeichnis

Profilmittellinie 21
Profilmittellinienmodell 23, 59

Q

Quadratrohr
 – längsgeschlitztes 68
 – offenes 39
Querdehnungszahl 8, 112
Querkraftbewehrung 103
Querkraftschubspannung 22, 125
Querschnitt
 – dickwandiger 99, 179
 – doppeltsymmetrischer 125
 – dünnwandiger 22, 59, 133
 – dünnwandiger, offener 135
 – geschlossener 157
 – massiver 99, 112, 179
 – offener 23, 157
 – wölbfreier 120, 126
Querschnittsknoten 27
Querschnittsverformung 110

R

Randbedingung 187, 238
Rechteckprofil 133
Rechteckquerschnitt 34
Rechteckrohr
 – längsgeschlitztes 148
Riss 102
Rissreibungskraft 103

S

Schnittfläche 2

Schnittgröße 142
Schubfluss 23, 26, 28
 – Kontrolle 45
Schubflussverlauf 46
Schubkraft 200
Schubmittelpunkt 15, 43, 60, 61,
 77, 83, 92, 125, 144
Schubmittelpunktsachse 141
Schubmodul 153, 167
Schubspannung 19, 22, 109,
 115, 116, 122, 134, 155
 – St. Venant'sche 113
Schubspannungsring 6, 7, 19
Schubverzerrung 28, 99
Schweißnaht 25, 200
Schweißnahtdicke 56
Schwerlinie 21
Schwerpunkt 15, 59, 61
Seifenhautanalogie 229, 231
Sicherheitskonzept 17, 29, 192
Simpson 84
Simpson'sche Regel 49
Spannung 112
Spannungsfunktion 116, 121
 – *Prandtl*'sche 117
St. Venant'sche Schubspannung 113
St. Venant'sche Torsion 115
Stabende
 – freies 188
Stabkennzahl 187
Stahlbeton-Hohlprofil 168
Stahlbetonquerschnitt 101, 130
Stahlbetonträger 102

Steife 215, 216
Symmetrie 208
Symmetrieachse 43, 188
Symmetriebedingung 86

T

Teilresultierende 29, 49, 60, 63, 92
Torsion 109
– St. Venant'sche 115
Torsionsbeanspruchung 69
Torsionsmoment 61, 109, 156
Torsionssteifigkeit 136
Torsionswiderstand ... 118, 122, 157, 159
Trägerüberstand 217
Tragfähigkeit 245
Trägheitsmoment 29

U

Übergangsbedingung 251
Übergangsbedingungen 235

V

Verbundquerschnitt 153, 167
– geschlossener 93
Verdrehung 109, 110
Verdrillung 110
Verschiebung 10
Verwölbung 110, 123, 138
Verzerrung 3, 12
Vollquerschnitt 115
Vorzeichenregel 88

W

Walzprofil 36
Werkstoffgesetz 7, 110
Winkelprofil 49
Wölbbimoment 184
Wölbfeder 187, 215, 256
Wölbfedersteifigkeit 216, 217, 260
Wölbfläche 123, 180
– antimetrische 126
Wölbkrafttorsion 114, 168, 192
Wölbmoment 109, 184
Wölbnormalspannung 180
Wölbschubfluss 181
Wölbschubspannung 114, 125, 179, 180
Wölbspannung 184
Wölbsteifigkeit 168
Wölbwiderstand 183

Y

y-Fläche 32

Z

Zelle 86, 87
z-Fläche 32
Z-Profil 66, 147, 181, 185
Zugbewehrung 103
Zugriss 101
Zugstabanalogie 229, 234
Zugstrebe 130
Zustand I 130, 168
Zustand II 168
Zylinderdruckfestigkeit 94

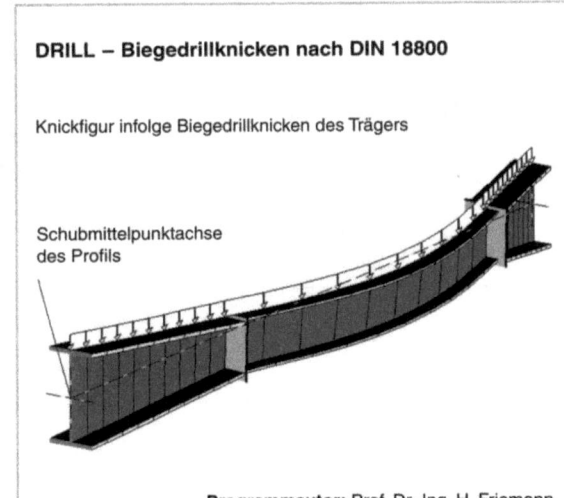

Weitere Titel aus dem Programm

Biehounek, Josef / Schmidt, Dirk
Mathematik für Bauingenieure
Eine rechnergestützte Einführung
2002. XII, 309 S. Mit 134 Abb. u. 24 Tab. Br. € 22,00
ISBN 3-528-02564-6

Peter Bindseil
Massivbau
Bemessung im Stahlbetonbau
3., vollst. überarb. Aufl. 2002. XVI, 557 S. mit 291 Abb., 30 Tab. (Viewegs Fachbücher der Technik) Br. € 29,90
ISBN 3-528-28813-2

Peter Greiner, Peter E. Mayer, Karlhaus Stark
Baubetriebslehre - Projektmanagement
2., korr. Aufl. 2002. X, 308 S. mit 135 Abb. (Viewegs Fachbücher der Technik) Br. € 24,90
ISBN 3-528-17706-3

Colling, François
Holzbau
Grundlagen, Bemessungshilfen
2004. XVIII, 302 S. Br. € 29,90
ISBN 3-528-02569-7

Franke, Lutz / Deckelmann, Gernod (Hrsg.)
Baukonstruktion im Planungsprozess
Vom Entwurf zur Detailplanung
2002. XII, 417 S. mit 334 Abb. u. 58 Tab. Br. € 39,90
ISBN 3-528-02565-4

Rösel, Wolfgang / Busch, Antonius
AVA-Handbuch
Ausschreibung - Vergabe - Abrechnung
5., vollst. überarb. Aufl. 2004.
X, 205 S. Geb. € 39,90
ISBN 3-528-11693-5

Abraham-Lincoln-Straße 46
65189 Wiesbaden
Fax 0611.7878-420
www.vieweg.de

Stand Januar 2005.
Änderungen vorbehalten.
Erhältlich im Buchhandel oder im Verlag.

Statik, die Spaß macht ...

RSTAB 5.xx
das räumliche Stabwerksprogramm

- für Stahl-, Holz- und Stahlbetonbau
- Dynamische Analyse
- Seile und Seilnetze
- Biegedrillknicken
- Biegeknicken
- Beulen
- Verbindungsnachweise
- Querschnittswerte
- CAD-Anbindung
- Nachweise el/el und el/pl
- Visualisierung
- DIN 18800
- DIN 1045-1
- DIN 1052
- Eurocodes

Kostenloser Demo-Download unter www.dlubal.de

RFEM 3D
das ultimative FEM-Programm

- für Stahl, Stahlbeton, Glas usw.
- Spannungsanalyse
- Stahlbetonbemessung
- Stäbe und Schalen in einem Modell
- Verschneidung von beliebigen Flächen
- Rotationsschalen
- Orthotrope Platten
- Theorie I., II. und III. Ordnung, Seiltheorie
- Elastische Bettungen mit Zugfederausschaltung
- Unterzüge und Rippen
- Dynamische Analyse
- Arbeiten in der visualisierten Struktur

Alle Querschnittswerte für beliebige offene und geschlossene dünnwandige Querschnitte.
▲ Grafische Eingabe im Stile eines CAD-Programms
▲ Spannungsnachweis und plastische Bemessung
▲ Rundungen, Radien und Öffnungen
Videos zu DUENQ unter www.dlubal.de.

www.dlubal.de

Ingenieur-Software Dlubal GmbH
Am Zellweg 2 • D-93464 Tiefenbach
Tel.: +49 (0) 9673 9203-0
Fax: +49 (0) 9673 1770
E-Mail: info@dlubal.com

Ingenieur-Software Dlubal

MIX
Papier aus verantwortungsvollen Quellen
Paper from responsible sources
FSC® C105338

If you have any concerns about our products,
you can contact us on
ProductSafety@springernature.com

In case Publisher is established outside the EU,
the EU authorized representative is:
**Springer Nature Customer Service Center GmbH
Europaplatz 3, 69115 Heidelberg, Germany**

Printed by Libri Plureos GmbH
in Hamburg, Germany